普通高等教育风景园林专业系列教材

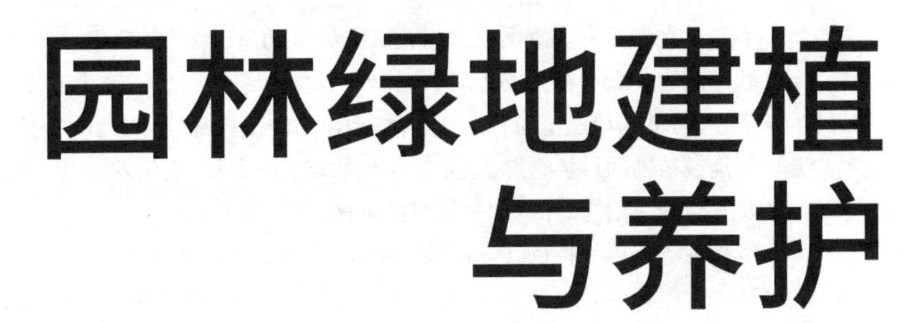

园林绿地建植与养护

第2版

主　编　高祥斌
副主编　赵庆杰　李　政　年玉欣
　　　　曹　兴　薛秋华　薛玉剑
主　审　陈其兵

重庆大学出版社

内容提要

本教材在参考了大量国内外相关研究成果的基础上，由多位在一线从事园林教学、科研工作的高校教师结合实践中积累的经验，共同研讨、精心编写而成。全书共10章，分别为园林绿地建植与养护概述、园林绿地建植的程序、园林绿地苗木的栽植、园林绿地的养护、花坛和花境的施工与养护、草坪与地被植物的种植与养护、立体绿化的施工与养护、大树移植与古树名木的保护、园林绿地有害生物及其综合防治、园林绿地种植养护机械。

本教材以实用为特色，内容全面、新颖，旨在培养风景园林、园林、城市规划及其他相关专业学生的园林绿地建植与管理能力，也可为园林绿化从业人员的实际工作提供参考。

图书在版编目(CIP)数据

园林绿地建植与养护 / 高祥斌主编.--2版.--重庆：重庆大学出版社，2020.8

普通高等教育风景园林专业系列教材

ISBN 978-7-5624-7897-3

Ⅰ.①园… Ⅱ.①高… Ⅲ.①园林—绿化地—工程施工—高等学校—教材 ②园林—绿化地—植物保护—高等学校—教材 Ⅳ.①TU986.3

中国版本图书馆CIP数据核字(2019)第250606号

普通高等教育风景园林专业系列教材

园林绿地建植与养护

(第2版)

主　编　高祥斌

副主编　赵庆杰　李　政　年玉欣

曹　兴　薛秋华　薛玉剑

主　审　陈其兵

责任编辑：张　婷　　版式设计：张　婷

责任校对：万清菊　　责任印制：赵　晟

*

重庆大学出版社出版发行

出版人：饶帮华

社址：重庆市沙坪坝区大学城西路21号

邮编：401331

电话：(023) 88617190　88617185(中小学)

传真：(023) 88617186　88617166

网址：http://www.cqup.com.cn

邮箱：fxk@cqup.com.cn (营销中心)

全国新华书店经销

重庆华林天美印务有限公司印刷

*

开本：787mm×1092mm　1/16　印张：17.25　字数：443千

2014年1月第1版　2020年8月第2版　2020年8月第3次印刷

印数：3 201—6 000

ISBN 978-7-5624-7897-3　定价：45.00元

编委会名单

总 序

风景园林学，这门古老而又常新的学科，正以崭新的姿态迎接未来。

“风景园林学(Landscape Architecture)”是规划、设计、保护、建设和管理户外自然和人工环境的学科。其核心内容是户外空间营造，根本使命是协调人与自然之间的环境关系。回顾已经走过的历史，风景园林已持续存在数千年，从史前文明时期的“筑土为坛”“列石为阵”，到21世纪的绿色基础设施、都市景观主义和低碳节约型园林，都有一个共同的特点：就是与人们对生存环境的质量追求息息相关。无论中西，都遵循一个共同的规律，社会经济高速发展之时，正是风景园林大展宏图之势。

今天，随着城市化进程的飞速发展，人们对生存环境的要求也越来越高，不仅注重建筑本身，而且更加关注户外空间的营造。休闲意识的提高和休闲时代的来临，使风景名胜区和旅游度假区保护与开发的矛盾日益加大；滨水地区的开发随着城市形象的提档升级受到越来越高的关注；代表城市需求和城市形象的广场、公园、步行街等城市公共开放空间大量兴建；居住区环境景观设计的要求越来越高；城市道路在满足交通需求的前提下景观功能逐步被强调……这些都明确显示，社会需要风景园林人才。

自1951年清华大学与原北京农业大学联合设立“造园组”开始，中国现代风景园林学科已有58年的发展历史。据统计，2009年我国共有184个本科专业培养点。但是，由于本学科的专业设置分属工学门类建筑学一级学科下城市规划与设计二级学科的研究方向和农学门类林学一级学科下园林植物与观赏园艺二级学科；同时，本学科的本科名称又分别有园林、风景园林、景观建筑设计、景观学等，加之社会上从事风景园林行业的人员复杂的专业背景，人们对这个学科的认知一度呈现较为混乱的局面。

然而，随着社会的进步和发展，学科发展越来越受到高度关注，业界普遍认为应该集中精力调整与发展学科建设，培养更多更好的适应社会需求的专业人才为当务之急，于是“风景园林”作为专业名称得到了共识。为了贯彻《中共中央国务院关于深化教育改革全面推进素质教育的决定》的精神，促进风景园林学科人才培养走上规范化的轨道，推进风景园林类专业的“融合、一体化”进程，拓宽和深化专业教学内容，满足现代化城市建设的具体要求，编写一套适合新时代风景园林类专业高等学校教学需要的系列教材是十分必要的。

重庆大学出版社从2007年开始跟踪、调研全国风景园林专业的教学状况，2008年决定启动“普通高等学校风景园林专业系列规划教材”的编写工作,并于2008年12月组织召开了普通高等学校风景园林类专业系列教材编写研讨会。研讨会汇集南北各地园林、景观、环境艺术领域的专业教师,就风景园林类专业的教学状况、教材大纲等进行交流和研讨,为确保系列教材的编写质量与顺利出版奠定了基础。经过重庆大学出版社和主编们两年多的精心策划,以及广大参编人员的精诚协作与不懈努力,“普通高等学校风景园林专业系列规划教材”将于2011年陆续问世,真是可喜可贺!

这套系列教材的编写广泛吸收了有关专家、教师及风景园林工作者的意见和建议,立足于培养具有综合创新能力的普通本科风景园林专业人才,精心选择内容,既考虑到了相关知识和技能的科学体系的全面系统性,又结合了广大编写人员多年来教学与规划设计的实践经验,并汲取国内外最新研究成果编写而成。教材理论深度合适,注重对实践经验与成就的推介,内容翔实,图文并茂,是一套风景园林学科领域内的详尽、系统的教学系列用书,具较高的学术价值和实用价值。这套系列教材适应性广,不仅可供风景园林类及相关专业学生学习风景园林理论知识与专业技能使用,也是专业工作者和广大业余爱好者学习专业基础理论、提高设计能力的有效参考书。

相信这套系列教材的出版,能更好地适应我国风景园林事业发展的需要,能为推动我国风景园林学科的建设、提高风景园林教育总体水平起到积极的作用。

愿风景园林之树常青!

编委会

2010年9月

第二版前言

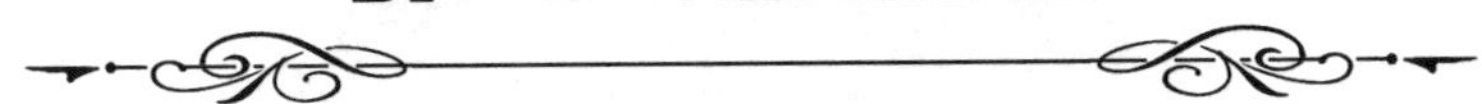

随着国家经济和社会的快速发展,园林绿地相关的新技术不断涌现,管理方法不断提升。在参考同类著述的基础上,参照新出台的绿地分类标准、新技术规范,对部分章节进行了修订。如参照《城市绿地分类标准》(CJJ/T 85—2017),对第1章中城市绿地分类进行了修订,并对主要绿地类型与原绿地分类类型的差异进行了详细说明。

本书由高祥斌任主编,新增海南大学赵庆杰作为副主编之一。全书共10章,福建农林大学薛秋华编写第1章和第4章,西南大学李政编写第2章和第9章,沈阳农业大学年玉欣编写第3章和第8章,德州学院薛玉剑编写第5章、聊城大学高祥斌编写第6章和第7章,枣庄学院曹兴编写第10章,海南大学赵庆杰参与修订第1章,统稿工作由高祥斌负责。

本着对读者负责的精神,对原书进行了字斟句酌的研读,但由于水平所限,书中难免还会出现缺点和错误,敬请读者批评指正。同时借此机会,向使用本书的广大师生,向给予我们关心、鼓励和帮助的同行专家学者致以由衷的感谢。

编　者

2020年4月

前 言

随着我国风景园林事业的迅速发展，特别是在风景园林学成为一级学科的大背景下，园林绿地建植与养护管理亟需规范化和标准化。当前风景园林专业在我国繁荣于三类高校，建筑类院校重建筑，农林类院校重植物生态，艺术类院校则重艺术设计。在现行的风景园林（或园林）本科专业教学方案中，建筑类和艺术类院校缺少园林植物种植、养护管理方面的课程，农林类院校虽开设“园林树木学”“花卉学”“草坪学”“园林植物栽培与养护”和“园林植物病虫害防治”等课程，但课程间有重复，且内容分散，不利于学生形成一套完整的栽培养护体系。另外，“园林规划设计”“园林工程”“植物造景”等课程都涉及园林植物种植设计与应用的内容，但具体种植施工与养护的内容较少。当前风景园林学倡导建筑、农林、艺术三类院校学科领域的三位一体、相互交叉、相互补充、特色发展，编写适合于风景园林（或园林）本科专业的《园林绿地建植与养护》教材刻不容缓。

本教材不仅有利于农林院校的课程整合，也可为建筑、艺术类院校提供基本的园林植物种植、养护的基础知识。

本教材的大纲确定与编写组织工作由高祥斌负责，力求结合新出台的专业技术规范，突出实用性，使学生掌握具体的工程施工和养护技术。教材共 10 章，福建农林大学薛秋华编写第 1 章、第 4 章，西南大学李政编写第 2 章、第 9 章，沈阳农业大学年玉欣编写第 3 章、第 8 章，德州学院薛玉剑编写第 5 章，聊城大学高祥斌编写第 6 章、第 7 章，聊城大学曹兴编写第 10 章，统稿工作由高祥斌负责。本教材的问世得到了多方面的支持与帮助。借其出版之际，特向有关单位与人员表示衷心的感谢。感谢全国风景园林硕士专业学位教育指导委员会委员、四川农业大学陈其兵教授在百忙之中对全书进行了审阅，并提出了宝贵建议。感谢聊城大学、福建农林大学、西南大学、沈阳农业大学和德州学院的大力支持。编写过程中参考了大量教材和专著文献，在此对各位作者及相关出版单位表示诚挚的感谢。

由于编写时间紧迫，编者水平有限，加之园林业发展迅猛、所涉生产领域广泛，使得学科体系的构建难度极大。因此，教材中难免出现疏漏、不足和一些不成熟的看法，竭诚欢迎读者批评指正，以便再版时修订。

编　者

2013 年 7 月

目　录

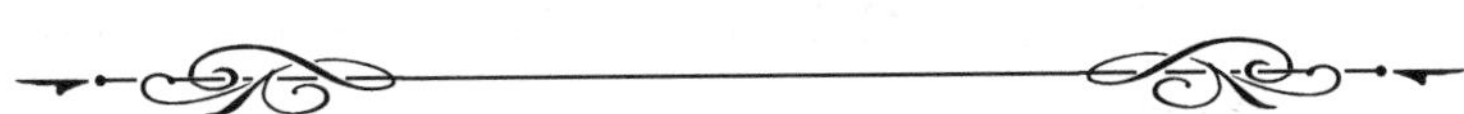

1　园林绿地建植与养护概述 ······ 1

1.1　园林绿地的功能 ······ 1

1.1.1　园林绿地的生态效益 ······ 1

1.1.2　园林绿地的社会效益 ······ 5

1.1.3　园林绿地的经济效益 ······ 6

1.2　园林绿地的分类与类型 ······ 6

1.2.1　城市绿地分类体系 ······ 7

1.2.2　园林绿地的类型说明 ······ 10

1.3　园林绿地建植工程 ······ 16

1.3.1　园林绿地建植工程的主要内容 ······ 16

1.3.2　园林绿地建植的原则 ······ 18

1.3.3　园林绿地建植工程的主要工作 ······ 19

1.4　园林绿地养护的措施与要求 ······ 20

1.4.1　园林绿地养护的措施 ······ 21

1.4.2　园林绿地养护的质量标准 ······ 22

思考题 ······ 25

2　园林绿地建植的程序 ······ 26

2.1　接受园林绿地建植任务 ······ 26

2.1.1　了解绿地建植概况 ······ 26

2.1.2　会审设计图纸 ······ 27

2.1.3　编制施工方案及相关计划 ······ 28

2.2　园林绿地建植前的准备 ······ 32

2.2.1　园林绿地建植场地的准备 ······ 32

2.2.2 园林绿地建植植物材料的准备 …… 36
2.3 园林绿地建植工程的施工 …… 37
2.3.1 工程施工的方法 …… 37
2.3.2 施工管理 …… 38
2.3.3 施工注意事项 …… 40
2.4 园林绿地建植工程的竣工验收 …… 40
2.4.1 绿地建植工程验收办法 …… 40
2.4.2 绿地建植工程的附属设施验收标准 …… 42
2.5 园林绿地建植工程的后评价 …… 42
2.5.1 自我评价 …… 42
2.5.2 行业评价 …… 44
2.5.3 投资方评价 …… 44
思考题 …… 45

3 园林绿地苗木的栽植 …… 46
3.1 苗木栽植的一般程序 …… 46
3.1.1 适宜的栽植时期 …… 46
3.1.2 整地 …… 48
3.1.3 定点放线 …… 48
3.1.4 挖掘种植穴(槽) …… 49
3.1.5 栽植 …… 51
3.1.6 假植 …… 60
3.2 苗木的非适宜季节栽植 …… 60
3.2.1 非适宜季节栽植的特点 …… 61
3.2.2 非适宜季节栽植的技术措施 …… 61
3.3 苗木移栽成活期的养护 …… 65
3.3.1 扶正培土 …… 65
3.3.2 水分管理 …… 65
3.3.3 抹芽去萌与补充修剪 …… 66
3.3.4 松土除草 …… 66
3.3.5 施肥 …… 67
3.3.6 成活调查与补植 …… 67
思考题 …… 68

4 **园林绿地的养护** …… 69
4.1 施肥 …… 69
4.1.1 肥料的种类与特点 …… 69
4.1.2 施肥的时期 …… 73
4.1.3 施肥量 …… 74
4.1.4 施肥的方法 …… 74
4.2 灌溉与排水 …… 76
4.2.1 灌溉与排水的原则 …… 77
4.2.2 灌水的时间 …… 77
4.2.3 灌水量 …… 78
4.2.4 灌水的方法 …… 78
4.2.5 排水的方法 …… 79
4.2.6 节水措施 …… 80
4.3 整形与修剪 …… 81
4.3.1 整形修剪的意义 …… 81
4.3.2 整形修剪的依据 …… 82
4.3.3 整形修剪的时期 …… 84
4.3.4 整形修剪的方法 …… 85
4.3.5 整形修剪的程序 …… 90
4.3.6 常见苗木的整形修剪 …… 91
4.4 中耕除草 …… 95
4.4.1 中耕 …… 95
4.4.2 除草 …… 96
4.5 苗木的防护 …… 96
4.5.1 防寒 …… 96
4.5.2 防风 …… 99
4.5.3 涂白 …… 99
4.5.4 防治病虫害 …… 99
4.6 植物的清洁 …… 102
4.6.1 植物的清洁功能 …… 102
4.6.2 清洁植物的方法 …… 103
思考题 …… 103

5　花坛和花境的施工与养护 …… 104
5.1　花坛 …… 104
5.1.1　花坛的特点 …… 104
5.1.2　花坛的类型 …… 105
5.1.3　花坛植物的选择 …… 107
5.1.4　花坛的施工 …… 114
5.1.5　花坛的养护 …… 118
5.2　花境 …… 120
5.2.1　花境的特点 …… 120
5.2.2　花境的类型 …… 120
5.2.3　花境植物的选择 …… 121
5.2.4　花境的施工 …… 124
5.2.5　花境的养护 …… 124
思考题 …… 125

6　草坪与地被植物的种植与养护 …… 126
6.1　草坪与地被植物概述 …… 126
6.1.1　草坪与地被植物的概念 …… 126
6.1.2　草坪与地被植物的区别 …… 127
6.1.3　草坪与地被植物的应用范围 …… 127
6.2　草坪 …… 128
6.2.1　草坪的分类 …… 128
6.2.2　草坪的建植 …… 130
6.2.3　草坪的养护 …… 135
6.3　地被植物 …… 139
6.3.1　地被植物的分类 …… 139
6.3.2　地被植物的种植 …… 140
6.3.3　地被植物的养护 …… 141
思考题 …… 142

7　立体绿化的施工与养护 …… 143
7.1　立体绿化概述 …… 143
7.1.1　立体绿化的类型 …… 144
7.1.2　立体绿化的意义与作用 …… 145

7.1.3 影响立体绿化的因素 …… 145
7.2 垂直绿化的施工与养护 …… 146
7.2.1 垂直绿化的形式 …… 146
7.2.2 垂直绿化植物的选择 …… 148
7.2.3 垂直绿化的施工 …… 150
7.2.4 垂直绿化的养护 …… 151
7.3 屋顶绿化的施工与养护 …… 153
7.3.1 屋顶绿化的形式 …… 153
7.3.2 屋顶绿化植物的选择 …… 154
7.3.3 屋顶绿化的施工 …… 155
7.3.4 屋顶绿化的养护 …… 160
思考题 …… 162

8 大树移植与古树名木的保护 …… 163
8.1 大树移植 …… 163
8.1.1 大树移植前的准备工作 …… 164
8.1.2 大树移植的方法及技术要求 …… 167
8.1.3 大树移植成活期的养护 …… 172
8.1.4 促进大树移植成活的技术措施 …… 173
8.1.5 大树移植成活后的养护 …… 175
8.2 古树名木 …… 176
8.2.1 古树名木的含义 …… 176
8.2.2 保护古树名木的意义 …… 176
8.2.3 古树名木衰老的原因 …… 178
8.2.4 古树名木的复壮技术 …… 180
8.2.5 古树名木的养护管理 …… 183
8.2.6 古树名木的挽救技术 …… 187
思考题 …… 188

9 园林绿地有害生物及其综合防治 …… 189
9.1 园林绿地有害生物概述 …… 189
9.1.1 园林绿地病虫害 …… 189
9.1.2 园林绿地草害 …… 191
9.1.3 园林绿地鼠害 …… 191

9.2 园林绿地有害生物综合防治概述 …… 191
9.2.1 园林绿地病虫害综合防治 …… 192
9.2.2 园林绿地草害综合防治 …… 196
9.2.3 园林绿地鼠害综合防治 …… 197
9.3 园林绿地病虫草害及其防治 …… 198
9.3.1 园林绿地主要病虫害及其防治 …… 198
9.3.2 园林绿地主要草害及其防治 …… 209
思考题 …… 215

10 园林绿地种植养护机械 …… 216
10.1 灌溉机具 …… 216
10.1.1 水泵 …… 216
10.1.2 灌溉系统的类型 …… 216
10.1.3 喷灌系统 …… 217
10.1.4 微灌系统 …… 219
10.1.5 自动化灌溉系统 …… 221
10.2 植保机具 …… 222
10.2.1 手动喷雾器 …… 222
10.2.2 担架式机动喷雾器 …… 223
10.2.3 背负式机动弥雾喷粉机 …… 225
10.3 草坪机具 …… 227
10.3.1 播种、施肥机械 …… 227
10.3.2 修剪机 …… 229
10.3.3 割灌机 …… 231
10.3.4 打孔机 …… 233
10.4 其他机械 …… 234
10.4.1 绿化喷洒车 …… 234
10.4.2 整地机械 …… 235
思考题 …… 238

附录 …… 239

参考文献 …… 259

1 园林绿地建植与养护概述

本章导读 本章介绍了园林绿地的功能和分类；园林绿地建植工程的主要内容、施工原则和种植工程的主要工作；园林绿地养护的措施和要求等内容。要求掌握园林绿地建植工程的主要内容和施工原则；熟悉园林绿地种植工程的主要工作；了解园林绿地的功能和分类、养护措施和等级质量标准。

园林绿地是指用于种植自然植被和人工植被的土地，是城乡建设用地的重要组成部分。随着社会的发展，人类赖以生存的环境乃至整个生态环境系统不断发生着变化，特别是工业化的发展和城市化进程的加快，人们向城市集中聚居，城市人口高度集中，因此带来的一系列问题，如城市土地、空气和水体的污染、热岛效应、水土流失等，对城市的园林绿地进行绿化，可以美化环境，改善生态，保护环境，调节城市小气候，促进城市物质文明和精神文明，对城市建设具有重要的意义。城市绿化的质量，是评价城市环境质量、发达程度和文明程度的重要标志之一。园林绿地是有生命植物赖以生存的重地，要使绿地能更好地发挥其应有的生态、环保、景观和生产功能，必须对绿地进行科学规划、科学建设和科学管理。因此，园林绿地的科学建植和养护是保证绿地发挥其功能和可持续发展的关键。

1.1 园林绿地的功能

园林绿地能为人们提供游览休憩的场所，满足文化生活的需要，是社会主义精神文明的重要组成部分；可以保持生态平衡，提高环境质量；还有生产的功能，产生经济效益。

1.1.1 园林绿地的生态效益

园林绿地的生态功能主要表现在改善环境质量和保护环境两个方面：

1)改善环境质量

(1)吸收 CO_2,制造 O_2

园林绿地是城市的"肺"。它可以提供人们呼吸需要的 O_2,吸走 CO_2,研究表明:植物在光合作用中每吸收 44 g CO_2 可放出 32 g O_2,日间光合作用放出的 O_2 要比呼吸作用消耗的 O_2 量大 20 倍。研究还表明:绿地中生长良好的草坪,每 1 m^2 每小时可吸收 1.5 g CO_2,而每人每小时呼出 37.5 g CO_2,所以每人有 50 m^2 草坪可以满足呼吸的平衡。根据 1966 年在柏林中心大公园所做的实验结果可以得到:每个居民需要绿地面积 30~40 m^2,可以满足呼吸的需要。绿地上的植物是在早晨太阳出来后才进行光合作用,此时空气中的 CO_2 量才开始减少,午后 CO_2 浓度趋向正常,日落后,由于呼吸作用使 CO_2 量逐渐累积,在日出前 CO_2 的量达到最大,因此,建议早起在室外锻炼身体,应该在日出后进行,这样才能获得新鲜的空气。

(2)调节温度

园林植物的树冠能阻拦阳光而减少辐射热。因树冠的大小、叶片的疏密度和质地等不同,不同树种的遮阴能力亦不同。银杏、刺槐、悬铃木与枫杨的遮阴降温效果较好,垂柳、槐、旱柳、梧桐较差。当树木成片成林栽植时,不仅能降低林内的温度,而且由于林内外的气温差而形成对流的微风,可降低人体皮肤温度且有利水分的散发,从而使人们感到舒适。在冬季落叶后,由于树枝、树干的受热面积比无树地区的受热面积大,同时由于无树地区的空气流动大、散热快,因此在树木较多的小环境中,气温要比空旷处高。总的来说,树林对小环境起到冬暖夏凉的作用。

城市园林绿地中的树木在夏季能为树下游人阻挡直射阳光,并通过它本身的蒸腾和光合作用消耗许多热量。据测定,绿色植物在夏季能吸收 60%~80% 日光能,90% 辐射能,使树荫下的气温比裸露地气温低 3 ℃左右;草坪表面温度比土地面低 6~7 ℃,比沥青路面低 8~20 ℃;有垂直绿化的墙面比没有绿化的墙面低 5 ℃左右。夏季中午,有地被的地面,比硬质铺装地辐射热低。

(3)增加湿度

由于树木的叶面具有蒸腾水分的作用,能使周围空气湿度增高。种植树木对改善小环境内的空气湿度有很大作用。据计算,树木在生长过程中,所蒸腾的水分,要比它本身质量大 300~400 倍。一亩阔叶林在一个生长季节能蒸腾 160 t 水,比同一纬度上相同面积的海洋蒸发的水分还多 50%。因此,绿化地区上空的湿度比无绿化地区上空要高,在通常情况下高 10%~20%。不同的树种具有不同的蒸腾能力,选择蒸腾能力较强的树种对提高空气湿度有明显作用,特别是叶厚、皮厚、含水特别多的植物,可以增大空气湿度,隔离火花飞溅,有效阻挡火势蔓延,如珊瑚树、厚皮香、木荷等。

(4)调节光照

园林植物具有良好的调节光照的作用,阳光照射到树林上时,有 20%~25% 被叶面反射,35%~75% 为树冠所吸收,5%~40% 透过树冠投射到林下,因此树林中的光线较暗。由于园林植物吸收的光波段主要是红橙光和蓝紫光,而反射的部分主要是绿色光,所以从光质上来讲,林中及草坪上的光线具有大量绿色波段的光,这种绿光对眼睛保健有良好作用。尤其在夏季,绿光能使人在精神上觉得爽快和宁静。

(5)吸收有毒气体

随着工业的发展,工厂排放的“三废”日益增多,不仅影响农、林、牧、渔各业的发展,而且严重影响人类的健康和生命。近年来,环境保护愈来愈为人们所重视。在环境保护措施中常使用生物防治,由于很多植物具有一定程度的吸收不同有毒气体的能力,使空气得以净化,可在环境保护上发挥其作用。如:1 hm^2 柳杉林每月可以吸收 SO_2 60 kg,1 hm^2 垂柳在生长季节每月可吸收 SO_2 10 kg。据南京化工公司研究,绿化林带能使大气中 SO_2 浓度降低。该公司有一片约 1 hm^2 的树林,当 SO_2 烟气通过树林后,浓度便有明显降低。特别是当 SO_2 浓度突然升高,烟气笼罩大地时,浓度降低程度更为显著。在 HF 污染地区,有些树木可吸收氟,其体内含氟量可以达到 1‰,有的可高达 4‰,大气中 HF 因树木吸收而降低浓度。据南京有关单位于 1975—1976 年共同测定,HF 通过一条宽约 20 m杂木林带后(林带的树种有臭椿、榆树、乌桕、麻栎、梓树、女贞等),浓度的降低要比通过空旷地快40%以上。城市中的异味可以通过群植植物消除,起到清新空气的作用(图 1.1)。

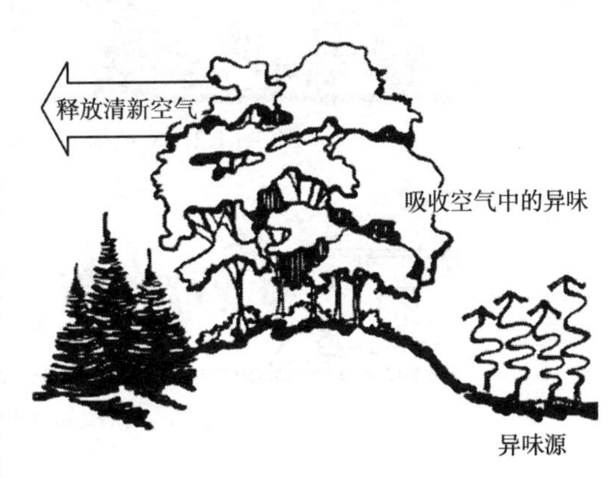

图 1.1 植物能消除空气中的异味

(6)吸滞尘埃

大气除受有害气体污染外,在城市街道场地还产生大量尘埃,工厂排放炭粒和铅、汞微粒等粉尘,它们进入人们的呼吸道,可引起气管炎、支气管炎;进入肺部能引起肺炎等。植物特别是树木的叶子,有的表面粗糙,有的长有绒毛,有的分泌黏液,能吸附空气中的灰尘和粉尘。蒙尘的植物,经过雨水冲洗,又能恢复吸尘作用。

据报道,绿地中的含尘量要比街道少 1/3~2/3。某工矿区的降尘量为 1.52 g/m^2,而在附近的公园里只有 0.22 g/m^2,两者相差近 7 倍。根据某工业区初步测定,大气中飘尘的浓度,绿地比非绿地低。面积在 7~8 hm^2 以上的绿地较非绿地对照可减少灰尘 10%~50%。据南京有关单位研究,一个水泥厂中有绿化林带阻挡的地段要比无树木空旷地带减少降尘量(较大颗粒的粉尘)23%~52%,减少飘尘量(较小颗粒的粉尘)37%~60%。研究表明:用大叶榕绿化的地块比无绿化的地块粉尘量少 18.8%。草坪绿地可以减少重复扬尘,据日本的资料,在有草坪的足球场上,其空气中的含尘量仅为裸露足球场上含尘量的 1/3~1/6。

(7)衰减噪声

噪声是指一切对人们生活和工作有妨碍的声音。声级单位是分贝(dB)。正常人刚能听到的最小的声音称为听阈,听阈的声强为 0 dB;30~40 dB 是较为理想的安静环境;超过 50 dB 会影响睡眠和休息;60 dB 以上的声音会干扰人们的工作;70 dB 会干扰谈话,影响工作效率;车间、汽车、火车的噪声可达 80 dB,这样的声级使人感到疲倦和不安;90~100 dB 是严重的,长期在这种环境中工作,人的听力受到损伤,还能引起神经官能症,心跳加快,心律不齐,血压升高,冠心病和动脉硬化等。

植物,特别是树木,对减弱噪声有一定的作用。一般认为稀疏的树群比成行的树木更能防止噪声;分枝低、树冠低的乔木比分枝高、树冠高的乔木降低噪声的作用大;在行道树之间栽植灌木,其防噪声效果比单纯一行乔木为好;重叠排列、大而健壮、具有坚硬叶子的树种,在其着叶季节对减小噪声非常有效;一系列狭窄的林带要比一个宽林带效果好。在街道、广场、公共娱乐场所与工厂周围,建造不同规格与结构的林带,是防止噪声的重要措施(图 1.2 至图 1.4)。

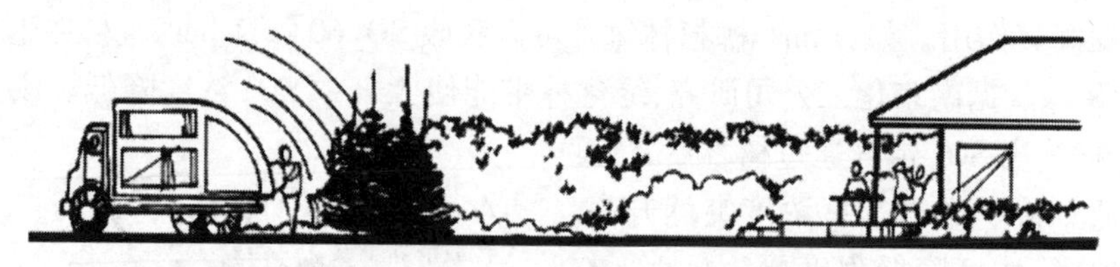

图 1.2　密植灌木篱能减弱装货、卸货的噪声

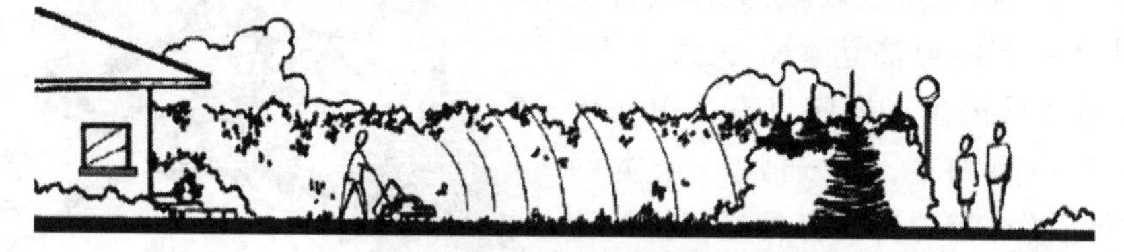

图 1.3　密植的针叶树能减弱动力噪声

图 1.4　针叶乔木与落叶灌木能减弱娱乐噪声

种植乔灌木可降低噪声,较好的隔音树种有雪松、圆柏、龙柏、水杉、悬铃木、梧桐、垂柳、云杉、薄壳山核桃、鹅掌楸、柏木、臭椿、樟树、椿树、柳杉、栎树、珊瑚树、海桐、桂花、女贞等。

(8)抑菌杀菌

空气中散布着各种细菌,不少是对人体有害的病菌。但是,在绿化区,每 1 m^3 空气中的细菌含量要比闹市区少得多。一方面是绿化地区空气中灰尘减少,从而也减少了细菌,另一方面许多植物能分泌杀菌素,如松树分泌的杀菌素,挥发到空气中,可杀死白喉、痢疾和结核菌。1 hm^2桧柏林每天能分泌出 30 kg 杀菌素。据法国测定,城市百货商店空气中含菌量高达 400 万个/m^3,林荫道为 58 万个/m^3,公园内为1 000个/m^3,而林区只有 55 个/m^3,林区与百货商店相差70 000倍。

2)保护环境

(1)保持水土

树冠的截流、地被植物的截流以及死地被植物的吸收和土壤的渗透作用,减少或减缓了地表径流量和流速,植物根系盘根错节,有固土、固石的能力,因而起到了水土保持作用。在园林工作中,为了涵养水源、保持水土,应选择树冠厚大、郁闭度强、截留雨量能力强、耐阴性强、生长稳定并能形成富于吸水性落叶层的树种,一般常选用柳、槭、核桃、枫杨、水杉、云杉、冷杉、圆柏等乔木和榛、夹竹桃、胡枝子、紫穗槐等灌木。在土石易于流失塌陷的冲沟处,宜选择根系发

达、萌蘖性强、生长迅速而又不易生病虫害的树种，如旱柳、山杨、青杨、侧柏、沙棘、胡枝子、紫穗槐、紫藤、南蛇藤、葛藤、蛇葡萄等。

(2)防风固沙

树木成林，可以降低风速，发挥防风作用。据测定，林带背后树高20~30倍的范围内，有显著的防护效能，风速可降低30%~50%(图1.5)。林带还能削弱风的挟沙能力；另外，树木有庞大的根系，可以紧固沙粒，使流沙变为固沙。

图1.5　植物能降低风速

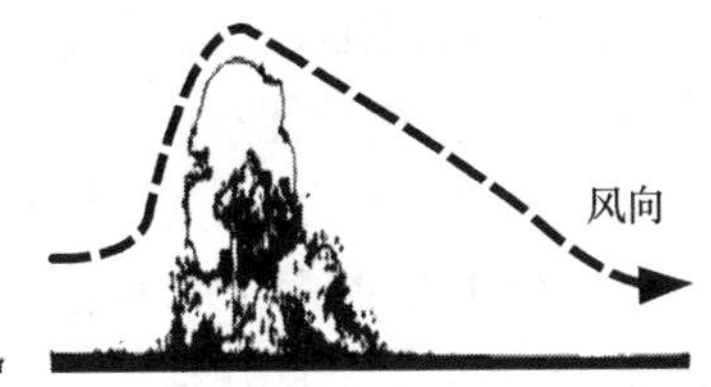

图1.6　片林和狭长林带有显著防风效能

树木组成防风林带(图1.6)，结构以半透风者效果为好。植物降低风速的程度，主要决定于植物体形的大小，树叶的茂盛程度。乔木防风能力比灌木强，灌木又大于草木，阔叶树比针叶树强，常绿阔叶树又比落叶阔叶树强。以固沙为主要目的的防沙林带，则以紧密结构者为有效。

(3)其他防护作用

园林植物具有多方面的防护作用。例如，选用不易燃烧的树木作隔离带，既能起到美化作用，同时又具有防火作用。常用的防火树有苏铁、银杏、青冈栎、槲树、珊瑚树、棕榈、桃叶珊瑚、女贞、红楠、山茶、厚皮香、八角金盘、栲属植物、榕属植物等，它们的树干有厚木栓层或富含水分。在多风雪地区可以用树林形成防雪林带，以保护公路、铁路和居民区。在热带海洋地区，可在浅海泥滩种植红树作防浪林。在沿海地区也可种植防海潮风的林带，以防海潮风的侵袭。

1.1.2　园林绿地的社会效益

(1)观赏功能

不同形状的树木经过妥善的配置，可以产生韵律感、层次感等种种艺术组景的效果。例如，为了加强小地形的高耸感，可在小土丘的上方种植长尖形树种，在山的底部栽植矮小、扁圆形的树木，借树形的对比与烘托来增加土丘的高耸之势。又如，为了突出广场中心喷泉的高耸效果，也可在其四周种植浑圆形的乔灌木；为了与远景联系并取得呼应、衬托的效果，又可在广场后方的通道两旁各植树形高耸的乔木一株，这样就可在强调主景之后又引出新的层次。至于在庭前、草坪、广场上的单株孤植树，则更可说明树形在美化配植中的巨大作用。

(2)文化教育功能

园林植物可以像建筑物、雕塑那样成为城市文明的标志，向世人传播文化。园林植物构成的绿地可以作为向人们进行文化宣传、科普教育的主要场所，能够让人们在游憩中受到教育，增长知识，提高文化素养。在城市开放空间系统中，园林植物作为人类文化、文明在物质空间构成上的投影，已经成为反映现代文明、城市历史、传统和发展成就与特征的载体。

(3)美化功能

园林植物具有形体美或色彩美,每个树种都有自己独具的形态、色彩、风韵、芳香等美的特色。这些特色又能随季节及树龄的变化而有所丰富和发展。例如,春季梢头嫩绿,夏季绿叶成荫,一年四季各有不同的风姿与妙趣。以树龄而论,树木在不同的树龄时期均有不同的形貌,例如松树,在幼龄时全株团簇似球,壮龄时亭亭如华盖,老年时则枝干盘虬而有飞舞之姿。园林中的建筑、雕像、溪瀑、山石等,均需有恰当的园林树木与之相互衬托、掩映,以减少人工做作和枯寂的气氛,增加景色的生趣。

(4)社会交往功能

城市园林绿地为人们的社会交往活动提供了不同类型的开放空间。园林绿地中,大型空间为公共交往提供了场所,小型空间是社会交往的理想选择,而私密性空间给最熟识的朋友、亲属、恋人等提供了良好氛围。

1.1.3 园林绿地的经济效益

园林绿地发挥其生态效益和社会效益的同时也产生着经济效益。园林绿地的经济效益体现在直接经济效益和间接经济效益两个方面。

园林绿地的直接经济效益来源于绿地上的各种植物,园林植物具有生产物质财富、创造经济价值的作用。植物的全株或一部分,如叶、花、果、根、茎、种子及它们分泌的附属物,乳汁、汁液等,可以入药、食用、做工业原料,其中有许多是国家经济建设和出口的重要物质。园林结合生产是园林绿地提供直接经济价值的方法,但园林绿地的主要任务在于美化和改善生活居住和工作、游憩的环境,园林植物物质生产功能的发挥必须从属于主要功能。不能片面地强调生产的功能,而破坏了园林绿地固有的生态和美化功能。

间接经济效益体现在绿地的景观价值和服务功能。体现在它的生态功能上,城市绿地作为唯一有生命的城市基础设施,对自然资本增值的功能是显而易见的,而随着时间的延伸它的价值将一直在增加。另外,它还将给后人留下丰厚的文化遗产,其服务功能始终以间接形式体现着。园林绿地的建设带动着相关产业的发展,其经济效益显著,它间接带动了房地产、商业、旅游、体育、文化等相关产业,城市绿化对提高城市知名度,促进城市精神文明建设等的价值不可低估。因此,城市绿化的效益具有全方位性和综合性的特点。

党中央提出:要把生态文明建设放在突出地位,融入经济建设、政治建设、文化建设、社会建设的各个方面,努力建设美丽中国,实现中华民族永续发展的目标。园林绿地建设是实现生态文明、实现美丽中国的重要组成部分,山清水秀,鸟语花香,才能实现美丽中国梦。

1.2 园林绿地的分类与类型

城市绿地的分类方法很多,不同国家在不同时期,绿地规划、建设、管理、统计的机制不同,所采用的绿地分类方法也不同。

1.2.1 城市绿地分类体系

为统一城市绿地(以下简称为“绿地”)分类,依据《中华人民共和国城乡规划法》,科学地编制、审批、实施绿地系统规划,规范绿地的保护、建设和管理,便于改善城乡生态环境,促进城乡的可持续发展,制定《城市绿地分类标准》(CJJ/T 85—2017)。该标准适用于绿地的规划、设计、建设、管理和统计等工作。绿地的分类除执行该标准外,尚应符合国家现行有关标准的规定。

绿地分类应与《城市用地分类与规划建设用地标准》(GB 50137—2011)相对应,包括城市建设用地内的绿地与广场用地和城市建设用地外的区域绿地两部分。绿地应按主要功能进行分类。绿地分类应采用大类、中类、小类三个层次。绿地类别应采用英文字母组合表示,或采用英文字母和阿拉伯数字组合表示。绿地分类应符合表 1.1 和表 1.2 的规定。

表 1.1 城市建设用地内的绿地分类和代码

类别代码			类别名称	内 容	备 注
大类	中类	小类			
G1			公园绿地	向公众开放,以游憩为主要功能,兼具生态、景观、文教和应急避险等功能,有一定游憩和服务设施的绿地	
	G11		综合公园	内容丰富,适合开展各类户外活动,具有完善的游憩和配套管理服务设施的绿地	规模宜大于 10 hm^2
	G12		社区公园	用地独立,具有基本的游憩和服务设施,主要为一定社区范围内居民就近开展日常休闲活动服务的绿地	规模宜大于 1 hm^2
	G13		专类公园	具有特定内容或形式,有相应的游憩和服务设施的绿地	
		G131	动物园	在人工饲养条件下,移地保护野生动物,进行动物饲养、繁殖等科学研究,并供科普、观赏、游憩等活动,具有良好设施和解说标识系统的绿地	
		G132	植物园	进行植物科学研究、引种驯化、植物保护,并供观赏、游憩及科普等活动,具有良好设施和解说标识系统的绿地	
		G133	历史名园	体现一定历史时期代表性的造园艺术,需要特别保护的园林	
		G134	遗址公园	以重要遗址及其背景环境为主形成的,在遗址保护和展示等方面具有示范意义,并具有文化、游憩等功能的绿地	

续表

类别代码			类别名称	内 容	备 注
大类	中类	小类			
G1	G13	G135	游乐公园	单独设置，具有大型游乐设施，生态环境较好的绿地	绿化占地比例应大于或等于65%
		G139	其他专类公园	除以上各种专类公园外，具有特定主题内容的绿地。主要包括儿童公园、体育健身公园、滨水公园、纪念性公园、雕塑公园以及位于城市建设用地内的风景名胜公园、城市湿地公园和森林公园等	绿化占地比例宜大于或等于65%
	G14		游园	除以上各种公园绿地外，用地独立，规模较小或形状多样，方便居民就近进入，具有一定游憩功能的绿地	带状游园的宽度宜大于12 m；绿化占地比例应大于或等于65%
G2			防护绿地	用地独立，具有卫生、隔离、安全、生态防护功能，游人不宜进入的绿地。主要包括卫生隔离防护绿地、道路及铁路防护绿地、高压走廊防护绿地、公用设施防护绿地等	
G3			广场用地	以游憩、纪念、集会和避险等功能为主的城市公共活动场地	绿化占地比例宜大于或等于35%；绿化占地比例大于或等于65%的广场用地计入公园绿地
XG			附属绿地	附属于各类城市建设用地(除“绿地与广场用地”)的绿化用地。包括居住用地、公共管理与公共服务设施用地、商业服务业设施用地、工业用地、物流仓储用地、道路与交通设施用地、公用设施用地等用地中的绿地	不再重复参与城市建设用地平衡
	RG		居住用地附属绿地	居住用地内的配建绿地	
	AG		公共管理与公共服务设施用地附属绿地	公共管理与公共服务设施用地内的绿地	

续表

类别代码			类别名称	内　容	备　注
大类	中类	小类			
XG	BG		商业服务业设施用地附属绿地	商业服务业设施用地内的绿地	
	MG		工业用地附属绿地	工业用地内的绿地	
	WG		物流仓储用地附属绿地	物流仓储用地内的绿地	
	SG		道路与交通设施用地附属绿地	道路与交通设施用地内的绿地	
	UG		公用设施用地附属绿地	公用设施用地内的绿地	

表 1.2　城市建设用地外的绿地分类和代码

类别代码			类别名称	内　容	备　注
大类	中类	小类			
EG			区域绿地	位于城市建设用地之外，具有城乡生态环境及自然资源和文化资源保护、游憩健身、安全防护隔离、物种保护、园林苗木生产等功能的绿地	不参与建设用地汇总，不包括耕地
	EG1		风景游憩绿地	自然环境良好，向公众开放，以休闲游憩、旅游观光、娱乐健身、科学考察等为主要功能，具备游憩和服务设施的绿地	
		EG11	风景名胜区	经相关主管部门批准设立，具有观赏、文化或者科学价值，自然景观、人文景观比较集中，环境优美，可供人们游览或者进行科学、文化活动的区域	
		EG12	森林公园	具有一定规模，且自然风景优美的森林地域，可供人们进行游憩或科学、文化、教育活动的绿地	
		EG13	湿地公园	以良好的湿地生态环境和多样化的湿地景观资源为基础，具有生态保护、科普教育、湿地研究、生态休闲等多种功能，具备游憩和服务设施的绿地	

续表

类别代码			类别名称	内容	备注
大类	中类	小类			
EG	EG1	EG14	郊野公园	位于城区边缘，有一定规模、以郊野自然景观为主，具有亲近自然、游憩休闲、科普教育等功能，具备必要服务设施的绿地	
		EG19	其他风景游憩绿地	除上述外的风景游憩绿地，主要包括野生动植物园、遗址公园、地质公园等	
	EG2		生态保育绿地	为保障城乡生态安全，改善景观质量而进行保护、恢复和资源培育的绿色空间。主要包括自然保护区、水源保护区、湿地保护区、公益林、水体防护林、生态修复地、生物物种構息地等各类以生态保育功能为主的绿地	
	EG3		区域设施防护绿地	区域交通设施、区域公用设施等周边具有安全、防护、卫生、隔离作用的绿地。主要包括各级公路、铁路、输变电设施、环卫设施等周边的防护隔离绿化用地	区域设施指城市建设用地外的设施
	EG4		生产绿地	为城乡绿化美化生产、培育、引种试验各类苗木、花草、种子的苗圃、花圃、草圃等圃地	

1.2.2 园林绿地的类型说明

1) 公园绿地

(1)关于“公园绿地”名称的说明

“公园绿地”是城市中向公众开放的，以游憩为主要功能，有一定的游憩设施和服务设施，同时兼有健全生态、美化景观、科普教育、应急避险等综合作用的绿化用地。它是城市建设用地、城市绿地系统和城市绿色基础设施的重要组成部分，是表示城市整体环境水平和居民生活质量的一项重要指标。

相对于其他类型的绿地来说，为居民提供绿化环境良好的户外游憩场所是“公园绿地”的主要功能，“公园绿地”的名称直接体现的是这类绿地的功能。“公园绿地”不是“公园”和“绿地”的叠加，也不是公园和其他类型绿地的并列，而是对具有公园作用的所有绿地的统称，即公园性质的绿地。

(2)关于“公园绿地”的分类

对“公园绿地”进一步分类，目的是依据本标准可针对不同类型的公园绿地提出不同的规

划、设计、建设及管理要求。结合实际工作需求，按各种公园绿地的主要功能，对原标准进行了适当调整，将"公园绿地"分为综合公园、社区公园、专类公园、游园4个中类及6个小类。

①关于"综合公园"的说明：取消原标准中"综合公园"下设的小类。原标准中"综合公园"下设"全市性公园"和"区域性公园"两个小类，其目的是根据公园的规模和服务对象合理地进行各级综合公园的配置。但是，各地城市的人口规模和用地条件差异很大，且近年来居民的出行方式和休闲需求也发生了诸多变化，在实际工作中难以区分全市性公园和区域性公园。因此，在无法明确规定各级综合公园的规模和布局要求的情况下，将综合公园细分反而降低了标准的科学性和对实际工作的指导意义。

建议综合公园规模下限为10 hm，以便更好地满足综合公园应具备的功能需求。考虑到某些山地城市、中小规模城市等由于受用地条件限制，城区中布局大于10 hm的公园绿地难度较大，为了保证综合公园的均好性，可结合实际条件将综合公园下限降至5 hm。

②关于"社区公园"的说明：沿用了原标准中的"社区公园"，但取消了该中类下设的"居住区公园"和"小区游园"两个小类。

"社区公园"是指"用地独立，具有基本的游憩和服务设施，主要为一定社区范围内居民就近开展日常休闲活动服务的绿地"，并提出其规模宜在1 hm以上。第一，强调"用地独立"是为了明确"社区公园"地块的规划属性，而不是其空间属性。即该地块在城市总体规划和城市控制性详细规划中，其用地性质属于城市建设用地中的"公园绿地"，而不是属于其他用地类别的附属绿地。例如住宅小区内部配建的集中绿地，在城市控制性详细规划中属于居住用地，那么即使其四周边界清晰，面积再大，游憩功能再丰富，也不能算作"用地独立"的社区公园，而应属于"附属绿地"，此附属绿地即"城市用地分类标准"（2011版）中R11、R21、R31中包含的小游园。第二，提出"社区公园"的规模要求是考虑到现行的《城市居住区规划设计规范》GB 50180—93（2016年版）要求居住区公园的最小规模为1 hm。

取消"居住区公园"小类，是基于以下情况：目前居住用地的建设规模大部分属于《城市居住区规划设计规范》GB 50180—93（2016年版）中的居住小区或居住组团级别，完整的居住区建设相对较少，居住区公园已越来越少，在"城市用地分类标准"（2011版）中已取消"居住区公园"一词；同时，实际的管理和统计工作中，对"居住区公园"的判别也存在困难。

在"公园绿地"中取消"小区游园"小类，将其归入"附属绿地"。"小区游园"从国家标准和规划属性上一直隶属于居住用地，是"附属绿地"的一部分。原标准将"小区游园"列为"公园绿地"，在实际工作中引起了混乱，其中突出体现在数据统计方面，规划部门始终按照国家标准将"小区游园"列为居住用地，而园林绿化部门却将其纳入城市公园绿地面积进行重复统计。因此，将"小区游园"重新归入"附属绿地"可准确反映"小区游园"的规划属性，使本标准与"城市用地分类标准"（2011版）在用地分类和归口统计上达到完全对应，避免因分类不明晰和重复计算造成统计数据的失真，从而能够更加准确地反映公园绿地建设的真实水平。

③关于修改"历史名园"定义的说明：原标准将"历史名园"定义为"历史悠久、知名度高，体现传统造园艺术并被审定为文物保护单位的园林"。其中"体现传统造园艺术"和"审定为文物保护单位"是评定为"历史名园"的关键指标。但随着当代文化遗产理念的发展，除中国传

统园林以外，近代一些代表中国造园艺术发展轨迹的园林同样具有重要的历史价值，其具有鲜明时代特征的设计理念、营造手法和空间效果应当给予保护，而这些园林不一定是文物保护单位。因此，修订后的标准将“历史名园”的定义修改为“体现一定历史时期代表性的造园艺术，需要特别保护的园林”。

④关于增设“遗址公园”的说明：随着对历史遗迹、遗址保护工作的高度重视，近年来出现了许多以历史遗迹、遗址或其背景为主体规划建设的公园绿地类型。因此，，本次修订增设“遗址公园”小类。G134 所指的“遗址公园”是位于城市建设用地范围内，其用地性质在城市总体规划或城市控制性详细规划中属于“公园绿地”范畴。位于城市建设用地范围内的遗址公园首要功能定位是重要遗址的科学保护及相关科学研究、展示、教育，需正确处理对其保护和利用的关系，遗址公园在科学保护、文化教育的基础上合理建设服务设施、活动场地等，承担必要的景观和游憩功能。

⑤关于取消“带状公园”的说明：以绿地的主要功能作为分类依据，而“带状公园”是以其形态进行命名的，根据原标准实施以来得到的反馈意见，取消“带状公园”中类。原标准中“带状公园”主要是沿水滨、道路、古城墙等建设的公园，取消后，沿古城墙等遗迹设置的公园可归入“专类公园”中的“遗址公园”。其他沿水滨、道路等设置的公园中，规模较大并有足够宽度的带状公园根据其功能可归入“综合公园”或“专类公园”；规模较小，不足以归入“综合公园”或“专类公园”的，根据其功能将具备游憩功能的绿地归入“游园”，不具备游憩功能的归入“防护绿地”。

⑥以“游园”替代“街旁绿地”的说明：取消“街旁绿地”的命名主要出于以下考虑：第一，“街旁绿地”突出体现了用地的位置，与分类依据不统一；第二，“街旁绿地”不能准确地体现其使用功能，反而造成了“公园绿地”是“公园”与“绿地”之和的误读。

城市公园绿地体系中，除“综合公园”“社区公园”“专类公园”之外，还有许多零星分布的小型的公园绿地。这些规模较小、形式多样、设施简单的公园绿地在市民户外游憩活动中同样发挥着重要作用。考虑到长期以来业界内外已形成的对“公园”的认知模式，对这类公园绿地以“游园”命名。

“游园”不同于原标准中的“小区游园”，其用地独立，在城市总体规划或城市控制性详细规划中属于独立的“公园绿地”地块，而“小区游园”附属于“居住用地”。

对块状游园不作规模下限要求，在建设用地日趋紧张的条件下，小型的游园建设也应予以鼓励。带状游园的宽度宜大于 12 m，是因为根据相关研究表明，宽度 7~12 m 是可能形成生态廊道效应的阈值；从游园的景观和服务功能需求来看，宽度 12 m 是可设置园路、休憩设施并形成宜人游憩环境的宽度下限。

⑦关于“其他专类公园”的说明：考虑到不少城市在建设用地范围内存在诸如风景名胜公园、城市湿地公园、森林公园等公园绿地类别的客观现状，将其在 G139 其他专类公园中列出。上述专类公园与 EG1 风景游憩绿地中的风景名胜区、湿地公园、森林公园、遗址公园等的主要差别在于：第一，G139 其他专类公园是城市公园绿地体系的重要组成部分，位于城市建设用地之内，可参与城市建设用地的平衡。第二，G139 其他专类公园因其位于城市建设用地范围内，其首要功能定位是服务于本地居民，主要承担休闲游憩、康体娱乐等功能，兼顾生态、科普、文化等功能。

2)防护绿地

“防护绿地”是为了满足城市对卫生、隔离、安全的要求而设置的,其功能是对自然灾害或城市公害起到一定的防护或减弱作用,因受安全性、健康性等因素的影响,防护绿地不宜兼作公园绿地使用。因所在位置和防护对象的不同,防护绿地的宽度和种植方式的要求各异,目前较多省市的相关法规针对当地情况有相应的规定,可参照执行。

随着对城市环境质量关注度的提升,防护绿地的功能正在向功能复合化的方向转变,即城市中同一防护绿地可能需同时承担诸如生态、卫生、隔离,甚至安全等一种或多种功能。因此,对防护绿地不再进行中类的强行划分,在标准的实际运用中各城市可根据具体情况由专业人员进行分析判断,确有需要的,再进行防护绿地的中类划分。

对于一些在分类上容易混淆的绿地类型,如城市道路两侧绿地;在道路红线内的,应纳入“附属绿地”类别;在道路红线以外,具有防护功能、游人不宜进入的绿地纳入“防护绿地”;具有一定游憩功能、游人可进的绿地纳入“公园绿地”。

3)关于增设“广场用地”的说明

“城市用地分类标准”(2011 版)因满足市民日常公共活动需求的广场与公园绿地的功能相近,将“广场用地”划归 G 类,命名为“绿地与广场用地”,并以强制性条文规定:“规划人均绿地与广场用地面积不应小于 10.0 m^2/人,其中人均公园绿地面积不应小于 8.0 m^2/人。”以上条文规定了人均公园绿地的规划指标要求,保证了公园绿地指标不会因广场用地的归入而降低,同时有利于将绿地与城市公共活动空间进一步契合。因此,与之对接,增设“广场用地”大类。

“城市用地分类标准”(2011 版)规定:“广场用地”是指以游憩、纪念、集会和避险等功能为主的城市公共活动场地,不包括以交通集散为主的广场用地(该用地应划入“交通枢纽用地”)。

将“广场用地”设为大类,有利于单独计算,保证原有绿地指标统计的延续性。同时,提出“广场用地”的绿化占地比例宜大于 35%,是根据全国 153 个城市的调查资料,并参考了 33 位专家的意见以及相关文献研究等。85%以上的城市中广场用地的绿化占地比例高于 30%,其中 2/3 以上的广场绿化占地比例高于 40%,将广场用地的适宜最低绿化占地比例定为 35%,是符合实际情况并能够达到的。此外,基于对市民户外活动场所的环境质量水平的考量以及遮阴的要求,广场用地应具有较高的绿化覆盖率。

4)附属绿地

“附属绿地”是指附属于各类城市建设用地(除“绿地与广场用地”)的绿化用地,“附属绿地”不能单独参与城市建设用地平衡。

“附属绿地”中类的划定与命名是与城市建设用地的分类相对应的。附属绿地的大类代码是 XG,其中 X 表示包含多种不同的城市用地。为方便使用,将原标准的相关内容摘录如表 1.3。

表 1.3　附属绿地分类

用地代码	用地名称	内　容
R	居住用地	住宅和相应服务设施的用地
A	公共管理与公共服务设施用地	行政、文化、教育、体育、卫生等机构和设施的用地
B	商业服务业设施用地	商业、商务、娱乐康体等设施用地
M	工业用地	工矿企业的生产车间、库房以及附属设施用地
W	物流仓储用地	物质储备、中转、配送等用地
S	道路与交通设施用地	城市道路、交通设施等用地
U	公用设施用地	供应、环境、安全等设施用地

“附属绿地”因所附属的用地性质不同，在功能用途、规划设计与建设管理上有较大差异，应同时符合城市规划和相关规范规定的要求。

5）区域绿地

对原标准的“其他绿地”进行了重新命名和细分。其主要目的是：适应中国城镇化发展由“城市”向“城乡一体化”转变，加强对城镇周边和外围生态环境的保护与控制，健全城乡生态景观格局；综合统筹利用城乡生态游憩资源，推进生态宜居城市建设；衔接城乡绿地规划建设管理实践，促进城乡生态资源统一管理。

（1）关于“区域绿地”的名称

“区域绿地”指市（县）域范围以内、城市建设用地之外，对于保障城乡生态和景观格局完整、居民休闲游憩、设施安全与防护隔离等具有重要作用的各类绿地，不包括耕地。“区域绿地”命名的目的主要是与城市建设用地内的绿地进行对应和区分，突出该类绿地对城乡整体区域生态、景观、游憩各方面的综合效益。

“区域绿地”不包含耕地，因耕地的主要功能为农业生产，同时，为了保护耕地，土地管理部门对于基本农田和一般农田已经有明确管理要求。因此，虽然耕地对于限定城市空间、构建城市生态格局有一定作用，但在具体绿地分类中不计入“区域绿地”。

“区域绿地”的名称还便于在计算中进行城市建设用地内外的绿地统计，凡是列入“区域绿地”的绿地，皆不参与城市建设用地的绿地指标统计。

表 1.2 单列的原因有二：第一，为了与表 1.1 城市建设用地内的绿地进行区分。第二，所列的绿地类别并不是以土地的基本用途作为分类的基础标准，而是在尊重国土分类标准规定的类别（注：主要是耕地、园地、林地、草地、水域等）划定基础之上，着重强调绿地的主体功能（包括生态环境保护、游憩康体休闲、安全防护、苗木生产等），以便于对区域绿地的差别性政策管控。

(2)关于“区域绿地”的分类

“区域绿地”依据绿地主要功能分为4个中类:风景游憩绿地、生态保育绿地、区域设施防护绿地、生产绿地。该分类突出了各类区域绿地在游憩、生态、防护、园林生产等不同方面的主要功能。

①关于“风景游憩绿地”的说明:指城乡居民可以进入并参与各类休闲游憩活动的城市外围绿地,“风景游憩绿地”和城市建设用地内的“公园绿地”共同构建城乡一体的绿地游憩体系。从促进风景资源保护与合理利用角度出发,基于现实发展状况,进行分类梳理,同时考虑未来发展需求,根据游览景观、活动类型和保护建设管理的差异,将风景游憩绿地分为风景名胜区、森林公园、湿地公园、郊野公园和其他风景游憩绿地5个小类。

“风景名胜区”指风景名胜资源集中、自然环境优美、具有一定规模和游览条件,供人们游览、观赏、休息和进行科学文化活动的地域。主要包括经省级以上人民政府审定命名、划定范围的各级风景名胜区。本分类不包含风景名胜区位于城市建设用地以内的区域,位于建设用地范围内的应归类于G139“其他专类公园”。

EG12所指的“森林公园”位于城市建设用地范围以外,多为自然状态和半自然状态的森林生态系统,其功能定位首先是资源保护和科学研究,兼顾一定的旅游、休闲、娱乐等服务功能。

EG13所指的“湿地公园”位于城市建设用地范围以外,是以保护湿地生态系统,开展湿地保护、恢复、宣传、教育、科研、监测等为主要目的,兼顾湿地资源合理利用,可适度开展不损害湿地生态系统功能的生态旅游活动。

“郊野公园”是以较大规模的原生自然风貌和野趣景观为特色,具有风景游憩、科普教育等功能。根据国内主要城市实践并参考日本和英国同类公园面积要求情况,郊野公园应具有一定面积规模,才能保持和发挥自然郊野特色。

“其他风景游憩绿地”是指在城市建设用地以外、尚未列入上述类别的风景游憩绿地,主要包括野生动植物园、遗址公园、地质公园等。其中“地质公园”是以具有特殊地质科学意义、稀有的自然属性、较高的美学观赏价值,以及具有一定规模和分布范围的地质遗迹景观为主体并融合其他自然景观与人文景观而构成的一种独特的自然区域。在其中可开展地质遗迹展示、科普教育宣传、地质科研、监测、旅游、探险等休闲娱乐等活动。

②关于“生态保育绿地”的说明:指对于城乡生态保护和恢复具有重要作用,通常不宜开展游憩活动的绿地,主要包括各类自然保护区、水源保护地、湿地保护区、需要进行生态修复的区域,以及生态作用突出的林地、草原等。

③关于“区域设施防护绿地”的说明:指对区域交通设施、区域公用设施进行防护隔离的绿地,包括各级公路、铁路、港口、机场、管道运输等交通设施周边的防护隔离绿化用地,以及能源、水工、通信、环卫等为区域服务的公用设施周边的防护隔离绿化用地。这类绿地主要功能是保护区域交通设施、公用设施或减少设施本身对人类活动的危害。

区域设施防护绿地在穿越城市建设用地范围时,因区域交通设施、区域公用设施本身不属于城市建设用地类型,所以此种情况区域设施防护绿地仍不计入城市建设用地的绿地指标统计。

④关于“生产绿地”的说明:指为城乡绿化服务的各类苗圃、花圃、草圃等,不包括农业生产园地。随着城市的建设发展,“生产绿地”逐步向城市建设用地外转移,城市建设用地中已经不再包括生产绿地;但由于生产绿地作为园林苗木生产、培育、引种、科研保障基地,对城乡园林绿化具有重要作用。此类绿地分类不宜消失,应作为单独的绿地类型予以保留,因此本标准将“生产绿地”列为区域绿地下的一个中类。

1.3 园林绿地建植工程

园林绿地建植工程中绿化是主体,按照建设工程施工程序,先打造山水,改造地形;再进行道路铺设、场地铺装、建筑物和构筑物建设;最后是绿化工程。绿化工程分为建植和养护管理两个部分。

1.3.1 园林绿地建植工程的主要内容

1)园林绿地建设程序

城市园林绿地建设统一纳入国家基本建设范畴,建设程序也必须按基本建设程序进行,主要程序如下:

(1)在项目论证决策基础上编制计划任务书

计划任务书的编制是在可行性研究及决策基础上,由建设单位与规划设计单位密切配合并以建设单位为主,规划设计部门参与共同编制的一个计划文件,此文件编制成以后即报上级主管部门,经上级批准后,文件生效,建设项目才算正式成立。计划任务书是编制计划,申请投资进行建设的唯一依据,它一经上级部门批准后,不准任意改动,如确需作某些变更时,则需办理变更手续,并报请原审批机关同意。

(2)根据批准的计划任务书进行规划设计

规划设计的主要依据是经政府有关部门批准的计划任务书,并按计划任务书所规定的规模、内容等基本要求去进行规划设计。不得任意更改和增减,设计文件是组织工程建设的主要依据。由于园林绿地建设工程的特点在设计中除了具有技术要求以外,还有相当的艺术要求、社会要求和服务管理上的要求,建设项目一般分为初步设计和施工图绘制两段设计。在具体设计中,应注意园林特点,应以植物为主,合理安排绿化、水面、道路、小品、建筑等各部分面积比例,这是发挥绿化功能,争取时间,合理投资的关键,同时要讲究艺术品位、色彩、形状、体量、位置及环境的匹配等。既要有好的使用效果,又要具高雅的园艺效果。

设计单位要严格保证设计质量,力求达到方案新、技术精、数据准、效果佳,设备材料准备和所要求的施工条件又切实可行。在设计方案的构思时,宜采取以设计单位为主,有建设单位和施工单位共同参加的三结合小组共同确定设计方案。不仅可以集思广益,提高设计质量,而且有利于共同合作。设计文件的审批权限可遵循国家规定执行,即大型设计项目的初步设计

和总概算报上级批准，小型项目的设计和概算在不超过计划任务书规定的控制数时可由各主管单位自行审批。建设项目的总投资、总建设规模和建设面积都以批准的初步设计为准，若需变动，须报批。

(3)根据批准的初步设计和概算安排计划

根据批准的初步设计和概算列入年度基本建设计划，对于一些国家虽已安排了年度投资，但尚没有批准初步设计和概算的新项目，只算作预备项目，待批准了初步设计和概算之后再转入年度计划。

(4)根据上级下达的年度基本建设计划编制工程项目表

项目被列入年度计划后，即应编制工程项目表，项目表经主管单位审检后报上级备案，并据此可通知施工单位及建设银行，便于做施工准备及资金筹拨。

(5)根据工程项目编制施工计划

一切建设项目只有在被正式列入年度基本建设计划以及编入工程项目表并取得建筑工程许可证之后，施工单位才能承接施工任务，接受施工的第一步是编制施工计划，只有列入施工计划的项目，才能着手做施工准备。

(6)凭工程许可证施工

对于每一项工程来说，施工前要根据设计单位提供的设计图，编制成施工图及施工作业组织设计，作出施工预算。如果施工预算突破设计概算，则由建设单位会同设计单位、施工单位共同会审，施工单位主述理由，再报请原批准概算部门审批。

施工中要严格按施工图施工，保证质量和进度，如施工中需修改施工图时，则应取得设计单位同意。建设单位、施工单位对已开工项目的施工进行修改时，也应与设计单位协商一致，办理正式修改手续后，再进行修改。重大修改还要经过上级批准。施工中要确保工程质量，凡地下和隐蔽工程以及关键部位，一定要经过施工、设计、建筑单位三家联合检验合格，才能进行下道工序的施工。对于不符合质量要求的工程，应及时采取补救措施，不留隐患。

(7)联合进行竣工实地验收

城市园林绿地建设工程的项目建设和单项工程竣工以后，也必须按施工图规定的技术质量要求，实行三方联合验收，并共同评定质量等级。工程竣工后，一旦发现因施工造成的质量问题，施工单位必须即时认真包修。因设计技术造成的质量问题，设计单位也要认真处理，否则建设单位有权拒绝在竣工验收报告上签字验收。

(8)编制竣工决算

为正确核定新增固定资产的价值，考核分析投资效果，建立健全经济责任制，对所有计划内的建设项目和单项工程竣工之后，都应编制竣工决算。它是反映基本建设工程项目建设成果的文件，也是办理验收和交付使用的依据，是竣工验收报告的主要组成部分。

(9)交付使用

竣工项目办理交付使用后，建设单位要及时将竣工决算上报主管部门，并送开户建设银行进行审查签证。

2) 园林绿地建植工程的主要内容

园林绿地建植工程的主要内容包括施工前准备、平整土地、定点放线、给排水工程施工、附属工程施工、植物种植工程、养护管理、清理现场和工程验收等内容(图 1.7)。

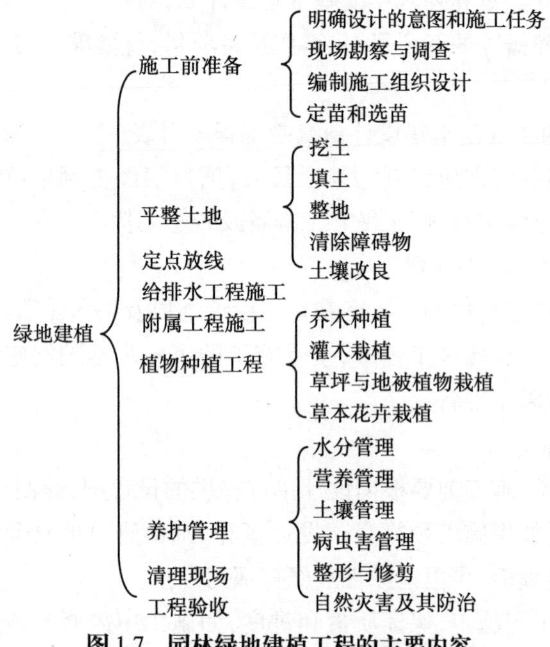

图 1.7　园林绿地建植工程的主要内容

1.3.2　园林绿地建植的原则

1)"以人为本",生态优先的原则

园林绿地的建设主要目的是为人服务的,它除了美化功能外,更多的是给人类带来生态功能。园林绿化的效益体现是综合的,它包括环境效益、经济效益和社会效益,生态园林的建设是实现环境效益的重要措施。生态园林着重从保护环境、维持生态平衡出发,遵循生态学的原理,建立城市园林绿地系统,在单体园林中科学地建设多层次、多结构、多功能的植物群落,以达到顺应自然,提高环境质量,制订有益于人们身心健康的园林绿化方案与措施,这样建成的园林绿地单体,称为生态园林。生态园林就是以合理配植树木为主的人工植物群落为重点,并联合不同类型园林绿地使之构成城市人工生态系统,为人们创造清洁、优美、文明的自然环境。在绿地建设中,必须"以人为本",实现生态优先,尽量保留原有的自然和文化景观,把对生态环境的干扰和破坏降低到最低程度,合理地进行生态配置,完善生态结构,实现生物多样性、景观多样性,提高系统的生产力。实现生态园林要提高城市绿地率;提高单位面积叶面积系数,即提高绿化环境效益;提高景观质量;改善城市生态系统的物质循环、能量循环和信息循环。

2)保证园林绿地的物种多样性和景观多样性,实现可持续发展

园林绿地物种多样性是生态园林的基础,是提高绿地生态系统功能的前提。城市自然植被的保护,古树名木的保留和保护,完善城市绿地规划,进行绿廊体系建设,增加开敞空间,可以给生物提供良好的生存环境,促进物种多样性的形成。在生态系统中,多种多样的生物相互依存和相互制约,它们共同维系着生态系统的结构和功能,多样性使得生态系统得以稳定,使环境可持续发展,丰富多彩的生物和它们所赖以生存的无机环境共同构成了人类赖以生存的生物支撑系统。千姿百态的生物也给人以美的享受,是艺术创造和科学发明的源泉。物种多样性对科学技术的发展是不可或缺的,如仿生学的发展离不开丰富而奇异的生物世界。甚至,人类文化的多样性在很大程度上起源于生物及其环境的多样性。

3)因地制宜,重视"适地适树",并突出特色表现

不同地域,自然环境也不同。绿地的建设与自然环境密切相关,必须根据自然环境的特点,因地制宜,创造适生环境,提高绿地自身的维持机制,实现可持续发展。根据园林绿地建设的具体要求,选择乡土树种,这有利于保证树种对本地风土条件的适应性。但为了丰富树种,体现多样性,还要从长期生长于本地的外来树种中进行选择,经过长期考验适应了新环境的外来树种常常在绿地建设中发挥着巨大的作用,它丰富了园林绿地建设的形式和内容。园林绿地个性的表现,一种是以当地著名、为人们喜爱的树种来表现,另一种就是用具有特色的植物来表现,并通过合理、科学和艺术的配置,增加绿地的景观类型,构建具有区域特色和城市个性的城市绿地景观。园林绿地的建设应该提倡的是每个城市有自己的特色。

4)处理好植物间的关系,建立良性循环的植物群落

以植物群落为绿地结构单位,构建乔灌草复合群落。绿地上的植物种间关系对群落的演变具有决定性影响,单一结构绿地易导致景观的退化。植物种间的关系主要由不同种类的生态位所决定,充分考虑园林植物的生态位特征,合理规划物种,避免种间的直接竞争,形成结构合理、功能健全、种群稳定的复合群落,形成优美景观并提高生态功能。群落的生态设计,应该充分考虑绿地植物的变化,考虑群落的发展和动态演替,依据种群间的竞争、共生、寄生、化感作用、机械作用的原理,建立和谐共生环境,促进群落的良性循环。

1.3.3 园林绿地建植工程的主要工作

合理的园林施工程序应该是:施工前准备—整理地形—安装给排水管线—修建园林建筑—大树移植—铺装道路、广场—种植树木—铺装草坪—布置花坛—养护管理—清理现场。

1）**施工前的准备**

施工质量直接影响景观效果，因而在施工前必须做好准备工作。

(1)明确设计的意图及施工任务

在接受施工任务后，应该与主管部门和设计单位沟通，了解设计意图和预期目标；了解工程的概况，包括工程的范围和工程量；施工期限；工程投资；施工现场地上、地下情况与定点放线的依据；工程材料来源和运输条件等。

(2)现场勘察与调查

在了解设计意图和工程概况后，施工人员必须亲自到现场进行细致的勘察和调查，了解地上物去留情况及需保护的地面物；现场内外交通、水源、电源情况；施工期间生活设施的安排地点；施工地段的土壤调查，土质的情况，是否需要换土和施用基肥等。

(3)编制施工方案

园林工程是综合性工程，为更好地实现设计目标和效果，多、快、好、省地完成施工任务，在施工前必须制订一个细致、可操作的施工方案，也可称为"施工组织设计"，用于指导后期施工过程。施工组织设计应包括工程概况；施工组织机构；施工部署和进度安排；绘制施工现场平面布置图；施工程序和工艺要求等。

(4)定苗选苗

根据设计图和设计说明的要求进行选苗和定苗。了解苗木的来源、质量、运输条件等。

园林苗木一般有两类：一类是没经过移植的原生苗（实生苗），此类苗木其根系分布很广，在起挖苗木土球范围内可吸收水分和养分的根系很少，移植后成活较困难；另一类是在销售前已经经过多次的移植，在起挖的土球范围内可吸收水分和养分的根系很多，移植成活率高，恢复快，绿化效果好。

(5)整理地形

对栽植工程的现场，清理场地里的障碍物，按设计图进行地形整理。

2）**园林种植工程**

园林种植工程主要包括园林绿地苗木栽植工程、园林绿地苗木养护工程、花坛和花境的施工养护工程、草坪和地被植物的种植和养护工程、立体绿化的施工和养护工程等，各项工程的相关技术将在本书的相关章节进行详细介绍，在此不论述。

1.4 园林绿地养护的措施与要求

园林绿地施工结束并通过验收后，后期的主要工作就是养护与管理。俗话说"三分种，七分管"，园林绿地景观的效果是以园林植物的健康生长为基础，生长健康的植物能充分发挥它们的色彩、形态、香气的观赏效果，并能发挥它们的生态效益。植物的生长和发育是长期、周期

性的循环过程，在植物生长发育过程中，应该制订养护管理的技术标准和操作规范，使养护管理工作目标明确、措施有力，做到养护管理科学化和规范化。

1.4.1 园林绿地养护的措施

1)土肥水的管理

(1)土壤管理

土壤是树木生长的基地，是水分、养分的主要来源。因此，要求土壤保水、保肥能力好，不积水，下层排水良好，土壤充分风化，有肥力。土壤管理任务是通过多种综合措施来提高土壤肥力，改善土壤结构和理化性质，保证植物健康生长所需要的养分、水分和空气供给。

(2)水分管理

园林绿地的水分管理，包括灌溉与排水。根据各类植物对水分的需求，通过多种技术措施和管理手段满足植物对水分的需求，达到健康生长和节约水资源的目的。

(3)营养管理

绿地中的植物大多数是多年生且数量大，植物根系源源不断地从绿地中吸收营养元素，造成绿地中营养元素的缺乏，同时，由于城市绿地的自维持机制差，养分循环被切断，因此，极易造成土壤养分的枯竭。提供植物足够的营养，是使植物健康成长的重要措施。

2)整形与修剪

整形与修剪是园林植物养护管理的重要的、经常性的工作之一。园林植物的景观价值需要通过其姿态来体现；生态价值要通过树冠结构来提高；经济价值需要通过修剪措施来实现和提高；病虫害和自然灾害的防治也要通过整形修剪措施来实现。

3)自然灾害预防与治理

生长在绿地上的植物常常会因为自然灾害的影响造成生长不良甚至死亡，因此，自然灾害的预防和治理也是养护管理的重要工作。

4)病虫害防治

病虫害是造成植物死亡、景观价值丧失的重要因素，养护管理中必须根据其发生发展规律和危害情况，及时、有效地进行防治，以减少病虫害造成的损失。

5)越冬防寒

在冬季降温前，根据各种植物材料的耐寒能力的强弱，采取适当的方法预防冻害的发生。如灌冻水，包裹、涂白树干，搭风障，清积雪等保护措施。

1.4.2 园林绿地养护的质量标准

1)园林绿地养护标准

(1)一级绿地养护标准

①植物配置合理,乔、灌、花、草搭配适当,能突出小区特色;绿化充分,无裸露土地。

②树木生长健壮,生长超过该树种该规格的平均生长量,树冠完整、美观,修剪适当,主侧枝分布匀称,内膛不乱,通风透光,无死树和枯枝死杈;在正常条件下,不黄叶、不焦叶、不卷叶、不落叶;被啃咬的叶片最严重的每株在5%以下;无蛀干害虫的活卵、活虫;介壳虫为害不明显;树木缺株在2%以下;树木无钉栓、捆绑现象。

③绿篱生长健壮,叶色正常,修剪造型美观,无死株和干枯枝,有虫株率在2%以下;草坪覆盖率达到95%以上,修剪及时,整齐美观,叶色正常,无杂草;宿根花卉管理及时,花期长,花色正,无明显缺株。

④绿地整洁,无杂树,无堆物堆料、搭棚、侵占等现象;设施完好,无人为损坏,对违法行为能及时发现和处理;绿化生产垃圾及时清运。

⑤按一级养护技术措施要求认真地进行养护。

(2)二级绿地养护标准

①植物配置基本合理。乔、灌、花、草齐全,绿化较充分,基本无裸露土地。

②树木生长正常,生长达到该树种该规格的平均生长量。树冠基本完整,内膛不乱,通风透光,修剪及时,无死树和明显的枯枝、死杈;在正常条件下,无明显黄叶、焦叶、卷叶、落叶;被啃咬的叶片最严重的每株在10%以下;有蛀干害虫的株数在2%以下;介壳虫为害较轻;树木缺株在4%以下;树木基本无钉栓、捆绑现象。

③绿篱生长造型正常,叶色正常,修剪及时,基本无死株和干死枝,有虫株率在10%以下;草坪覆盖率达到90%以上,修剪及时,叶色正常,无明显杂草;宿根花卉管理基本及时,花期正常,缺株率在5%以下。

④绿地整洁,无杂树,无堆物堆料、搭棚、侵占等现象;设施基本完好,无明显人为损坏,对违法行为能及时发现和处理;绿化生产垃圾能及时清运。

⑤按二级养护技术措施要求认真地进行养护。

(3)三级绿地养护标准

①植物搭配一般,绿化基本充分,无明显裸露土地。

②树木生长基本正常,无死树和明显枯枝死杈;在正常条件下,无严重黄叶、焦叶、卷叶;被啃咬的叶片最严重的每株在20%以下;有蛀干害虫的株数在10%以下;介壳虫为害一般;树木缺株在6%以下;树木无明显的钉栓、捆绑现象。

③绿篱生长造型基本正常,叶色基本正常,无明显的死株和枯死枝,有虫株率在20%以下;草坪宿根花卉生长基本正常,草坪斑秃和宿根花卉缺株不明显,基本无明显的草荒。

④绿地基本整洁，无明显的堆物堆料、搭棚、侵占等现象；设施无明显的破损，无较严重人为破坏，对人为损坏和违法行为能及时处理；无绿化生产垃圾。

⑤按三级养护技术措施要求认真地进行养护。

凡是参加市级文明小区、优秀管理小区等先进评比的居住小区，必须达到二级以上的养护管理标准。居住小区绿化养护标准按三个等级划分。

2）绿化养护质量标准

（1）一级养护质量标准

①绿化充分，植物配置合理，达到黄土不露天。

②园林植物达到：

a.生长势好：生长超过该树种该规格的平均生长量（平均生长量待以后调查确定）。

b.叶子健壮。

Ⅰ.叶色正常，叶大而肥厚。在正常的条件下不黄叶、不焦叶、不卷叶、不落叶，叶上无虫尿虫网灰尘；Ⅱ.被啃咬的叶片最严重的每株在5%以下（包括5%，以下同）。

c.枝、干健壮。

Ⅰ.无明显枯枝、死杈、枝条粗壮，过冬前新梢木质化；Ⅱ.无蛀干害虫的活卵活虫；Ⅲ.介壳虫最严重处主枝干上100 cm^2 1头活虫以下（包括1头，以下同），较细的枝条每尺长的一段上在5头活虫以下（包括5头，以下同）；株数都在2%以下（包括2%，以下同）；Ⅳ.树冠完整：分支点合适，主侧枝分布匀称和数量适宜、内膛不乱、通风透光。

d.措施好：按一级技术措施要求认真进行养护。

e.行道树基本无缺株。

f.草坪覆盖率应基本达到100%；草坪内杂草控制在10%以内；生长茂盛颜色正常，不枯黄；每年修剪暖地型草6次以上，冷地型草15次以上；无病虫害。

③行道树和绿地内无死树，树木修剪合理，树形美观，能及时很好地解决树木与电线、建筑物、交通等之间的矛盾。

④绿化生产垃圾（如树枝、树叶、草末等）重点地区路段能做到随产随清，其他地区和路段做到日产日清；绿地整洁，无砖石瓦块、筐和塑料袋等废弃物，并做到经常保洁。

⑤栏杆、园路、桌椅、井盖和牌饰等园林设施完整，做到及时维护和油饰。

⑥无明显的人为损坏。绿地、草坪内无堆物堆料、搭棚或侵占等。行道树树干上无钉栓、刻画；树下距树干2 m范围内无堆物堆料、搭棚设摊、圈栏等影响树木生长和养护管理的现象，如有，则应有保护措施。

（2）二级养护质量标准

①绿化比较充分，植物配置基本合理，基本达到黄土不露天。

②园林植物达到：

a.生长势正常：生长达到该树种该规格的平均生长量。

b.叶子正常。

Ⅰ.叶色、大小、薄厚正常；Ⅱ.较严重黄叶、焦叶、卷叶、带虫尿虫网灰尘的株数在2%以下；Ⅲ.被啃咬的叶片最严重的每株在10%以下。

c.枝、干正常。

Ⅰ.无明显枯枝、死杈；Ⅱ.有蛀干害虫的株数在2%以下(包括2%，以下同)；Ⅲ.介壳虫最严重处主枝主干100 cm^2 有2头活虫以下，较细枝条每尺长的一段上在10头活虫以下，株数都在4%以下；Ⅳ.树冠基本完整：主侧枝分布均称，树冠通风透光。

d.措施：按二级技术措施要求认真进行养护。

e.行道树缺株在1%以下。

f.草坪覆盖率达95%以上；草坪内杂草控制在20%以内；生长和颜色正常，不枯黄；每年修剪暖地型草两次以上，冷地型草10次以上；基本无病虫害。

③行道树和绿地内无死树，树木修剪基本合理，树形美观，能较好地解决树木与电线、建筑物、交通等之间的矛盾。

④绿化生产垃圾要做到日产日清，绿地内无明显的废弃物，能坚持在重大节日前进行突击清理。

⑤栏杆、园路、桌椅、井盖和牌饰等园林设施基本完整，基本做到及时维护和油饰。

⑥无较严重的人为损坏。对轻微或偶尔发生难以控制的人为损坏，能及时发现和处理，绿地、草坪内无堆物堆料、搭棚或侵占等；行道树树干无明显地钉栓刻画现象，树下距树2 m以内无影响树木养护管理的堆物堆料、搭棚、圈栏等。

(3)三级养护质量标准

①绿化基本充分，植物配置一般，裸露土地不明显。

②园林植物达到：

a.生长势基本正常。

b.叶子基本正常。

Ⅰ.叶色基本正常；Ⅱ.严重黄叶、焦叶、卷叶、带虫尿虫网灰尘的株数在10%以下；Ⅲ.被啃咬的叶片最严重的每株在20%以下。

c.枝、干基本正常。

Ⅰ.无明显枯枝、死杈；Ⅱ.有蛀干害虫的株数在10%以下；Ⅲ.介壳虫最严重处主枝主干上100 cm^2 有3头活虫以下，较细的枝条每尺长的一段上在15头活虫以下，株数都在6%以下；Ⅳ.90%以上的树冠基本完整，有绿化效果。

d.措施：按三级技术措施要求认真进行养护。

e.行道树缺株在3%以下。

f.草坪覆盖率达90%以上；草坪内杂草控制在30%以内；生长和颜色正常；每年修剪暖地型草1次以上，冷地型草6次以上。

③行道树和绿地内无明显死树，树木修剪基本合理，能较好地解决树木与电线、建筑物、交通等之间的矛盾。

④绿化生产垃圾主要地区和路段做到日产日清，其他地区能坚持在重大节日前突击清理绿地内的废弃物。

⑤栏杆、园路和井盖等园林设施比较完整，能进行维护和油饰。

⑥对人为破坏能及时进行处理。绿地内无堆物堆料、搭棚或侵占等，行道树树干上钉栓刻画现象较少，树下无堆放石灰等对树木有烧伤、毒害的物质，无搭棚设摊、围墙圈占树等。

思考题

1.简述园林绿地的主要功能。

2.简述园林绿地按生态功能和用途进行的分类。

3.简述园林绿地建植的主要工作内容。

4.简述园林绿地建植的原则。

5.简述园林绿地养护的措施。

2 园林绿地建植的程序

本章导读 本章主要介绍了园林绿地建植的程序，园林施工方案和相关计划的编制，建植前场地和植物材料的准备，园林绿化工程的施工、竣工验收及后评价等内容。要求掌握建植前场地和植物材料的准备工作的具体内容和要求；熟悉园林施工方案和相关计划的编制，园林绿地建植的程序；了解园林绿化施工及验收规范。

2.1 接受园林绿地建植任务

施工单位接受园林绿地建植任务后，要及时地对工程的概况进行研究、准备，会审图纸后编制切实可行的施工方案和计划。

2.1.1 了解绿地建植概况

在接受施工任务后应通过工程主管部门及设计单位明确以下问题。

1) **工程范围及任务量**

其中包括栽植乔灌木的规格和质量要求以及相应的建设工程，如绿化总面积，地下排盐，给水、排水，地形构筑质量要求及工程量，换土、改土面积，施工季节及园林小品等。

2) **工程的施工期限**

工程的施工期限包括工程总的进度和完工日期以及每种苗木要求栽植完成日期。根据施工季节、现场施工条件、施工质量要求等，合理安排施工进度，保质、保量、适时完成施工任务。同时要注意交叉施工范围和时间，以便提前与各方协商调整，使施工能够顺利进行。

3)工程投资及设计概(预)算

其中包括主管部门批准的投资数和设计预算的定额依据,便于项目部编制施工预算计划。

4)设计意图

设计意图即绿化的目的、施工完成后所要达到的景观效果。认真听取设计单位的技术交底,了解设计构思、对施工质量及绿化景观效果的标准要求。

5)了解施工地段的地上、地下情况

了解有关部门对地上物的保留和处理要求等;特别是要了解地下各种电缆及管线情况,与有关部门配合,以免施工时造成事故。

6)定点放线的依据

一般以施工现场及附近水准点作定点放线的依据,如条件不具备,可与设计部门协商,由设计方确定可作为定点放线依据的永久性参照物,确定一些永久性建筑物作为依据。

7)工程材料来源

其中以苗木的出圃地点、时间、质量为主要内容。

8)运输情况

主要指行车道路、交通状况及车辆的安排。

准备工作完成后,应编制施工计划,制订优质、高效、低耗、安全的施工规定。

2.1.2 会审设计图纸

在了解设计意图和工程概况后,入场前必须组织相关专业技术人员,认真阅读设计单位提供的全部设计资料,熟悉施工图纸,了解工程特点,确定工程量等。核对图纸及相关数据、内容,对发现的问题做好标记和记录,以便在图纸会审时提出。

1)审核内容

核对施工图纸目录清单,检查设计图纸是否完备、齐全,有无漏项;图纸说明是否清楚、完整。施工图纸与说明书内容是否一致,有关规定是否明确,有无相互矛盾和错误之处;设计图纸中标注的主要尺寸、位置、标高等是否准确无误;按照苗木表中所列植物品种,根据图中植物标注符号,对苗木数量与栽植面积,分区、分块逐一进行核对,核对结果是否与苗木表及图中标注一致。对与图中不符部分,应列表明示,报告设计单位进一步核实;植物材料选择是否恰当,环境条件是否适合苗木生长发育;苗木规格是否准确,栽植密度是否合理,能否达到预期的景

观效果；栽植位置是否正确，栽植位置与现场地上障碍物及地上、地下管线距离是否符合规范要求；各种管道、架空电线对植物是否有影响；栽植土厚度是否能满足植物生长要求；栽植苗木、排盐管是否在常年最高水位以上等；排灌设施是否完善，排盐方案是否可行，设计是否符合施工条件等；根据现场地形地貌状况、土壤改良方案，计算设计土方量是否准确，相差较大时需向设计单位提出说明，以便及时得到确认或调整。

2）意见反馈

对图纸中存在漏项、疑点、错误之处，及施工时间、施工技术、设备等施工中可能遇到的有关问题，需列出汇总清单，以书面形式及时反馈给设计单位及建设单位和监理部门，以便在组织图纸会审时，相关单位对图纸中存在的问题和不足，及时作出说明、修正、补充和合理的调整。

通过研究和会审图纸，可以广泛听取使用人员、施工人员的正确意见，弥补设计上的不足，提高设计质量；可以使施工人员了解设计意图、技术要求、施工难点。施工负责人要按设计图纸进行现场核对，对现有种植地的现状进行调查，包括地物的去留、现场内外交通、水电情况、种植地土壤情况、设计图的可标注地形、地物是否与现场相符等。同时，要对各种管道等市政设施进行了解，安排好施工期间必需的生活设施，如宿舍、食堂、厕所等。

2.1.3　编制施工方案及相关计划

根据所了解的情况和资料编制施工方案和计划，施工组织设计是对拟建工程的施工提出全面的规划、部署与组织安排，是用来指导工程施工的技术性文件。其核心内容是如何科学合理地安排好劳动力、材料、设备、资金和施工方法这5个主要方面。园林施工组织设计，应根据园林工程的特点与要求，以先进科学的施工方法和组织方式，使人力、物力与财力、时间与空间、技术与经济、计划与组织等各个方面都能合理优化，从而保证施工任务按时保质保量地顺利进行（园林绿化施工方案范本见附录）。

1）施工组织设计的作用

施工组织设计是我国应用于工程施工中的科学管理手段之一，是长期工程建设实践经验的总结，是组织现场施工的基本文件。科学、合理、切合实际、操作性强的施工组织设计，具有重要的作用：合理的施工组织设计，体现了园林工程的特点，对现场施工具有实践指导作用；能够按事先设计好的程序组织施工，能保证正常的施工秩序；能及时做好施工前的准备工作，并能按施工进度搞好材料、机具、劳动力资源配置；能使施工管理人员明确工作职责，充分发挥主观能动性；能很好地协调各方面的关系，解决施工过程中出现的各种情况，使现场施工保持协调、均衡、文明、安全。

2）施工组织设计的分类

根据编制对象的不同，可以编制出深度不一、层次不同的施工组织设计，实际情况中通常

有施工组织总设计、单位工程施工组织设计和分项工程作业设计 3 种。

(1)施工组织总设计

该施工组织设计是以整个建设项目为编制对象,依照已经审批的初步设计文件拟定总体施工规划,是工程施工全局性、指导性文件。该施工组织设计一般由施工单位组织编制,重点解决施工期限、施工顺序、施工方法、临时设施、材料设备以及施工现场总平面布置等关键内容。

(2)单位工程施工组织设计

该施工组织设计是根据会审后的施工图,以单位工程为编制对象,用于指导工程施工的技术文件。其依照施工组织总设计的主要原则确定单位工程施工组织与安排,不得与施工组织总设计相抵触,其编制重点在于:工程概况与施工条件,施工方案与施工方法,施工进度与计划,劳动力及其他资源配置,施工现场平面布置,以及施工技术措施和主要技术经济指标、施工质量、安全及文明施工、劳动保护措施等。

(3)分项工程作业设计

该施工组织设计是就单位工程中的某些特别重要部位或施工难度大、技术较复杂,需要采取特殊措施施工的分项工程编制的,具有较强的针对性的技术文件。其所阐述的施工方法、施工进度、施工措施、技术要求等更详尽具体,如大型假山叠石工程、喷泉水池防水工程等。

3)施工组织设计的原则

施工组织设计要做到科学、实用,就必须在编制技术上遵循施工规律、理论和方法,同时要吸收在工程施工实践中积累的成功经验,因此,在编制施工组织设计时应该贯彻以下几个原则:依照国家政策、法律、法规和工程承包合同施工;充分理解设计图纸,符合设计要求和园林工程的特点,体现园林综合艺术;采用先进的施工技术和管理方法,选择合理的施工方案,做到施工组织在技术上是先进的、经济上是合理的、操作上是安全的、指标上是优化的,以提高效率与效益;合理安排施工计划,搞好综合平衡,做到均衡施工;采取切实可行的措施,确保施工质量和施工安全,重视工程收尾工作,提高工效,推行全面的质量管理体系和监理工程师监督检查体系。

4)施工组织设计的程序

施工组织设计必须按照一定的先后顺序进行编制(图 2.1),才能保证其科学性和合理性。施工组织设计的编制程序如下:熟悉工程施工图,领会设计意图,认真收集、分析自然条件和技术经济条件资料;将工程合理分项并计算各自工程量,确定工期;确定施工方案、施工方法,进行经济技术比较,选择最优方案;利用横道图或网络计划技术编制施工进度计划;制定施工必需的设备、材料、构件和劳动力计划;布置临时设施,做好"四通一平"工作;编制施工准备工作计划;绘出施工平面布置图;计算技术经济指标,确定劳动定额;拟订质量、工期、安全、文明施工等措施,必要时还要制订园林工程季节性施工和苗木养护期保活等措施。

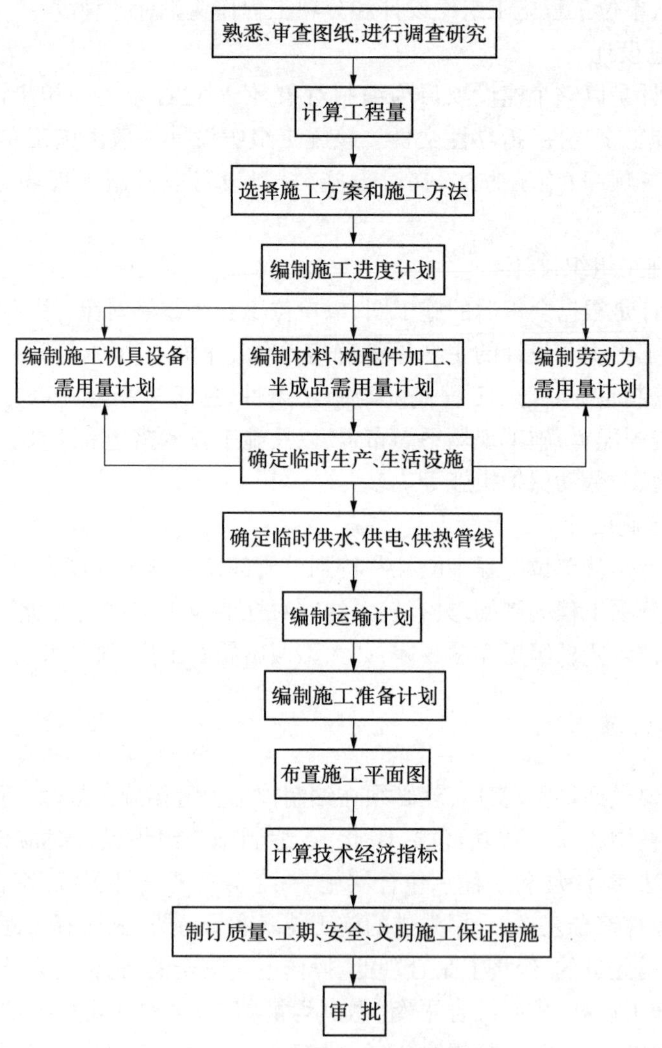

图 2.1 施工组织设计编制程序

5)施工组织设计的主要内容

园林工程施工组织设计的内容一般由工程项目的范围、性质、特点、施工条件、景观要求等来确定。由于在编制的过程中有深度上的不同,必然会反映在内容上也有差异,但不管什么样的施工组织设计都应该包括以下几方面:工程概况、施工方案、施工进度和施工现场平面布置图,也就是通常所说的"一图一表一案"。

(1)工程概况

工程概况是对拟建工程的基本性描述,目的是通过工程概况了解工程的基本情况,明确任务量、难易程度、质量要求等,以便合理制订施工方法、施工措施、施工进度计划和施工现场平面布置图。

工程概况应该说明以下内容:工程的性质、规模、服务对象、建设地点、工期、承包方式、投资额度和投资方式;施工和设计单位名称、上级要求、图纸情况;施工现场地质土壤、水文气象

等;园林建筑数量以及结构特征;特殊施工措施、施工力量、施工条件;材料来源与供应情况;“四通一平”条件;机具准备、临时设施解决方法、劳动力组织及技术协作水平等。

(2)确定施工方案

施工方案的优选是施工组织设计最重要的环节,而根据工程的实际施工条件提出合理的施工方法,制订施工技术措施是优选施工方案的基础。

①拟定施工方法:要求所拟定的施工方法重点突出、技术先进、成本合理;要特别注意结合施工单位现有技术力量、施工习惯、劳动组织特点等;要根据具体情况,合理利用机械作业的多样性和先进性;要对关键工程的重要工序或分项工程、特殊结构工程以及专业性比较强的工程等制订详细具体的施工方法。

②制订施工措施:确定施工方法不单要提出具体的操作方法和施工注意事项,还要提出质量要求及相应采取的技术措施。主要包括:施工技术规范、操作规程;质量控制指标和相关检查标准;夜间与季节性施工措施;降低工程施工成本措施;施工安全与消防措施;现场文明施工及环境保护措施等。

③施工方案技术经济比较:由于园林工程的复杂和多样,某些分项工程或某个施工阶段往往可能有几种施工方法,构成多种施工方案,因此,需要进行施工方案的技术经济比较,来确定一个合理有效的施工方案。施工方案的技术经济比较分析主要有定性分析和定量分析两种,前者是结合经验进行一般的优缺点比较;后者则是通过计算,获得劳动力需求、材料消耗、工期长短以及成本费用等经济技术指标,然后比较分析,从中获取最优方案。

(3)制订施工进度计划

施工进度计划是在预定工期内以施工方案为基础编制的,要求以最低的施工成本来合理地安排施工顺序和施工进度,用来全面控制施工进度,并为编制基层作业计划以及各种资源供应提供依据。其编制的步骤是:将工程项目分类及确定工程量→计算劳动量和机械台班数→确定工期→解决工程各工序间相互搭接问题→编排施工进度→按施工进度提出劳动力、材料和机具的需要计划等,按上述步骤获得的计算结果通常要填入横道图(条形图)。

(4)施工现场平面布置图

施工现场平面布置图是指导工程现场施工的平面布置简图,它主要解决施工现场的合理工作面问题,其设计依据是工程施工图、施工方案和施工进度计划,所用图纸比例一般为1∶200或1∶500。

施工现场平面布置图主要包括以下内容:工程施工范围;建造临时性建筑的位置与范围;已有的建筑物和地下管道;施工道路、进出口位置;测量基线、控制点位置;材料、设备和机具堆放点、机械安装地点;供水、供电线路、泵房及临时排水设施;消防设施位置。

施工现场平面布置图设计的原则是在满足现场施工的前提下,尽量减少占用施工用地,平面空间合理有序;尽可能利用场地周边原有建筑作临时用房,或沿周边布置;临时道路宜简,且有合理进出口;供水供电线路要最短,以尽可能降低成本,减少临时设施和临时管线;要最大限度地减少现场运输,特别是场内的多次搬运,因此,施工道路要环形设置,工序要合理安排,材料堆放点要有利于施工进行,并做到按施工进度组织生产材料,要符合劳动保护、施工安全和消防要求。

2.2 园林绿地建植前的准备

在园林规划设计后,种植工程开始之前,参与施工的人员必须做好施工的准备工作,以保证施工的顺利进行。

2.2.1 园林绿地建植场地的准备

树木生长、发育都离不开土壤,因此土壤的好坏影响着树木的成活。园林绿地的土壤条件非常复杂,在城市原土(即未经城市建设扰动的土壤)的基础上建设绿地,土壤条件往往较好,适宜树木生长;但更多的时候,面临的是市政建设、房屋建造后经回填、混合而形成的扰动土,这样的土没有自然发育层次,养分含量差异显著,土壤质地较差,并含有大量的城市建设垃圾、生活垃圾及工业废弃物,因此,栽植前必须对场地土壤的理化性质进行分析,采取相应的措施,并进行合理而有效的整地工作。

1)整地的内容

(1)清理障碍物

在施工场地上,将不利于栽植工作和植后树木生长的所有障碍物如堆放的杂物、各种建筑垃圾、枯树根等清除干净,对植物生长有害的物质也一定要清除,然后将因清除障碍物而缺土的地方,换入肥沃土壤,对于过度紧实的土壤应挖松。一般情况下已有树木凡能保留的要尽可能保留。

(2)整理现场

根据设计图纸的要求,将绿化地段与其他用地界限区划开来,整理出预定的地形(平地或起伏坡地)使其与周围排水趋向一致。如有土方工程,应先挖后垫。洼地填土或去掉大量渣土堆积物后回填土方时,需要注意对新填土壤分层次夯实,并适量增加填土量,否则一经下雨自行下沉,会形成低洼坑地,地面下沉后再回填土壤,则树木被深埋,易造成死株。现场清理后将土面加以平整。

(3)设置水源

大量进行绿化时,水源是必备条件,必要时可安上电源抽水灌溉。

2)整地的要求

绿地的土壤条件十分复杂,因此,整地工作既要做到严格细致,又要因地制宜。整地应结合地形进行整理,除满足树木生长发育对土壤的要求外,还应注意地形地貌的美观。在疏林草地或栽种地被植物的树木、树群、树丛中,整地工作应分两次进行:第一次在栽植乔灌木以前进行;第二次则在栽植乔灌木之后,铺草坪或其他地被植物之前进行。

3)整地工作的做法

在整地工作中,整理地形、翻地、去除杂物碎土、耙平、填压土壤等要根据各种不同情况进行,其具体做法介绍如下:

(1)8°以下的平缓耕地或半荒地

针对这类土地,可采取全面整地。根据植物种植必需的最低土层厚度要求(表2.1),通常多翻耕30 cm的深度,以利蓄水保墒。对于重点布置地区,深根性树种可多翻掘50 cm深,并施有机肥,借以改良土壤肥性。平地整地要有一定倾斜度,以利排除过多的雨水。

表2.1 绿地植物种植必需的最低土层厚度

植被类型	草本花卉	草坪地被	小灌木	大灌木	浅根乔木	深根乔木
土层厚度/cm	30	30	45	60	90	150

(2)建设地区的整地

这些地区常遗留大量灰渣、沙石、砖石、碎木及建筑垃圾等,在整地之前应全部清除,并将因挖除建筑垃圾而缺土的地方,换入肥沃土壤。由于夯实地基,土壤紧实,所以在整地的同时应将夯实的土壤挖松,并根据设计要求处理地形。种植地的土壤含有建筑废土及其他有害成分,如强酸性土、强碱土、盐碱土、重黏土等,均应根据设计要求,采用客土或改良土壤的技术措施。

(3)低湿地区

这类地区应挖排水沟,降低地下水位,防止返碱。通常在种树前一年,每隔20 m左右就挖出一条深1.5~2.0 m的排水沟,并将掘起来的表土翻至一侧培成垅台,经过一个生长季,土壤受雨水的冲洗,盐碱减少,杂草腐烂,土质疏松,干湿适度,即可在垅台上种树。

(4)新堆土山的整地

人工新堆的土山,要令其自然沉降,至少经过一个雨季,才能进行整地植树。人工土山多不太大,也不太陡,又全是疏松新土,因此,可以按设计进行局部的自然块状整地。

(5)荒山整地

这类地,先清理地面,刨出枯树根,搬除可以移动的障碍物,在坡度较平缓,土层较厚的情况下可以采用水平带状整地,这种方法是沿低山等高线整成带状的地段,故称环山水平线整地。在干旱石质荒山及黄土或红壤荒山的植树地段,可采用连续或断续的带状整地,称为水平阶整地。在水土流失较严重或急需保持水土,使树木迅速成林的荒山,则应采用水平沟整地或鱼鳞坑整地,还可以采用等高撩壕整地。

4)整地季节

整地季节的早晚对完成整地任务的好坏有直接关系。在一般情况下,应提前整地,以便发挥其蓄水保墒的作用,并保证植树工作及时进行。一般整地应在植树前3个月以上的时期内(最好经过一个雨季)进行,如果现整现栽,效果将会大受影响。

5）土壤改良与管理

土壤改良只是在必要或资金较充足的条件下进行，土壤贫瘠或过酸过碱均必须进行土壤改良，不改良会对植物带来严重的问题，给养护增加困难。土壤改良一般包括土壤质地的改良和土壤酸碱度的改良两种。绿地土壤改良和管理的任务，是通过对该地区土壤理化性质进行分析，利用各种措施，来提高土壤的肥力，改善土壤结构和理化性质，不断供应绿地树木所需的水分与养分，为其生长发育创造良好的条件。同时，结合其他措施，可以维持地形地貌整齐美观，减少土壤冲刷和风蚀，增强绿地景观的效果。

（1）土壤质地的改良

在沙土中掺黏土，黏土中掺沙土是常用的土壤改良方法，但用有机物质改良是最好的方法。掺和的有机质需撒布均匀，在土层 15～20 cm 处完全混合，一般有机物质占土壤体积的25%，也就是掺和大约 5 cm 厚的有机质，有机质掺和得多一些，效果会更好。有机质来源有泥炭、堆肥、锯末等。泥炭是一种优良的土壤改良物质，由于其有效性而被广泛使用。将 1.2～4.8 m^3泥炭加在 100 m^2 的面积上，相当于铺上 1.3～5 cm 厚的一层，泥炭在混入土壤前应弄湿。用腐熟的堆肥也可以。绿地的土壤改良多采用深翻熟化、客土改良、培土与掺沙以及施有机肥等措施。

①深翻熟化：在整地、定植前要深翻，给根系生长创造良好条件，促进根系向纵深方向发展。对重点景区或重点树种也应适时深耕，以保证树木随着树龄的增长，对肥、水、热的需要。深翻结合施肥，土壤含水量会大为增加，并相应地提高土壤肥力。因此，深翻熟化，不仅能改良土壤，而且能促进树木生长发育。

深耕的时间一般以秋末冬初为宜。深翻的深度与地区、土质、树种、砧木等有关。在一定范围内，翻得越深效果会越好，一般以距根系主要分布层稍深、稍远一些为宜，以促进根系向纵深方向生长，扩大吸收范围，提高根系的抗逆性。

深翻后的作用可保持多年，因此不需要每年都进行深翻。深翻效果持续年限的长短与土壤有关，如一般黏土地、涝洼地翻后易恢复紧实，保持年限较短；疏松的沙壤土保持年限较长。

深翻应结合施肥、灌溉同时进行。深翻后的土壤，必须按土层状况加以处理，通常维持原来的层次不变，就地耕松后掺和有机肥，再将心土放在下部，表土放在表层。有时为了促使心土熟化，也可将较肥沃的表土放置沟底，而将心土覆在上面，但应根据绿化种植的具体情况来定，以免引起不良的副作用。

②客土：客土是指将原来的土壤挖出，再填入肥沃土壤，常用于土壤完全不适宜树木生长且难以改良的情况，鉴于土源、生态保护和施工投入等方面的因素，不建议大面积使用，常用于种植穴或根际土壤客土。主要在以下两种情况下进行，一种是树种需要有一定酸度的土壤，如在北方种酸性土植物栀子、杜鹃、山茶、八仙花等，应将局部地区的土壤全换成酸性土，或加大种植坑，放入山泥、泥炭土、腐叶土等，并混拌有机肥料，以符合酸性树种的要求。另一种是栽植地段的土壤是坚土、重黏土、沙砾土及被有毒的工业废水污染的土壤等，或在消除建筑垃圾后仍然板结、土质不良，这时亦应酌情增大栽植面，全部或部分换入肥沃的土壤。

③培土（壅土、压土与掺沙）：培土是把树种种在墩上，以后还大量增土。在土层薄的地区也可采用培土的措施，以促进树木健壮生长。

压土掺沙的时期,北方寒冷地区一般在晚秋初冬进行,可起保暖防冻、积雪保墒的作用。压土掺沙后,土壤熟化、沉实,有利于树木的生长。压土厚度要适宜,过薄起不到压土作用,过厚对树木生长不利,“沙压黏”或“黏压沙”要薄一些,一般厚度为 5~10 cm;压半风化石块可厚些,但不要超过 15 cm。连续多年培土,土层过厚会抑制树木根系呼吸,从而影响树木生长和发育,造成根颈腐烂,树势衰弱,所以,一般压土时,为了防止接穗生根或对根的不良影响,也可适当扒土露出根颈。

④施基肥:为供给树木养分,促进发育生长,可采取施基肥措施。施肥所需肥料应是经过充分腐熟的有机肥。施肥量应根据树木规格、土壤肥力、有机肥效高低等因素而定。施肥的方法是将有机肥搅碎、过筛与细土拌匀,平铺坑底,上面覆 10 cm 种植土。

(2)土壤酸碱度的改良

在我国南方高温多雨和长期施用硫酸铵、氯化铵等酸性盐或生理酸性盐肥料的地区,一般土壤呈酸性。对酸性土壤的改良一般采用石灰,即磨细的石灰石粉,而且越细越好。白云石粉含有钙和镁,在缺镁土壤上应用较好。每次施用时必须进行土壤测试,以确定用量。提高土壤 pH 值所需石灰石的量见表 2.2。

表 2.2 提高土壤 pH 值至 6.5 所需石灰石的量 单位:kg/100 m^2

土壤原始的 pH 值	沙 土	砂壤土	壤 土	粉壤土	黏壤土与黏土
4	29.3	56.2	78.6	94.2	112. 3
4.5	24.9	46.8	64.9	78.6	94.2
5	20	38.1	51.8	63	74.2
5.5	13.7	29.3	38.1	44.9	51.8
6	6.9	15.6	20	24.9	26.8

我国北方,气候干燥,降水少的地区,土壤一般为偏碱性,可采用施石膏、磷石膏、硫黄方法改良。过磷酸钙是酸性肥料,对降低 pH 值有一定的作用,硫酸铵和硫酸铁等肥料也有类似的作用。施用改良剂降低土壤 pH 值所需元素硫的量见表 2.3。

表 2.3 降低土壤 pH 值至 6.5 所需元素硫的量 单位:kg/100 m^2

土壤原始的 pH 值	沙 土	砂壤土	壤 土	粉壤土	黏壤土与黏土
8.5	22.50	24.87	27.88	30.79	33.69
8.0	13.67	15.18	16.58	19.48	22.50
7.5	5.34	6.89	8.83	9.80	11.19
5.1	0.96	1.08	1.94	2.48	3.44

作为基肥可施混合肥或复合肥,一般为高磷、高钾、低氮,如每平方米可施 5~10 g 硫酸铵、30 g 过磷酸钙、15 g 硫酸钾的混合肥做基肥。若在春季建植时,氮肥施量可适当增大。

用旋耕机以交叉方向来回旋耕,以确保所施肥料、有机物质、石灰石粉、硫等混匀,混入的土深为 15~20 cm。

(3)改良土壤标准

改良土壤标准见表2.4。

表2.4 改良土壤标准

项目 \ 内容指标	pH值	EC值/(mS·cm^{-1})	有机质/(g·kg^{-1})	容重/(mg·m^{-3})	有效土层/cm	石灰反应/(g·kg^{-1})	石砾	
							粒径/cm	含量/%
乔木	6.0~7.8	0.35~1.20	≥20	≤1.30	≥150	<50	≥5	≤10
灌木	6.0~7.5	0.50~1.50	≥30	≤1.30	≥80	<10	≥5	≤10
花坛、花境	6.0~7.5	0.50~1.50	≥30	≤1.20	≥40	<10	≥1	≤5
地被、草坪	6.5~7.5	0.35~1.20	≥20	≤1.25	≥30	<50	0	
盆栽	6.5~7.5	0.50~2.00	≥50	≤1.00	—	<10	0	
行道树	6.0~7.8	0.35~1.20	≥25	≤1.30	≥150	<50	≥5	≤10
竹类	5.0~6.5	0.25~1.20	≥30	≤1.20	≥60	<10	≥5	≤10

2.2.2 园林绿地建植植物材料的准备

在种植之前，首先要对苗木的产地、质量、是否移栽过、年龄以及规格进行了解，为栽植准备合格的优良材料。

1)选苗

苗木的来源主要有3种，即当地苗圃培育、外地调运和野外搜集。

建议使用当地苗圃培育的苗木，因为这类苗木具有很多优点：数量通常较大，质量较高；对当地的气候条件和土壤条件适应性强；就近取材，既节约了运输费用又可以避免长途运输对苗木的伤害；而且苗木在培育过程中，经过移苗断根，再生的根系比较紧凑丰满，距离主干较近，起苗时对吸收根的损伤较小，栽植成活率高，往往容易满足园林绿化的需要。

外地调运的苗木最好选择与栽植地气候条件相似的苗源地，而且要加强植物检疫工作，从省外或国外引进苗木时一定要经过法定植物检疫部门的检疫许可，如有需要应对苗木进行彻底的消毒，以避免重大病虫害的传播。

野外搜集的苗木多是野生苗，在生长过程中通常都没有经过移植，因此根系长而稀疏，吸收根距离主干较远，起苗时损失的吸收根多，对成活和植后的生长影响较大，对于来自茂密丛林的野生苗，由于树木之间的竞争，其根系往往较窄，且树形往往不够丰满，因此野外搜集苗木，不论在选苗上还是在起挖与栽植上都要多费一番心思。

2)选苗标准

确定好苗源之后，在选择苗木时，除了要满足设计对规格和树形的要求之外，还应注意以下标准：

①生长健壮，枝条充实、不徒长，主侧枝分布均匀，冠形完整、优美，叶片色泽正常。常绿针叶树，下部枝叶不枯落成裸干状；干性强且无潜伏芽的针叶树（如松属、云杉属、冷杉属大部分树种），中央领导枝要有较强的优势，侧芽发育饱满，顶芽占有优势。

②苗干粗壮通直（藤本植物除外），高度适中。

③根系发达而完整，无劈裂，接近根颈一定范围内有较多的侧根和须根。

④无病虫害、无机械损伤、无冻害。

⑤苗圃的苗木应选择经过移植培育的植株。

要根据设计图纸分别计算各类植物的需要量。一般要在计算的基础上另加5%左右的苗木数量，以抵消施工过程中的损耗。在选购苗木时，对于选定的苗木应做出明确的标记。此外，在园林绿地建植之前，必要的交通运输以及种植工具，如苗锹、锄头、绳索、植树机、运输车以及所需的燃料等需准备妥当，数量根据建植任务以及条件等确定。

2.3 园林绿地建植工程的施工

园林绿化建植工程施工是指园林绿化建设工程项目承包企业，在合法获得园林绿化建设工程项目施工承包权后，根据与业主签订的该工程承包合同，按照设计图纸及其他设计文件的要求，根据施工企业自身的条件与类似工程施工的经验，采取规范的施工程序，按照现行的国家及行业相关技术标准或施工规范，以先进科学的工程实施技术和现代科学管理手段，进行施工组织设计、施工准备、进度、安全、质量、成本控制，以及合同管理、现场管理等施工管理步骤，至工程竣工验收、交付使用和园林种植养护管理等一系列工作的总和。

2.3.1 工程施工的方法

综合性园林工程施工，大体可分为与园林工程建设有关的基础性工程施工和园林工程建设施工两大类。基础性工程施工包括土方工程、钢筋混凝土工程、装配式结构安装工程、给排水工程及防水工程、园林供电工程、园林装饰工程。园林工程建设施工类型因各地情况不同，建设园林的目的不同，大致可以分为假山与置石工程、水体与水景工程、园路与广场工程和绿化工程。

为保证各类工程项目的顺利实施，必须制订出切实可行的施工方案，以方案指导施工，才能保证施工按期、按预定质量目标完成。施工技术方案主要包括：分项工程的施工方法、施工程序、施工技术措施等，如测量施工方案、排盐工程施工方案、绿化栽植施工技术方案、反季节栽植技术方案、大树移植技术方案、绿化养护施工方案等。

这里主要简要介绍绿化工程施工，绿化工程就是按照设计要求，植树、栽花、铺（种）草坪使其成活，尽早达到表现效果。根据工程施工过程，可将绿化工程分为种植和养护管理两大部分。种植属短期施工工程，养护管理则属于长期周期性施工工程。种植工程施工包括一般树木花卉的栽植、大树移植、草坪的播种、铺设等内容。其施工工序包含以下几个方面：苗木、草皮的选择、包装、运输、储藏、假植；树木、花卉的栽植（定点、放线、挖坑、起苗、栽植、浇水、扶直支撑等);辅助设施施工的完成以及种植;树木、花卉、草坪栽种后的修剪、防治病虫害、灌溉、除草、施肥等。具体内容在第3章和第4章中详细介绍。其他类型的园林工程施工参照《园林工程》一书进行,这里不做介绍。

2.3.2 施工管理

园林绿化建植工程施工管理是指园林绿化施工企业或其授权的项目经理部对园林绿化建设工程施工项目进行的综合性管理活动。包括在投标签约、施工准备、施工实施、验收、竣工结算和用后服务等阶段所进行的决策、计划、组织、指挥、控制、协调、教育和激励等措施。

在施工建设中施工方管理人员要确认:施工状况的资料有工程照片、核对目录、材料收发票据、质量管理试验结果、工程表以及其他记录等。施工阶段性资料也需要准备。另外,在进行施工管理的同时,还要对工地周围的居民做宣传解释工作,处理群众意见。上述事项不论在工程前还是工程中,都必须做好。对于宣布工程结束的通知等,也得慎重。另外,在同一建筑用地内进行有关联的工程时,双方要加强联系,交换工程进度表,相互协作配合,提高施工进度。在安全管理方面必须指定总负责人。项目负责人对整个工地进行全面管理,对于单项工程也要有严格的施工管理措施。施工管理的内容大致区分为5类:工程管理、质量管理、安全管理、成本管理及劳务管理。

1)工程管理

工程管理对于甲方来说,就是保证工期、确保质量,对于乙方来说,就是用最小的经费取得最好的效益。工程管理的重要指标是施工速度,为了提高施工速度,必须探讨下述问题。a.选定能适应经济施工和质量要求的、具有实际可能的最佳工期;b.编制能满足工期、质量及经济性等条件的工程计划;c.进行合理的工程管理,把分析施工情况纳入工程计划内。此外,在研讨上述问题时,还必须考虑施工顺序、作业时间安排和作业的均衡等问题。通常,加快施工速度就能够降低成本,但超过限度,成本反而增加。当工程速度保持在最低有利速度以上,消耗费用与施工量成比例时,即是经济速度施工,经营管理状况最健全。工程计划立足于经济效益,极力减少消耗费用,从而产生出最佳工期。在制订工程计划过程中,把上述有关数据图表化,就可以编制出工程表。

工程表有横线式、坐标式、网络式等,各有优缺点,应选择符合工程情况的工程表。通过工程表进行日程管理,可以搞好作业管理和作业量管理,保持最佳的作业效率。工程上也会出现预料不到的障碍。因此,补充或修正工程表,并加以灵活运用,就显得很重要,当因故而被迫停工时,可以结合工程管理,采取不违背合同条款的应变措施。

2)质量管理

质量管理的目的,是为了经济有效地建造出符合建设方要求的高质量的建造工程。施工上应该规定质量的特性,确定其质量标准。施工现场确定作业标准量,正是为了确保质量标准,测定和分析这些数据,并把相应数据填入管理图表中加以研究运用,即质量管理。

在施工现场,要参照施工说明书正确地掌握质量标准,进行质量检查。对建设工程上使用的材料也要进行质量管理,即材料检查。材料检查通常由检查员直接负责。无论检查什么材料,都要准备好合同书、施工说明书、图纸、检查申请、材料试验结果表、证明书等文件,并提供检查所必需的器具。必须加强材料保管的管理工作,避免质量下降。检查时,如意见不一致或产生疑义,应向监理说明,以求解决问题。对于查出的问题要立即处理,确认结果,并向监理报告。

3)安全管理

安全管理或安全卫生管理,是杜绝劳动伤害,创造秩序井然的施工环境的极其重要的管理业务。安全管理就是要在现场成立安全管理组织,制订安全管理计划,以便系统而有效地实施安全管理。

(1)确立安全管理组织

确立管理组织体制并指派负责人。同时,还应确立危险防止标准,进行安全教育,要求作业人员严格遵守机械操作的规章制度。主要包括:安全卫生管理体制;特殊作业要选任作业负责人;组织安全委员会;检查机械规格或安全装置,并定期进行自检;对工地主任进行专业培训;限定就业的资格(这种业务,只有参加技能培训并取得资格的人,才能够担任)。此外,还必须向劳动局提交建设工程计划。

(2)工程现场的安全活动

工程现场的安全活动主要包括:履行建设方、公安局、消防队、劳动局等单位的指示;进行日常教育和班前教育;鼓励佩戴安全带、戴安全帽等;明确紧急状态的联络系统,指定救护医院;应对紧急情况进行训练。

(3)各种工程的安全措施和防止公众伤害措施

工地应执行行政部门制订的在城市中心区防止土木工程伤害群众的规定,接受监督人员的指示,处理好交通管制以及日夜连续施工等问题。对通行道路、临时设施、挖掘作业、建设机械、脚手架、搬运、高空作业、电气等各种工程,采取相应的安全措施。

4)成本管理

园林建设工程是公共事业,建设方和施工方的目标是一致的,即追求经济、有效地建造出高质量的园林作品。为此,双方应以对等的地位签订双边合同,相互理解、配合,为在预定的工期内竣工而共同努力。

为了在预定的工期内经济、有效地完成高质量的园林作品,必须提高工程的成本意识。建设方的成本意识是根据正当的计算,从预定价格(累积的估算)的决算中形成的。进行正当的计算,需要准确掌握现场施工状态,各项单价及作业天数都要准确无误。施工方的成本意识在进行施工管理的过程中形成。即质量管理、工程管理、安全管理、劳务管理和成本管理一齐抓,在不使企业遭受损失的前提下,从合同所规定的工程价款中获得适当的利润。应该认识到,成本管理不是追逐利益的手段,利润是成本管理的结果。从园林建设企业内部的管理状况来看,成本管理不如工程管理那样重视,这是不对的。现代企业应该加强成本管理。

5)劳务管理

项目负责人必须对本单位的职工进行恰当的劳务管理。对于转包单位也应给予指导和建议,促使转包单位同样实行恰当的劳务管理。劳务管理包括:招聘合同手续、劳动灾害保险手续、支付工资的能力、管理工地、宿舍或饭厅。

2.3.3 施工注意事项

整个施工过程必须严格按照施工图进行,如需作修改,应征得设计部门的同意方可;协调好绿化与其他类型施工的程序、进度。绿化施工过程中,要对现场的水电线路等了解清楚,避免出现安全隐患;种植土和种植穴规格以及苗木质量要符合相应要求;种植前苗木的假植、修剪等处理合理。树木种植的深度适当,下沉后根颈略高于地面;树木种植后支撑要求稳固、美观,绿篱要求栽植密度适宜,修剪整齐。定根水浇足浇透。

2.4 园林绿地建植工程的竣工验收

工程竣工是园林建植工程的最后一个环节,是对工程设计、施工等各项工作的全面考核,也是确认工程能否交付业主投入使用的重要步骤。

2.4.1 绿地建植工程验收办法

根据《园林绿化工程施工及验收规范》(CJJ 82)、《建筑安装工程质量检验评定统一标准》(GBJ 301)、《公园设计规范》(CJJ 48)的相关规定,对整个绿化工程的材料质量、中间过程、施工资料以及工程质量进行验收。其一般程序见表2.5。

表2.5 移交资料一览表

工程阶段	移交资料内容
准备阶段	申请报告以及相关批准文件; 相关的批示、会议记录; 方案可行性论证报告,土地使用证、规划许可证、施工许可证; 地质勘察报告
准备阶段	承包合同、协议书、招标文件; 相关审核文件; 概预算
施工阶段	开工报告与图纸会审; 基础处理、基础工程施工文件; 成本管理文件; 材料质量保证单及进场验收记录; 植物材料名录、数量、清单,养护措施及方法; 分项、单项工程质量评定记录; 竣工验收申请报告

续表

工程阶段	移交资料内容
竣工验收阶段	验收报告； 工程决算及审核文件； 验收会议记录、会议文件； 竣工验收质量评价； 工程建设总结报告； 工程建设过程中的照片、录像、领导题词等； 竣工图

在绿化施工过程中，要求做到严格按照操作程序进行，不能随意变更或删减，及时填写中间验收记录并签字。在整个工程的后期验收中，首先要看是否忠于原设计；越夏后对栽植成活率进行统计，达到95%以上者方算合格。

在验收前一周，施工单位应向质检部门提供土壤及水质化验报告、工程中间验收记录、设计变更文件、竣工图和工程决算、苗木检验报告、附属设施用材合格证或试验报告、竣工总结报告。

验收时间因绿化苗木的不同而不同。一般乔木、灌木、攀缘植物应在一个年生长周期满后进行；地被植物在当年郁闭度达到80%以上；花坛种植的一、二年生草花及观叶植物应在种植后15 d进行；春季种植的球根、宿根类花卉应在当年发芽后进行，秋季种植的在第二年春季发芽后进行验收。

验收期间，乔灌木的成活率要求在95%以上，珍贵树种和孤植树应保证成活；强酸强碱以及干旱地区，各类树木的成活率不低于85%；所种植花卉生长茂盛，成活率达到95%；草坪无杂草、枯黄，覆盖率达到95%；植物整形符合设计要求；绿地附属设施在验收时符合《建筑安装工程质量检验评定统一标准》。

工程验收后，及时撰写竣工验收报告，填写竣工验收单见表2.6。验收报告主要包括工程概况，建设单位执行基本建设程序情况，对工程勘察、设计、施工、监理等方面的评价，工程竣工验收时间、程序、内容和组织形式，工程竣工验收意见等。

表2.6　绿化工程竣工验收单

工程名称			工程地址		
绿化面积/m^2					
开工日期		竣工日期		验收日期	
树木成活率/%					
花卉成活率/%					
草坪覆盖率/%					
整洁及平整					
整形修剪					
附属设施评定意见					

续表

全部工程质量评定及结论		
验收意见		
施工单位	建设单位	绿化质检部门
签字: 盖章:	签字: 盖章:	签字: 盖章:

2.4.2 绿地建植工程的附属设施验收标准

1) 绿地给排水验收标准

管道铺设符合设计要求,给水管铺设后必须进行水压试验,排水管管道标高偏差不应大于±10 mm;给排水管道的基础应坚实,还土后分层夯实;管道套箍、接口应牢固,不滑丝,灰口密实,接口表面平整无裂缝;明沟排水时,沟底不得低于附近水体的高水位,避免倒灌。采用收水井时,应选用卧泥井。

2) 绿地护栏验收标准

铁制护栏立柱混凝土墩的强度等级不得低于 C15,墩下素土应夯实;墩台的预埋件位置应准确,焊点应光滑牢固;铁制护栏的锈层应打磨干净刷防锈漆一遍,调和漆两遍。

3) 花池挡墙验收标准

挡墙地基的素土应夯实;防潮层用 1∶2.5 水泥砂浆,内掺 5%防水粉,厚度 20 mm,压实;混凝土预制或现浇挡墙,混凝土强度等级不应低于 C15,壁厚不小于 20 mm。

2.5 园林绿地建植工程的后评价

后评价是指在绿化工程项目竣工、使用一段时间后,再对立项决策、设计施工、竣工使用等全过程进行系统评价的一种技术经济活动,是基本建设管理的一项重要内容,也是基本建设投资管理的最后一个环节。通过建设项目后评价,以达到肯定成绩,总结经验,研究问题,吸取教训,提出意见,改进工作,不断提高项目决策水平和投资效果的目的。

我国目前开展的项目后评价工作一般按 3 个层次组织实施,即项目单位的自我后评价、项目所属行业(或地区)的评价和各级计划部门(或主要投资方)的评价。

2.5.1 自我评价

项目单位自我后评价由项目单位负责,也称为自评。所有建设项目竣工投产(使用、运营)一段时间后,都应进行自我后评价。

1)自我评价意义

自我评价是施工方根据绿化的使用情况对自身质量体系、技术体系以及施工体系的符合性、有效性进行的评价,是企业内部质量管理的重要手段。开展自我评价要针对施工方实际情况,结合内部审核体制进行。通过开展自我评价,施工方可以总结施工中的得失,为以后的工作提供参考。

2)自我评价的依据

项目后评价是一项复杂细致的系统工程,在开展后评价工作之前,要做好各项准备工作。项目竣工验收、投入生产(使用、运营)一段时间后,按照后评价的要求,要对工程质量、设备性能、设计生产能力等是否达到规定的正常水平作出评价。

建设项目后评价依据主要是:可行性研究文件、设计概算和预算、基本建设计划和财务成本计划、实际账簿资料以及竣工决算报表等。

3)自我评价的主要资料

(1)前期工作资料

前期工作资料有:项目建议书;可行性研究报告;投资概算及资金来源资料;经批准的开工报告,项目筹建机构的概况,包括机构级别、人员组成等。

(2)设备、材料采购的实施资料

设备、材料采购的实施资料包括:设备采购招标、投标文件;议标、评标、定标的资料;设备采购合同,如总承包合同、分包合同及履约率等;采购设备的质量、价格、储运情况及对施工工程的满足程度。

(3)建设实施阶段资料

建设实施阶段资料包括:设计文件,包括设计变更、投资调整和工程预算资料;工程招标、投标文件,包括议标、评标标的、定标资料;工程合同文件,包括总承包合同、分包合同、采购合同、劳务合同、监理合同等;建设准备资料;工程中间交工(含隐蔽工程)验收报告,中间评估资料;工程竣工验收报告,财务决算及审计资料,国家或主管部门批准验收文件;材料或成品、半成品出厂合格证明和检测资料;工程监理资料及质量监督机关检查评审资料;工程遗留项目及后期续建工程清单。

(4)涉外项目还应准备涉外方面的资料

涉外项目中涉外方面的资料包括:询价、报价、招标、投标文件;谈判协议,议定书及签订的合同、合同附件;国外各设计阶段的文件及审查议定书;国外设备资料检验及设计联络资料;国外设备储存运输、开箱检验记录、商检和索赔方面的资料。

(5)项目竣工验收投产(使用、营运)后的效益资料

项目竣工验收投产(使用、营运)后的效益资料包括:生产的成品、半成品的产量、质量、出厂价格资料及据此计算的定量分析指标,如销售收入利税率、成本利税率等;投产(使用、营运)

后的经济效益资料、社会效益资料、环境效应资料。如项目投产后对自然环境、生态平衡、自然景观等方面的影响资料。

4）自我评价报告

在做好各项资料准备工作后，召开有关人员座谈会，检查建设质量，计算经济效益，总结经验教训，实事求是地写出自我后评价报告。

项目单位的自我后评价报告是该项目建设过程和生产（使用、营运）成果的真实写照。既要全面，又要突出重点；既要有情况，又要有文字分析及数据；既要写成绩，又要写不足，实事求是，简明扼要。对后评价中发现的问题，自己能解决的应马上解决，需要上级帮助解决的提出建议及时上报。

2.5.2 行业评价

行业（或地区）主管部门必须配备专人主管项目后评价工作。在收到所属项目单位报来的自我评价报告后，首先要进行审查，审查报来的资料是否齐全，自我后评价报告是否实事求是；同时根据工作需要从行业的角度选择一些项目进行行业评价。如从行业布局、行业的发展、同行业的技术水平、经营成果等方面进行评价。在进行行业评价时，应组织一些专家学者和熟悉情况的同志认真阅读项目单位的自我评价报告，根据国家相关法令、法规和园林、建筑等相关行业的规范制定的行业评价标准，对绿化工程的质量、安全、社会效益等方面进行评价。针对问题，深入现场调查研究，写出行业部门的后评价报告。通过行业评价，可以促进园林工程养护、管理水平迈上一个新台阶。

2.5.3 投资方评价

投资方评价主要是指负责所有的项目运作流程的一方在绿化工程结束后对该项目的社会效益、经济收益等方面进行的评价。

目前，国家重点建设项目后评价由国家发改委选定项目，列入年度计划，下达项目单位和各有关行业（或地区）主管部门执行。

各级计划部门（或主要投资方）是建设项目后评价工作的组织者、领导者。在收到项目单位和行业（或地区）主管部门报来的后评价报告后，应根据工作需要选择一些项目列入年度计划，开展后评价复审工作。也可委托有资格的咨询公司代为组织实施。如国家重点建设项目后评价审查复审工作由国家发改委通过年度计划委托中国国际工程咨询公司组织实施。咨询公司接到委托后，根据项目性质、特点聘请高层次专家、学者组织专家组，通过学习有关文件，阅读项目单位自我评价报告和行业（或省、市、自治区）主管部门的后评价报告，编写调研提纲，有目的地深入现场调研，召开座谈会，分析项目建设中的经验教训，从宏观和微观方面对项目进行客观、公正、科学的评价，写出后评价报告，向行业（或地区）主管部门及项目单位反馈，以便各有关单位根据评价意见改进工作。

列入后评价计划的国家重点建设项目在开展后评价工作中,各个层次的后评价程序是相互渗透的。项目单位在编制自我后评价报告时,部门(或地区)和咨询公司就应介入,研究工作计划,深入现场,了解情况,对自我后评价报告提出修改意见;项目在自我评价报告后,行业(或地区)和咨询公司又分别组成专家组,深入现场调研,各自形成自己的报告;咨询公司在形成最终后评价报告时,应主动邀请行业(或地区)和项目单位参加讨论,对研究的问题更加深化,同时使后评价结论能得到及时反馈。

根据我国后评价工作开展情况,不可能对所有建设项目的后评价报告都进行审查,只能根据所要研究的问题和实际工作的需要选择一部分项目开展后评价工作。这种工作大体可以分为:第一,为总结经验,选择立项正确、设计水平高、工程质量优、经济效益好的项目进行后评价。第二,为吸取教训,选择立项决策有明显失误,设计水平不高,建设工期长,施工质量差,技术指标远低于同行业水平,经营亏损严重的项目进行后评价。第三,为研究投资方向、制订投资政策,选择一些投资额特别大或跨地区、跨行业,对国民经济有重大影响的项目进行后评价。第四,选择一些新产品开发项目或技术引进项目进行后评价,以完善技术水平,提高引进项目的成功率。

选择后评价项目还应注意两点:第一,项目已竣工验收,竣工决算已经上报主管部门批准或已经审计部门认可;第二,项目已投入生产(使用、营运)一段时间,能够评价企业的经济效益。否则,将很难作出实事求是的科学结论。

思考题

1.简述施工组织设计的编制程序。
2.简述园林绿地建植工程的主要内容。
3.简述土壤改良的方法。
4.简述选苗的标准。
5.简述绿地建植工程的施工管理。
6.简述后评价的三个层次。

3 园林绿地苗木的栽植

本章导读 本章详细阐述了苗木栽植的一般程序、非适宜季节栽植应采取的技术措施以及苗木移栽成活期应如何进行养护管理等内容。要求在熟识苗木栽植技术的基础上,掌握非适宜季节栽植的技术措施,熟悉苗木成活期的养护管理方法,以便为日后的苗木栽植与养护工作打下良好的基础。

苗木的栽植是指将苗木从原生长地移植到新的地点,并使其继续生长的过程。栽植是否成功关键在于是否能够遵循栽植成活的原理和苗木生长发育的规律。树木在生长发育过程中,依靠根系从土壤中吸收水分和营养元素,而叶片则制造营养物质为树体各个部分的生长发育提供能源,因此树木的地上部分和地下部分既相互促进,又相互制约。树木在未受移植的干扰之前,其地上部分与地下部分之间的生理代谢平衡是相对稳定的,地上部分散失的水分可以得到根系吸水的及时补充。而移植过程首先要将苗木从土壤中挖掘出来,这就会使大量的吸收根被遗留在土壤中,这一过程会给根系造成较大的损伤,根总量减小,其吸收功能必然会受到很大影响;加之运输过程中,根系无法正常吸收到水分,而地上部分的水分散失却仍在进行,从而打破了苗木以水分代谢为主的平衡关系;苗木栽植到新的地点后,能否再发出新根,尽快恢复根系的功能,从而建立新的代谢平衡,对于苗木的成活至关重要。因此,苗木栽植成活的原理就是维持和恢复植株以水分代谢为主的平衡。这种新平衡关系建立的快慢与栽植树种的习性、移植时所处的年龄阶段、物候状况以及外界的环境因子都有密切的关系,同时也与栽植技术和植后的养护管理措施密切相关。

3.1 苗木栽植的一般程序

3.1.1 适宜的栽植时期

适宜的栽植时期是指树木所处的物候状况和环境条件最有利于栽植成活,而且栽植所花费的人力和物力也相对较少的时期。因此,选择适宜的栽植时期必须综合考虑树种的特性、当

地的气候条件、季节变化以及土壤状况和劳动力等方面的因素。

栽植时期的选择要以苗木栽植成活的原理为基础,选择地上部分蒸腾量小和适合根系再生的时期。一般来说,以处于休眠期的晚秋和早春最为适宜。

1)早春栽植

适于苗木栽植的早春时期是指春季气温逐渐回升,土壤化冻,根系已经开始活动,但地上部分还未萌芽时。由于这一时期,新芽尚处于休眠状态,消耗的水分少,易于维持树体地上部分和地下部分的水分平衡;此时树体内贮藏的营养物质丰富,且早春根系有一个生长高峰,有利于再生新根;加之早春土壤化冻返浆,水分充足,便于苗木的挖掘,有利于栽植后根系吸水恢复生长,因此早春栽植符合树木的生长规律,有利于苗木的成活。另外,春季栽植省去了越冬防寒的辛苦,对于冬季寒冷的地区或在当地耐寒性不强的树种尤为适宜。

虽然早春栽植有很多优点,但也有不足之处:早春适宜栽植的时间持续较短,通常为3~4周,如果栽植量较大时,会需要较多的劳动力,而春季恰值农忙季节,劳动力不足,则很难完成栽植任务。若同时栽植多种苗木,则需要根据树种萌芽期的早晚安排好栽植顺序,萌芽早的先栽,萌芽晚的后栽。另外,对于春旱严重的地方,春季气温回升快,使地上部分萌芽速度加快,加之早春风大,蒸发较强,树体的水分平衡难以维持,因此会降低成活率。但冬季严寒的地方或不耐寒的树种,还是以春季栽植为好。

2)夏季栽植

夏季栽植最不保险。因为这时树木生长最旺,枝叶蒸腾量很大,根系需吸收大量的水分;而土壤的蒸发作用很强,容易缺水,易使新栽树木在数周内遭受旱害。但如果冬春雨水很少,夏季又恰逢雨季的地方,如华北、西北及西南等春季干旱的地区,应掌握有利时机进行栽植(实为雨季栽植),可获得较高的成活率。

近年来,由于园林事业的蓬勃发展,园林工程中的夏季栽植有逐渐发展的趋势,甚至有些大树,不论其常绿或落叶都在夏季强行栽植,带来了巨大的经济损失。因此,夏季栽植,特别是非雨季的反季节栽植,应注意的是:第一,在一般情况下都要带好土球,使其有最大的田间持水量;第二,是要抓住适栽时机,在下一场透雨并有较多降雨天气时立即进行,不能强栽等雨;第三,是要掌握好不同树种的适栽特性,重点放在某些常绿树种,如松、柏等和萌芽力较强的树种上,同时还要注意适当采取修枝、剪叶、遮阴、保持树体和土壤湿润的措施;第四,是高温干旱季节栽植除一般水分与树体管理外,还要特别注意树冠喷水和树体遮阴和排涝工作。

3)晚秋栽植

适于苗木栽植的晚秋时期是指地上部分进入休眠至土壤冻结之前的时期,落叶树种在叶片自然脱落后即可进行移植。这一时期土壤的水分状况相对稳定,气温降低,处于休眠的地上部分活动微弱,水分消耗少,易于维持树体的水分平衡;此时树体贮藏了丰富的营养,且根系还在活动,仍然能生长,甚至会有一个小的生长高峰,栽植后伤口能够尽早愈合并可长出少量新根,有利于栽植成活和来年春季的生长;秋季栽植的适宜时期较长,且劳动力较充足,便于栽植任务的顺利完成。对于大部分地区,特别是春旱严重的地区来说,晚秋栽植是比较适宜的。

秋植之后,要经过较长的冬季,为提高成活率,要对部分树种采取一定的防寒措施才能使其顺利越冬。因此,冬季严寒的地区或在当地不耐寒的树种不宜秋植。

4)冬季栽植

在冬季严寒、结冻土层较深的地区,可以采用冻土移植的方法来移植耐寒性很强的树种,这一方法在北方地区被广泛应用于大树移植,成活率较高。必须注意的是,冬季栽植要抓紧初冬这段短暂的时期,在进入严冬之前结束。若时间过晚,冻土层的厚度增加,挖苗、挖坑操作都很困难,不仅浪费人力,也增加了移栽的成本。一般说来,冬季栽植主要适合于落叶树种,它们的根系冬季休眠时期很短,栽后仍能愈合生根,有利于第二年的萌芽和生长。

3.1.2 整 地

整地是保证树木栽植成活和健康生长的有力措施。栽植前必须对场地土壤的理化性质进行分析,并进行合理而有效的整地工作。整地应因地制宜,并结合地形来进行,除满足树木生长发育对土壤的要求外,还应注意地形地貌的美观。整地工作包括去除障碍物、整理地形、翻地、碎土、施基肥、加厚土层、平地、客土、土壤改良、夯实等内容,根据栽植地的具体情况而定。具体整地工作参见2. 2. 1园林绿地建植场地的准备。

3.1.3 定点放线

定点放线是指根据种植设计图,将树木种植点按照比例落实到地面上。定点放线之前,应向有关单位了解地下管线和隐蔽物埋设的情况,以便在施工中合理地避让。根据《城市绿化工程施工及验收规范》(CJJ/T 82—1999),种植穴(槽)的定点放线应符合下列规定:种植穴(槽)定点放线应符合设计图纸要求,位置必须准确,标记明显;种植穴定点时应标明中心点位置,种植槽应标明边线;定点标志应标明树种名称(或代号)、规格;行道树定点遇有障碍物影响株距时,应与设计单位取得联系,进行适当调整。定点放线有多种方法,可根据实际情况选择使用。

1)仪器定位法

此法适用于绿地面积较大、栽植密度较小、测量基点准确但缺少明确的标志物的情况。用经纬仪或平板仪依据基点将孤植树的栽植点或树丛(树群)的范围线按照其在设计图上的位置依次确定到地面上,并用白灰或木桩标明。

2)网格法(坐标定位法)

此法适用于地势较为平坦、范围较大且按自然式进行配置的绿地。首先按照比例在设计图上和现场分别画出距离相等的方格,然后在设计图上量好树木在某方格中的横纵坐标距离,再按比例定出该树木栽植点在现场相应方格中的位置,并用白灰或木桩标明。

3) 基准线定位法

此法以道路交叉点或中心线、建筑物的边线等有特征的点和线为依据,利用简单的直线丈量方法和三角形角度交会法,将设计图上的栽植点确定到地面上。

4) 交会法

此法适用于范围较小的绿地。以两个地物或建筑物平面的两个固定位置为依据,在设计图上量出栽植点与这两个点的距离,利用直线相交的方法在实地确定出栽植点。

5) 支距法

此法适用于范围小、就近有明显标志物且要求精度不高的情况,简单易行。如在图纸上量出栽植点到道路中心线或路牙线的垂直距离,在现场用皮尺量出相应距离即可。

6) 目测法

采用上述方法确定出树丛(树群)的栽植范围后,若有主景树应精确标明,其他次要的树的位置可根据设计思想、树体规格和场地现状等因素,用目测法来确定,定点时应注意自然美观,切忌呆板,并要兼顾树木的生态要求,一般以树冠长大后株间发育互不干扰、能完美表达设计景观效果为原则。定好点后,采用白灰打点或打桩,标明树种、栽植数量、栽植穴规格等。

定点放线过程中,如果遇到电线杆、管道、涵洞、变压器等物应躲开,并按照相关规定,与障碍物留出适当的距离。

3.1.4 挖掘种植穴(槽)

种植穴(槽)质量的好坏,直接影响苗木的成活和生长。种植穴(槽)的位置应严格按照定点放线的标记,并依据一定的规格、形状及质量要求。种植穴(槽)最好提前一段时间挖好,以利于种植土的风化和基肥的分解。

1) 穴(槽)规格

种植穴(槽)的平面形状可以根据具体情况灵活掌握,没有硬性规定,以便于操作为准,实践中以圆形和方形最常见。无论种植穴(槽)的形状如何,都必须有足够的大小,以利于根系的舒展和生长。种植穴(槽)的尺寸应根据树木规格和根系分布特点、土层厚度、肥力状况、坡度大小、地下水位高低及土壤墒情而定。种植穴(槽)的具体规格要比苗木根的幅度与深度或土球的尺寸大 20~40 cm,甚至更多,特别是在贫瘠的土壤中,种植穴(槽)应更大更深些。各种苗木的种植穴(槽)规格参见表 3.1 至表 3.4。大坑有利于根系生长和发育,但是也不能一概而论,例如,在透水性差的黏重土壤栽树,大坑容易造成根部积水,所以通常以小坑栽植;在缺水的沙土地栽树,大坑不利于保墒,也以小坑栽植为宜。

表 3.1　常绿乔木类种植穴规格　单位:cm

树　高	土球直径	种植穴深度	种植穴直径
150	40~50	50~60	80~90
150~250	70~80	80~90	100~110
250~400	80~100	90~110	120~130
400 以上	140 以上	120 以上	180 以上

表 3.2　落叶乔木类种植穴规格　单位:cm

胸　径	种植穴深度	种植穴直径
2~3	30~40	40~60
3~4	40~50	60~70
4~5	50~60	70~80
5~6	60~70	80~90
6~8	70~80	90~100
8~10	80~90	100~110

表 3.3　花灌木类种植穴规格　单位:cm

冠　径	种植穴深度	种植穴直径
100	60~70	70~90
200	70~90	90~110

表 3.4　绿篱类种植槽规格　单位:cm

种植高度	单行(深×宽)	双行(深×宽)
30~50	30×40	40×60
50~80	40×40	40×60
100~120	50×50	50×70
120~150	60×60	60×80

2)挖掘穴(槽)的操作规范

(1)坑形

以定植点为圆心,按规格在地面画一圆圈,从周边向下刨坑,垂直刨挖到指定深度,不能刨成上大下小的锅底形或 V 形(图 3.1),否则栽植踩实时会使根系劈裂卷曲或上翘,造成根系不舒展且新根生长受阻而影响树木生长。在高地、土埂上刨坑,要平整植树点地面后适当深刨;

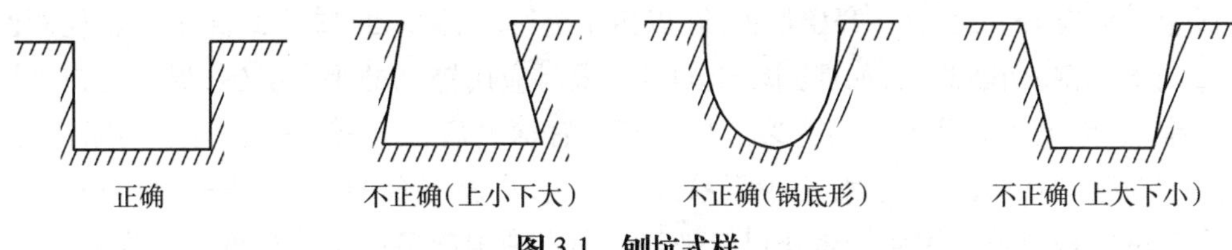

图 3.1　刨坑式样

在斜坡、山地上刨坑,要外堆土,里削土,坑面要平整;在低洼地坡底刨坑,要适当填土深刨。

(2)土壤堆放

刨坑时,对质地良好的土壤,要将上部表层土和下部底层土分开堆放,表层土壤在栽种时要填在坑的底部,与树木根部直接接触。杂层土壤中的部分好土,也要和其他石子土分开堆放。同时,土壤的堆放要有利于栽种操作,便于换土、运土和行人通行。

(3)地下物处理

刨坑时发现电缆、管道等,应停止操作,及时找有关部门配合解决;如发现有严重影响操作的地下障碍物时,应与设计人员协商,适当改动位置。

3.1.5　栽　植

从广义的概念来讲,"栽植"包括起苗、运输和种植 3 个基本环节。起苗是指将苗木从原生长地连根挖起,既可裸根,也可以带土球,根据具体情况而定。运输是指将起挖出的苗木运到栽植地点。种植是指将运输来的苗木按要求植入种植穴(槽),并使根系与土壤紧密接触的操作。3 个环节应在时间上紧密相连。

1)起苗

起苗对于栽植成活率有很大影响,因此不论是起苗前的准备、起苗过程中的操作还是起苗后的包装都必须认真对待。

(1)起苗前的准备

起苗前,应准备好起苗用具。对于树冠松散或带刺的苗木,应该用结实的草绳将树冠收拢捆绑,以减少枝条的折裂和便于操作。生长地土壤过湿时,应提前开沟排水;过于干旱时,应在起苗前 3~5 d 浇足水,以减少根系的损伤和便于起苗。

(2)起苗的方法

起苗的方法和起苗范围的大小因苗木规格、树种和栽植季节的不同而不同。起苗的成本和起苗的范围是一对矛盾,起苗的范围越大,保留的根系就越多,成活率越高,但成本也高,权衡这两者,起苗的最基本原则就是要在尽可能小的起苗范围内尽量多保留根系。根据所起苗木是否带土,可以分为裸根起苗和带土球起苗。

①裸根起苗:适用于大多数落叶树种(通常要求胸径小于 8 cm),部分常绿树的小苗也可以采用这种方法。

乔木的裸根起苗要求根系的水平幅度应为其胸径的 6~8 倍(若无法测得胸径,则取其基径),深度应比根系垂直分布的密集范围略深一些,一般多在 60~80 cm,浅根系树种多在 30~

40 cm,绿篱通常为 15~20 cm。开始挖掘前,以树干为圆心,树木的胸径 3~4 倍为半径画圆,在圆外垂直向下挖掘,切断侧根,如遇到较粗的骨干根时应用锋利的手锯锯断,保持切口平滑,切勿用铁锹铲断,以免造成骨干根的劈裂。挖掘到适宜深度后,从一侧向里掏挖,切断深层的粗根,根系全部切断后,将苗木放倒,轻拍根系外围土块,去除多余的土,尽量多保留护心土。对于已经劈裂的粗根要及时用手锯将伤口修平整。灌木裸根起苗的水平幅度以株高的 1/3 来确定,绿篱通常为 20~30 cm。

苗木起出后,应立即进行保湿处理,并注意防止日晒,以减少水分散失,一般是用泥浆或保水剂等吸水保水物质蘸根,泥浆通常是用黏度较大的土壤,加适量的水调成糊状,同时可以加入利于发根的钙、磷肥等,保水剂应加适量水调至凝胶状,再进行蘸根。苗木应做到及时包装和运输。

②带土球起苗:对于常绿树、珍贵的落叶树、胸径在 8 cm 以上的苗木、不易成活的苗木以及有其他特殊质量要求的苗木,应采用带土球起苗的方法。

乔木的土球直径应不小于其胸径的 6~8 倍,土球的高度应为土球直径的 2/3;灌木的土球直径应为冠幅的 1/2~1/3,土球高度为土球直径的 2/3。挖掘时先将树干周围的表层土铲去(注意不要铲到有根系分布的土层),在确定好的土球直径的外侧垂直向下挖沟,沟宽 30~40 cm,遇到细根可用铁锹铲断,对于粗根要用锋利的手锯锯断,伤口要平滑,直径达 2.0 cm 以上的根应进行药物处理。挖掘到规定深度后,用锹将土球修整成上宽下窄的苹果形,土球上表面的中部应略高于四周,球体表面应没有棱角,以利于土球的包扎。

土球的包扎方法可以根据土球的大小、土壤的紧实程度和运输距离而定。如果土球较小、土壤紧实且运输距离较短,可以不包扎或用塑料布、粗麻布等软质材料进行简单的包裹,如图 3.2 所示。直径在 30 cm 以上的土球必须用草绳包扎。

扎花箍最简单的方法是"西瓜皮"式包扎法(图 3.3),即用草绳沿土球纵向上下绕缠几圈。复杂的方法有井字式包扎法、五星式包扎法和橘子式包扎法,土质紧实、运输距离不太远的,可用井字式或五星式包扎法;土质不紧实、贵重的大苗、运输距离远的均应采用橘子式包扎法。不论用哪一种包扎方法,都要注意使用浸湿的草绳,并且边缠绕边拍打草绳,使其略嵌入土球。

图 3.2　土球的简易包扎

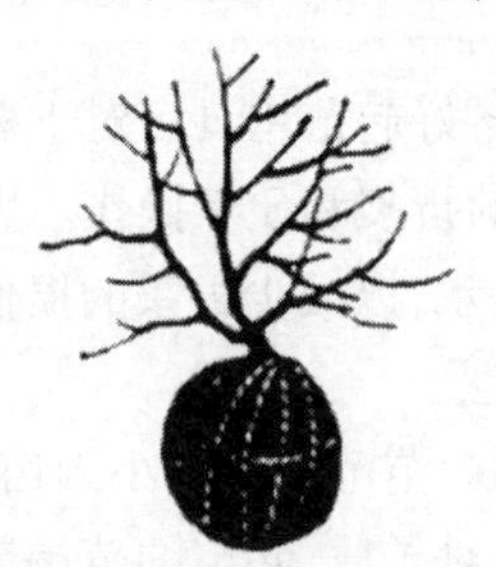

图 3.3　"西瓜皮"式包扎法

井字式包扎法如图 3.4(a)所示,实线表示草绳位于土球上部,虚线表示草绳位于土球下部,先将湿草绳的一端固定在主干或腰箍上,按照从 1~9 的顺序和箭头指向进行包扎,先由 1 拉到 2,绕过土球的下部拉到 3,由 4 绕过土球下部拉到 5,由 6 绕过土球下部拉到 7,再由 8 绕过土球下部拉到 9(与 1 紧挨的位置),再按照上述的方法继续包扎 5~6 次,扎成图 3.4(b)所示的样子。

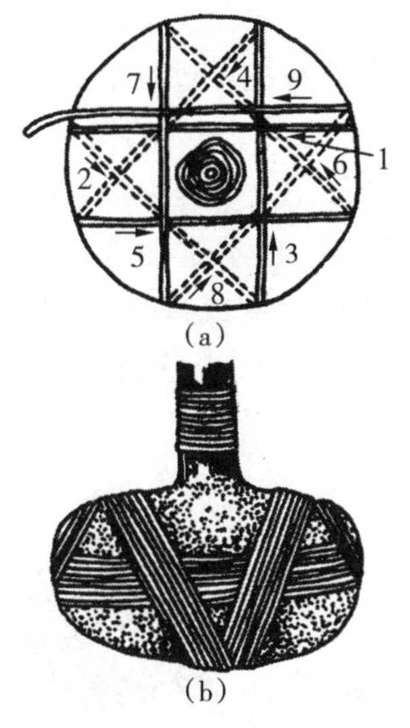

(a)

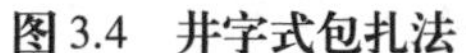

(b)

图 3.4　井字式包扎法

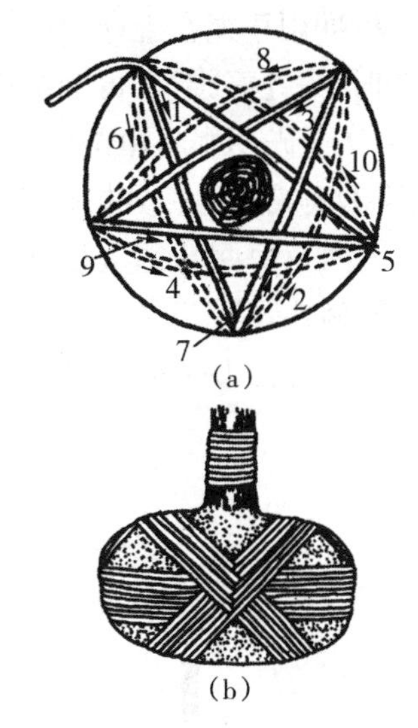

(a)

(b)

图 3.5　五星式包扎法

五星式包扎法如图 3.5(a)所示，先将湿草绳的一端固定在主干或腰箍上，然后按照从 1~9 的顺序和箭头指向进行包扎，先由 1 拉到 2，绕过土球底部拉到 3，由 4 绕过土球底部拉到 5，由 6 绕过土球底部拉到 7，由 8 绕过土球底部拉到 9，由 10 绕过土球底部完成一个循环，按照此方法继续包扎 5~6 个循环，扎成图 3.5(b)所示的样子。

橘子式包扎法如图 3.6 所示，先将湿草绳的一端固定在主干或腰箍上，再拉到土球边，按照图中的顺序和箭头指向，呈稍倾斜经过土球底沿绕至对面，向上约于球面一半处经树干折回，沿相同方向按一定间隔继续缠绕直至整个土球被草绳包裹密实为止。直径小于 40 cm 的土球，用一道草绳缠一遍即可，称为“单股单轴”；较大的土球，可以用一道草绳沿同一方向缠两遍，称为“单股双轴”；或用两道草绳沿同一方向缠两遍，即“双股双轴”。对于名贵或规格特大的树木进行包扎时，为了包扎紧密，甚至还可以缠第三遍。也可以先打好腰箍之后，用粗麻布、粗帆布、稻草包等先将土球紧紧包裹住，再在外面进行橘子式包扎。为保险起见，还可以在花箍外再缠外腰箍。

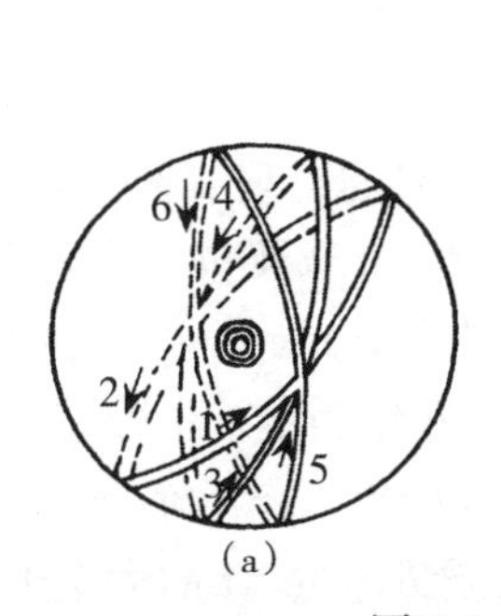

(a)

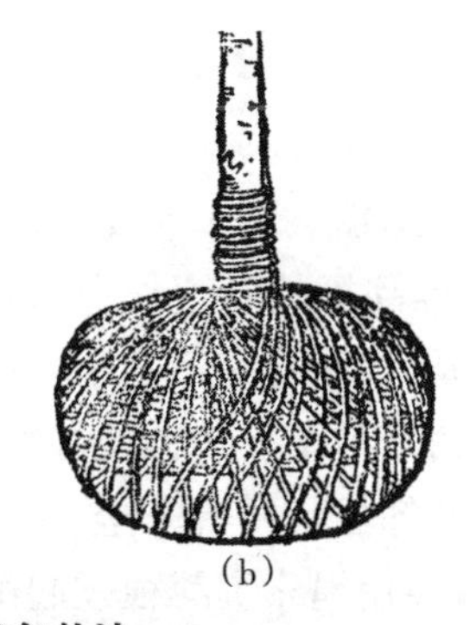

(b)

图 3.6　橘子式包扎法

花箍扎好之后，可将主根切断。苗木起出后应修剪根系，剪去烂根、劈裂根等，保证伤口平滑。如有必要的话，对树冠也应进行适当的修剪，落叶树在落叶后可保持树冠外形适当强剪；常绿树可保持树型，适当疏枝并摘去部分叶片。

扎腰箍(缠腰绳)即用草绳在土球中部横向缠若干道,以避免土球松散碎裂,最好在挖至土球深度的1/2~2/3时,先扎好腰箍,再继续挖掘,以免土球在挖掘过程中散开(土球较小时可以不扎腰箍)。操作方法是先用水将草绳浸湿,然后两个人合作,一人将湿草绳在土球中上部缠绕并拉紧,另一人用木槌或其他工具拍打草绳,使之略嵌入土球(因为湿草绳干燥后会收缩,可以使土球绑扎得更牢固),每圈草绳应彼此紧靠,不留空隙,也不重叠,腰箍的宽度通常为土球高度的1/4~1/3。腰箍扎好后,继续向下和向内挖掘土球内侧或掏挖,如有主根暂不切断,至土球底部中心尚有土球直径1/4左右的土连接时,开始扎花箍(土球的挖掘与扎腰箍示意图见图3.7)。

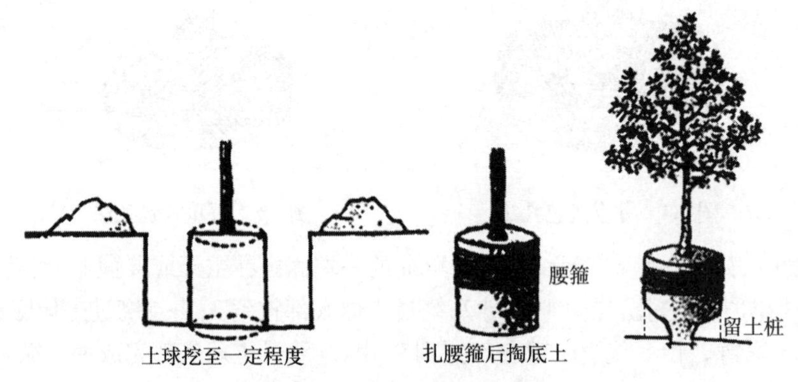

图3.7　土球的挖掘与扎腰箍

③冻土球的挖掘:宜在初冬时期进行,从地表开始结冻时进行挖苗,待挖出的土球基本冻实后,再进行运输和栽植。如果土壤含水量较低,且冻土不深,可以在土壤结冻之前灌水湿润土壤,等到气温逐渐降低,土层冻结深度达20 cm左右时,开始挖掘土球,如果下层土壤尚未结冻,可以等2~3 d后再继续挖掘,直到挖出土球为止。如果事先未灌水,土球冻不结实,可以向土球上泼水,以促进其结冻。在土壤冻结很深的地区,为减少挖掘困难,可以提前在土壤冻得不深的时候挖掘,并泼水促进结冻。冻土球挖掘好后,可以不包扎或只做简单的包裹。如果苗木未能及时运输和种植,应采用稻草、落叶等物覆盖,以免冻土球被晒化或经寒风侵袭而冻坏根系。

2)运输

苗木起出后要及时运输。装车前要对树冠进行必要的整理或捆扎。装卸时要做到依次进行,轻拿轻放,禁止乱堆乱扔的野蛮作业,以保持苗木、土球及包装完好无损,避免机械损伤。较大的苗木装车时根系(或土球)应朝向车头,梢部朝向车尾,并注意勿使树梢拖地,必要时可用木架将树冠架起。树身与车板接触处必须垫软物,并作固定。土球直径超过70 cm的,应使用吊车等机械装卸。装卸机具要有安全、卫生的技术措施。起吊小型带土球苗木时应用绳网兜住土球吊起,不得直接用绳索绑缚根颈起吊;起吊质量超过1 t的大型土球,应在其外部套大绳。整个运输过程应遵守有关交通法规,办理相关手续(如检疫证等),确保安全。

裸根苗要进行必要的包装,方法是先将麻袋、稻草包、塑料薄膜等包装材料铺在地上,上面放上湿的苔藓、锯末、稻草等湿润物,然后将苗木根对根放在包装物上,并在根间放些湿润物。根据苗木的大小确定每个包装的株数,较小的苗木也可以连同枝干全部包装起来。当包装的

苗木数量达到一定要求时，用包装物将苗木捆扎成卷。捆扎不可过紧，以利通气。包装外需有标签，注明树种、苗龄、苗木数量、等级和苗圃名称等信息。短距离运输，可直接在车上放一层湿润物，上面放一层苗木，分层交替堆放，或将苗木散放在箱中或筐中，苗间放些湿润物，苗木码放好后，再放一层湿润物即可。

带土球的树木码放层数不可过多，土球直径小于 20 cm 的，可装 2~3 层，土球之间必须码放紧密，以防摇晃，直径 20 cm 以上的苗木只允许装一层；土球上禁止站人或放重物。运输单株的带土球苗木，要将土球固定在车厢内（可用松软的稻草包等物衬垫），以免在运输途中因颠簸而滚动。

苗木全部装车后，要用绳索最后绑扎固定，并加垫层防止运输途中的摩擦碰撞和意外散落。开车时要注意平稳，减少剧烈震动。在运输途中应由专人看护，注意根部保湿。长途运输时，应用保湿材料覆盖，防止苗木曝晒、雨淋，运输中途应适时适量向根部洒水保湿，以保持适宜的湿度和温度，休息时应选择阴凉处停车，以防止苗木过度失水。苗木运到栽植地应及时进行种植。

冻土球的运输除一般方法外，还可以利用冻结的河道或泼水使地面结冰，利用雪橇或爬犁等运输。

3）卸苗

(1)卸苗前的准备工作

根据进场苗木规格、土球大小提前联系好一定吨位的起重机，将推车、吊装带、绳索、草绳、木板等运送到施工现场，保证卸苗工作顺利进行。卸车前，由专人上车检查苗木品种是否准确无误、苗木规格是否符合设计要求、苗木有无严重损伤、土球是否散坨、是否有检疫对象病虫害等。基本符合苗木验收标准时，可以卸车进行单株验收。

(2)卸苗方法

不正确的卸苗方法常会造成土球散坨，枝干、根部损伤，主干顶梢折损，干皮损伤或脱落，这些都将直接影响苗木质量、景观效果及苗木栽植成活率，同时还会增加养护成本。因此使用正确的卸苗方法，采取必要的技术措施尤为重要。以使用起重机和叉车卸苗为主，人工结合卸苗为辅。

①人工卸苗：裸根苗、土球直径在 40 cm 以下的乔木、一般花灌木土球苗、草卷、草块、宿根花卉等，可用人工卸苗。软包装容器苗卸苗时，应搬容器，不得提拉苗木干茎，以免苗木脱盆或损伤花茎。裸根苗卸车时，应自上而下一层层顺序卸下，不可从中间抽取，更不得将苗木直接推下车。土球直径在 40 cm 以下的苗木，应抱土球卸苗，不得手提苗木干茎，需轻拿轻放，防止散坨和枝干损伤。土球直径在 40 cm 以上、80 cm 以下的苗木，可用厚木板斜搭于车厢外沿，将土球移至板桥上，土球上缠一根径粗 3 cm 的麻绳，用以控制苗木下滑速度和运动方向，顺势将苗木慢慢滑至地面。严禁下滑时土球滚落，造成散坨。

②机械卸苗：土球直径在 80 cm 以上的乔木、地径 7~8 cm 以上的花灌木，需用起重机等机械工具卸苗，为保证起吊安全，选择标定两倍于树木估重的起重机。在道路狭窄和起重机不便操作的地方，可使用钩机卸苗。一般土球直径在 100 cm 以下的苗木，可以用绳索绑缚根颈基部直接起吊，基干处应包裹草帘、麻袋片或厚无纺布，以免损伤树皮。绳索松紧要适中，不可系得

太松。起吊土球直径100 cm以上苗木时，不得使用绳索或吊装带直接绑缚根颈基部起吊，必须用直径为3~4 cm的吊绳或吊装带拦吊土球进行吊卸，以免由于树体过重，起吊时损伤毛细根或导致树皮脱离。高度在5 m、胸径在20 cm及土球直径在120 cm以上的苗木，必须使用两条可承受质量为8 t的钢丝绳或吊装带。将两条吊装带分别自土球顶面2/3处反方向各系一条，吊装带要平贴于土球。将吊装带的一头自另一侧吊扣中拽出，以便人为控制树体移动的方向。

(3)卸苗质量保障措施

苗木到场后，应做到随到随卸。不能及时卸车的，应将车停放在阴凉处，并用苫布盖好。卸车时严禁踩踏土球和容器，防止土球散坨、容器破损等。对须根稀少及不易移植的树种，如七叶树等，应特别注意防止散坨，以免影响苗木成活率。凡草绳已松散的，应重新打绳后方可卸苗。检查起重机是否支撑稳固。苗木起吊前，认真检查绳索或吊装带是否拴牢，保证不脱套、不脱扣，吊绳、吊装带、钢丝绳不断裂，轻卸。将苗木轻轻垂直落放于绿地或树穴内，以防土球碎裂。

4)苗木栽植前修剪

修剪可以解决地上和地下部分水分和养分的相对平衡，减少水分蒸发，提高栽植成活率。通过合理修剪，还可以使苗木达到理想的树形，提高景观效果。在栽植前或栽植后，必须对移植苗木的枝条、根系、叶片、花序、花蕾、果实等进行适当修剪。苗木不可不剪，但也不可修剪过重。苗木栽植后不进行修剪，特别是反季节栽植的大树不修剪，是造成苗木死亡的主要原因。

(1)修剪依据

修剪应根据每个树种的自然树形、顶芽的生长势、枝条伸展状况、发枝能力、花芽着生位置、开花时期、景观要求和栽植环境、栽植方式等，进行适当的整形修剪。如樱桃、玉兰不耐修剪，故应进行轻剪；蜡梅"不缺枝"，其发枝力强，可适当重剪。修剪量应视起苗时间、移植成活的难易程度、起掘苗木的质量(如土球大小、土球完好程度)、冠幅大小、枝条疏密程度及苗木假植时间长短而定。适宜栽植季节、起苗质量好的，可适当减少修剪量。反季节栽植或起苗质量稍差的，应适当加大修剪量。修剪后以确保定植时能达到设计要求的规格标准为准。

(2)修剪时间

乔木一般在栽植前修剪，如当天栽植量较大时，也可在栽后再进行修剪，但高大乔木必须在栽前修剪。灌木可在栽植后修剪，色带及绿篱苗木的整剪，应在浇灌两遍水后进行。

5)种植

应根据树木的习性和当地的气候条件，选择最适宜的时期进行种植。种植前应按设计图纸要求核对苗木品种、规格及种植位置，并检查种植槽、穴的大小及深度，不符合要求时，应及时修整。对排水不良的种植穴，可在穴底铺10~15 cm的沙砾或铺设渗水管、盲沟，以利排水。对人员集散较多的广场、人行道，树木种植后，种植池应铺设透气护栅。

(1)裸根苗的种植

对于较小的裸根苗应按照"三埋两踩一提苗"的方法进行种植，这是林业技术部门提倡的一种科学的树木种植方法。该方法包括三次埋土、两次踩实以及一次将苗木向上提起的过程。

具体操作要点如下：先将表土碾碎，取一部分填放在穴底（有条件的地方可以在穴底放入适量腐熟的有机肥，再填表土），并培成丘状（即"第一埋"）。然后两人协同作业，一人将苗木放入穴内，务必使根系舒展地分布于土丘上，同时校正位置，保证苗木的主干与地面垂直，位置端正（行列式栽植的，要注意苗木的对齐），使树冠丰满的一面朝向观赏方向，并注意使根颈略高于地面。接着另一个人继续将其余的表土埋入穴中（即"第二埋"），表土填完后可继续填心土，当填土高度到种植穴的一半时，暂停填土，将树干稍微向上提一下（即"一提苗"），以使根自然舒展，接着将已埋的土向下踩实（即"第一踩"），以使苗木的根系和土壤紧密接触，以便扎根生长，有利于树木的成活，如果土壤黏重，则不可以踩得过实，以防通气不良。然后继续将心土填入穴中（即"第三埋"），一直埋到与地面平齐，再踩实（即"第二踩"），目的是使苗木的干挺直，并使根系与土壤紧密结合，以防被风吹斜。最后盖上一层土，使穴内填土的高度与原根颈的痕迹相平或高 3~5 cm。若苗木较大，种植穴较深，则应视具体情况增加埋土和踩实的次数，通常是每填土 20~30 cm 就踩实一次，以保证回填的土能与根系紧密接触。在苗圃修剪成型的绿篱，种植时应按造型拼栽，深浅一致。

填土完成后用剩下的心土在种植穴外缘筑 10~15 cm 高的土堰（图 3.8），以利于灌水。栽植密度较大时，可以按片筑土堰。注意将堰埂踩实或用锹拍实，以防灌水时漏水。

图 3.8　筑堰灌水

（2）带土球苗的种植

带土球苗的种植与裸根苗的种植方法大体相似，苗木放入种植穴内调整好位置、角度和深度（珍贵树种可在根部喷施促进生根的药物），在土球四周下部垫入适量的土，使苗木直立稳定，将包扎材料拆除，以防其腐烂生热，对根系造成损伤。包扎材料拆除后不应再挪动土球，以防土球散开。按照先填表土后填心土的顺序分几次将土回填入种植穴中，每填土 20~30 cm 就踩实一次，踏实时注意不要使土球破碎。填完土后筑土堰。

绿篱成块种植或群植时，应由中心向外顺序退植。坡式种植时应由上向下种植。大型块植或不同彩色丛植时，宜分区分块种植。假山或岩缝间种植，应在种植土中掺入苔藓、泥炭等保湿透气材料。

6）裹干

裹干这一操作不是必需的，通常用于常绿乔木和胸径较大的落叶乔木，其作用是避免干风侵袭，减少水分散失，保持枝干湿润；避免日灼和极端温度（包括高温和低温）对枝干造成伤害，可在一定程度上提高栽植的成活率。裹干的方法是用草绳、厚草帘等具有保湿性、保温性且透气的材料将主干和一、二级主枝严密包裹。

7）支撑与固定

支撑与固定的目的是防止新栽树体随风摇动，影响根系的生长，同时可以防止灌水后土壤松软沉降引起的树体倾斜。胸径在 5 cm 以上的乔木及树冠较大的灌木都应在种植后及时立支撑。支撑点的位置视苗木高度而定，通常在苗木高度的 1/3~2/3 处，支撑后的树干应保持直

立。常用的支撑方式有单支式、双支式、三支式、四支式、联合桩支撑和牵索式支撑等。

(1)单支式

单支式包括直立式和斜支式两种。直立式的支柱垂直于地面,入土深度 40~60 cm,可用木桩或水泥桩,可于种植时埋入,也可在种植后打入土中,但要注意不能损伤根系和土球。先用草绳、软布等材料将树干的支撑部位包裹好,再用粗铁丝或尼龙绳等扭成“8”字形将树干与支柱绑紧,如图 3.9(a)所示。也可以采用专用的支架,一端套在树干上,另一端用螺丝固定在支柱上,如图 3.9(b)所示。斜支式是将支柱与地面成 45°左右的角度对树干进行支撑,应注意将支柱支于下风方向,如图 3.9(c)所示。

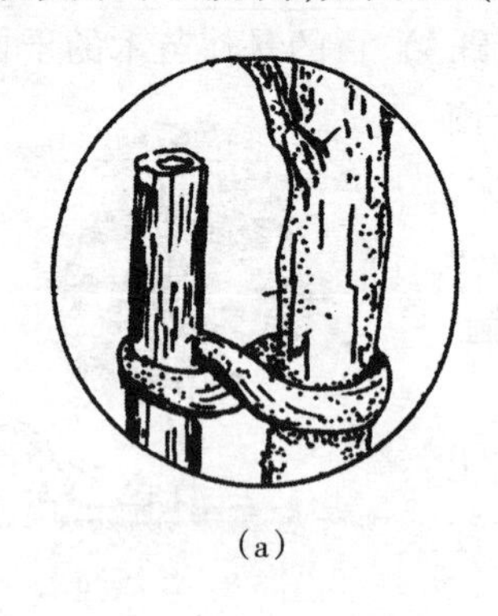

(a)

(b)

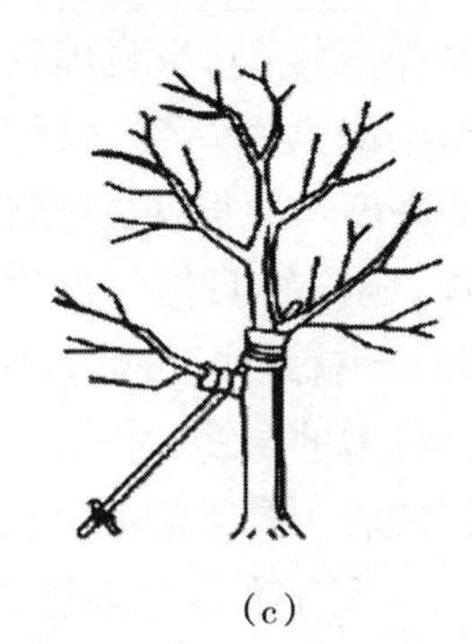

(c)

图 3.9　单支式

(2)双支式

在树干两侧的土中各打入一根支柱,两支柱上端固定一根横梁,将树干与横梁固定,如图 3.10 所示。

(3)三支式

以树干基部为中心,用三根支柱从三个方向斜撑在树干的适当位置,组成三棱锥形的支架,绑扎牢固。三根支柱中必须有一根支柱在主风向上位,其他两根可均匀分布,三根支柱互成 120°,如图 3.11(a)所示。也可以在双支式的基础上,与横梁相垂直再斜撑第三根支柱,如图 3.11(b)所示。

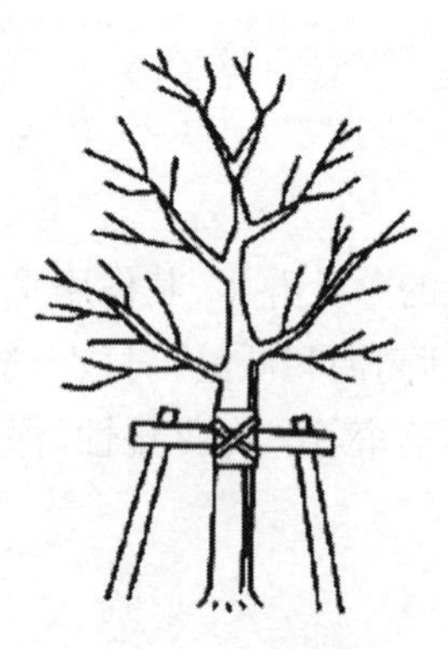

图 3.10　双支式

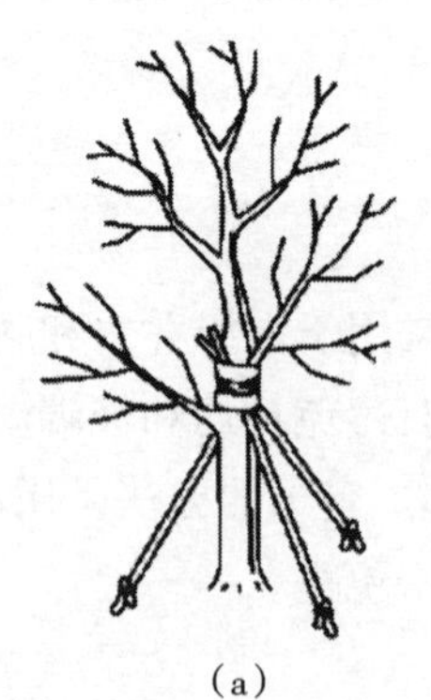

(a)

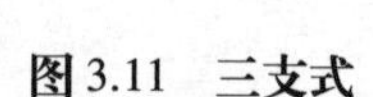

(b)

图 3.11　三支式

(4)四支式(井字桩式)

以树干基部为中心,用四根支柱从四个方向斜撑在树干的适当位置,绑扎牢固,如图 3.12(a)所示;为了支撑得更牢固,可以在支柱上绑扎辅助的横梁,如图 3.12(b)所示。四支式与三

支式的固定效果最好,园林中应用较多。目前市场上也有出售专用树木支撑架的,如图 3.12(c)所示,这类产品由套杯,绑带,支柱木构成,绑带的长度是可调的,3~4 个套杯穿在绑带上,绑带固定在主干的适宜的位置,套杯的下口套在支柱木上,从而起到对树木的支撑作用。支柱木可以是木质的,也可以是其他材质的。由于这种产品是统一生产的,规格整齐一致、美观。但支撑的牢固程度逊于传统的三支式和四支式支撑。

(a)

(b)

(c)

图 3.12 四支式

(5)联合桩支撑

联合桩支撑适用于栽植密度较大的片植林。将支撑杆与地面平行,固定在相邻的两株树的适当位置,所有的支撑杆都采用这样的固定方法,最终将整片苗木用若干个四边形联合起来。这种方法操作简便,且节省材料,如图 3.13 所示。

(6)牵索式支撑

取 2~4 根长度适中的结实金属丝或绳索,一端固定在树干的适当位置(通常在苗木高度的 1/3~2/3),然后以树干为中心,将金属丝或绳索的另一端朝不同方向拉向地面并固定,与地面夹角 45°左右,如图 3.14 所示。这种方法不宜用在行人多的地方,因为金属丝或绳索不容易被发现,易将行人绊倒。如果采用这种固定方式,则应在金属丝或绳索上系上醒目的标志或套上竹竿并涂上警戒色,以引起行人注意。

图 3.13 联合桩支撑

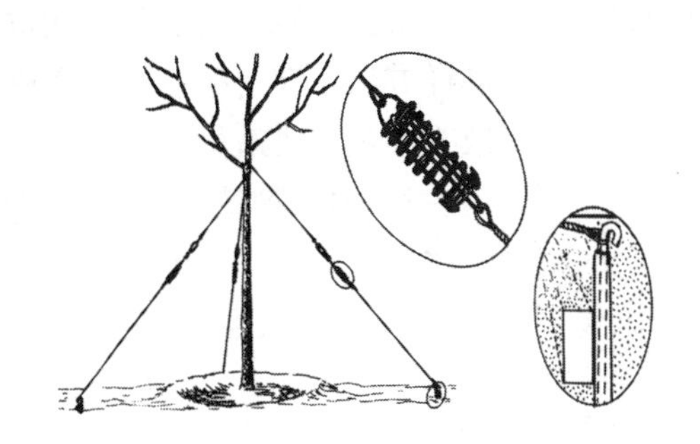

图 3.14 牵索式支撑

无论采用哪种支撑方式,都要先将树干的支撑位置用草绳、软布、胶皮等材料包好,再用粗铁丝、绳索或其他连接物将树干与支撑物绑扎牢固即可。另外,同一个绿化区域内,支撑材料的大小、高矮要整齐划一,扎缚要牢固。

8）灌水

俗话说“树木成活在于水，生长快慢在于肥”。维持和恢复苗木以水分代谢为主的平衡是栽植成活的关键。苗木栽植后应在当天灌第一次透水，使土壤充分吸收水分，有助于根系与土壤紧密接触，从而提高成活率。以后再视土壤类型、土壤含水量、树木规格和降水情况及时补水。北方地区定植后，浇水不少于3遍。黏性土壤，宜适量浇水；根系不发达树种，浇水量可多些；肉质根系树种，浇水量宜少。秋季种植的树木，浇足水后可封穴越冬。干旱地区或遇干旱天气时，应增加浇水次数。干热风季节，应对新发芽放叶的树冠喷雾。灌水时水流不宜过大，最好将木板、砖头或草帘等物垫于土堰内，让水落在这些衬垫物上，以减少水流对土壤的冲刷，使水慢慢渗入土壤，防止因水流过急冲刷而使根系裸露或冲毁围堰，造成跑漏水。最后一次灌水完全渗入之后，应及时用围堰土封树穴。再筑堰灌水时，不得损伤根系。

9）遮阳

常绿树栽植初期或正值高温干燥季节需要给树木遮阳，以降低树冠的温度，减少水分的散失，遮阳度以70%为宜。遮阳棚不宜紧贴树冠，而应与树冠的上方和四周保持30~50 cm的距离，以保证棚内的空气流通。

3.1.6 假 植

假植是对苗木进行临时的保护性栽植。当苗木起出后，由于场地、人工或时间等原因不能及时运输或苗木运到栽植地后不能及时种植就要对苗木进行假植，其作用是使苗木的根系保持湿润，维持根系的活力。假植不同于种植，时间不宜过长，通常不超过1个月。

苗木运到现场后，裸根苗木应当天种植，临时放置可用湿的苫布或稻草帘盖好，当天不能种植的苗木应及时进行假植。选择靠近栽植地点且排水良好、阴凉背风的地方，挖一条假植沟，深度和宽度可根据树木的高度来确定，一般宽1.5~2 m、深30~50 cm，沟的长度可根据苗木的多少而定，按苗木种类分别假植，并做好标记。将苗木依次挨紧斜排在沟内（小苗可以成捆假植），使树梢顺应当地主风的方向，然后用湿润的细土覆盖根系并踩实，以防透风失水。若苗木不大，可按照同样方法在沟内继续逐层码放并覆土。假植期间要经常检查，如有积水要及时排除；如果根部或土壤过干要适量补水；若假植时间较长，还应注意向树冠适量喷水。

带土球苗木1~2 d内能种植的可不必假植，适当喷水保持土球湿润即可；若栽不完，应使树体直立，集中摆放好，四周培土，树冠用绳拢好；长时间存放的，应在土球间隙也培入细土，并对土球、枝干及叶片定期喷水，保证湿润。

3.2 苗木的非适宜季节栽植

随着人们对生态环境的要求不断提高，城市园林绿化的速度也在不断加快。在城市建设中，城市规模和相应绿化任务不断加大，由于其他工程进度安排、竣工验收或重点建设工程要

求等方面的原因,许多绿化工程常常要打破季节限制,克服不利条件,在适宜栽植季节之外的其他时间进行绿化施工,即所谓的非适宜季节栽植,也可以称为反季节栽植,它是指在施工难度大、不利于苗木成活的季节进行栽植。

3.2.1 非适宜季节栽植的特点

1)非适宜季节栽植的优点

由于非适宜季节栽植能够不受时间限制来优化现代城市的园林布置,大大地延长了绿化施工工期,增加了绿化施工的年工程量,能够及时满足市政工程对绿化美化的要求,在较短时间内提高了绿地率和绿化覆盖率,加快了城市绿化进度,加快了城市生态环境的改造。

2)非适宜季节栽植面临的困难

虽然非适宜季节栽植具有上述优点,但是我们也必须正视非适宜季节栽植所面临的困难,并采取有效的措施来克服这些困难,保证栽植的成活率,这也是城市园林建设给园林工作者提出的一个课题。

如果在生长旺盛的5—8月进行非适宜季节栽植,植株生长量大,茎叶蒸腾量大、需水量多,而苗木的根系由于起挖、运输受到了损伤,其吸收的水分难以满足地上部分的要求,容易造成水分收支失衡,从而导致移植苗木的死亡;如果在冬季极端低温的情况下栽植,根系处于休眠状态,吸水能力很差,再生新根的能力也差,特别是在冬季气候干燥的地区,干风加剧了土地中部分水分的散失,更容易造成移植苗木成活困难。

为了解决非适宜季节栽植中遇到的难点,栽植前要考虑多方面的不利因素,除了遵守施工原则外,还要注意每一个施工环节,从种植土壤的处理、苗木的选择、苗木的起挖、运输、假植、种植穴的准备、种植前的修剪、苗木的种植技术和植后的养护管理等方面严格把关,尽量采用有效的技术措施,最大限度地提高栽植的成活率。

3.2.2 非适宜季节栽植的技术措施

为解决非正常季节绿化施工中遇到的难点,根据不同的非适宜季节栽植采取不同的技术措施,尽可能地提高栽植成活率。

1)夏季栽植

夏季栽植大树难度大,技术措施要求高,管理也要求更精细。夏季栽植技术措施主要包括以下几点:

(1)苗木的选择

夏季栽植在树木选择上要严格把关,根据设计图纸和说明书的要求选择栽植树种的苗龄与规格,并加以编号。在当地选择生长健壮,根系发达而完整,树干粗壮通直,有一定适合高度，不徒长，主侧枝分布均匀，枝叶繁茂，冠形完整，色泽正常，无病虫害，无机械损伤等符合设计要求的树木。树木的年龄对移植成活率的高低有很大影响，并对成活后在新栽植地的适应和抗逆能力有一定影响，应尽量选择符合设计要求且树龄较小的树木。

(2)栽植穴挖掘及土壤处理

夏季施工栽植穴挖掘的好坏，对栽植质量和日后的生长发育有很大的影响。栽植穴的挖掘和处理除了依照前面讲述的要求和规范外，还应着重注意做好栽植穴的排水，因为夏季栽植后浇水的次数会增多，浇水量也会大幅度增加。

(3)树木的挖掘及运输

夏季挖掘树木均应带土球，时间选择在阴雨天或下午4:00以后，避开高温期。树木土球直径应比常规的要求大一些，掘起后立即修剪根系并喷施生根剂，同时适度修剪地上部分枝叶。然后即刻包装，做到土壤湿润，土球规范，包装结实，不裂不散并且封底。移植规格较大的大树，必须使用大型机械车辆，树木应轻提轻放，不得损伤树木和造成散球。

(4)修剪和遮阴

无论是常绿树还是落叶树，夏季移植均应实行强修剪和遮阴，用草绳等包裹树干、大枝，以减少蒸腾并保持湿润的生长环境。

(5)灌排水

夏季栽植的树木，宜每天早晚浇水。每次浇水时可向树冠喷水。大树栽植后应在略大于种植穴直径的周围，筑成高15~20 cm的灌水围堰，堰应筑实，不得漏水。新植树木当日灌透第一遍水，3日内连灌3次透水，1周内灌第4次透水。灌水渗下后，应及时用围堰土封穴。以后根据当地气候特点、土壤增墒情、植物需水、根系通气等情况，适时适量进行浇水，促其生根和生长。在雨季排水对于新植树的成活很重要，可采用开沟、埋管、打孔等排水措施及时排涝，防止树木因涝致死。

(6)其他措施

夏季大树栽植后，可在早晚对树冠喷雾，喷施抗蒸腾剂，以减少水分蒸发，保湿降温。对受伤枝条或原修剪不理想的枝进行复剪，并做好抹芽、叶面施肥、病虫害防治。配备专门管理人员加强巡视，出现问题应及时解决。

2)冬季栽植

在冬季大风多发地区，不宜冬季栽植；在冬季土壤基本不冻结的长江流域地区，可以冬季栽植大树；在冬季严寒的华北北部及东北地区，对耐寒性强的树种，也可采用冬季栽植。对于冬季栽植为反季节栽植的地区，冬季栽植时宜采取加大土球、随挖随栽、栽后灌足冻水、做好防寒、必要时采取保温裹干、缚膜等措施。

3)预先有计划的栽植

园林绿化施工中，有时由于一些客观因素的影响不能适时栽植树木，并且这种情况是预先已知的，则可以在适合季节起掘(挖)好苗，养在苗圃或运到施工现场假植养护，等待其他工程完成后立即种植。

(1)起苗

由于种植时间是在非适宜的生长季,为提高成活率,应预先在早春苗木萌芽之前带土球挖好苗木,并适当重剪树冠。土球的规格可按常规要求的大小或稍大一些,包装要比常规的包装加厚、加密。如果要栽植的苗木是去年秋季已经起出的假植裸根苗,应在此时另造土球(称为“假坨”),即在地上挖一个与根系大小相当、上略大下略小的穴,将蒲包、草帘等包装材料铺于穴内,将苗木根系放入并使其舒展,注意保证苗干在穴的中心,分层填入湿度适中的细土并夯实,注意不要损伤根系,直到与地面相平。将包装材料收拢并在树干处捆好,然后挖出假坨,再用草绳打包,正常运输。

(2)假植

在距离施工现场较近、交通方便、有水源、地势较高、雨季不积水的地方进行假植。为防止温度高时假植引起包装材料的腐朽,应装筐保护。选用比土球稍大、略高 20~30 cm 的箩筐(土球直径超过 1 m 的应改用木桶或木箱)。先在筐底填些土,将土球放在筐的正中,四周分层填土并夯实,直至离筐沿还有 10 cm 高时为止,在筐边沿加土拍实做灌水堰。按照苗木数量挖深为筐高 1/3 的假植穴,每两行为一组,每组间隔 6~8 m 用作运输通道,株距以当年生新梢互不相碰为宜。将装筐苗运来,按树种(品种)、规格分类放入假植穴中。筐外培土至筐高的1/2并拍实,间隔数日连浇 3 次水,并适当施肥、浇水、防治病虫、雨季排水、疏枝、去蘖、控制徒长枝等。

(3)栽植

等到施工现场可以种植时,提前将筐外所培的土扒开,停止浇水,风干土筐;发现已腐朽的应用草绳捆缚加固。吊栽时,吊绳与筐间垫块木板,以免松散土坨。入穴后,尽量取出包装物,填土夯实。经多次灌水或结合遮阴保证成活。

4)提高反季节栽植的成活率的措施

树木栽植成活的关键是保证树体以水分代谢为主的生理平衡。在栽植过程中可根据实际情况采取一些技术措施,提高反季节栽植的成活率。

(1)根系浸水保湿或蘸泥浆

裸根苗栽植前当发现根系失水时,应将根系放入水中浸泡 10~20 h,充分吸收水分后再栽植,可有效提高成活率。小规格灌木,无论是否失水,栽植之前都应把根系浸入泥浆中均匀蘸上泥浆,使根系保湿,促进成活。泥浆成分通常为过磷酸钙：黄泥：水=2：15：80。

(2)浸坑

栽植前一天在树穴内放满水,让其自然渗透,同时根据土壤情况和不同树种增施一定量的腐熟的有机肥、硫酸亚铁和过磷酸钙,以增加土壤肥力。此方法对于土层干燥地区尤为适用。

(3)利用保水剂改善土壤的性状

城市的土壤随着环境的恶化,保水通气性能愈来愈差,不利于树木的成活和生长。在有条件的地方可使用保水剂改善。保水剂是一种有机高分子聚合物,粒径多为 0.5~3 cm,具有吸水、储水和放水性能,能将土壤中的水分迅速吸收储存,减少水分蒸发、渗漏和流失,在农业上素有“微型水库”之称。同时,它还能吸收溶于水中的肥料、农药,并缓慢释放,从而提高肥料和农药的利用率。保水剂颗粒吸水后膨胀,释水后收缩,可使土壤形成多孔结构、疏松透气,具有一定的改良土壤的作用。可在根系分布的有效土层中掺入0.1%保水剂，拌匀后浇水；也可让保水剂吸足水形成饱水凝胶，以10%~15%掺入土层中，可节水50%~70%。

（4）使用ABT生根粉

为了促进树木尽快长出新根，恢复原来树势，可以对伤根的树木施用生根粉。生根粉是一种新型的广谱高效系列植物生长调节剂，能够诱导植物不定根或不定芽的形态建成，从而提高苗木的栽植成活率，园林树木栽植中常用ABT-3号生根粉。使用的方法有以下几种：

①速蘸根法：栽植前将苗木根系放在100~500 mg/L的生根粉溶液中速蘸5~30 s后栽植。

②喷根法：栽植前用20~100 mg/L的生根粉溶液将苗木根系喷湿、喷透再栽植。

③浸根法：栽植前，将裸根苗木的根系浸泡在10~20 mg/L的生根粉溶液中0.5~2 h后栽植，或浸泡后再用湿泥土将根包成泥团。

④灌根法：在树木栽植当天浇过底水后，第2天用10~20 mg/L的生根粉溶液进行浇灌，直至根部均能接收为止，隔一周再灌一次。

⑤穴施法：栽植后，在土坨周围用硬器打穴，穴深为土坨的1/3，向穴中施入浓度为1 000 mg/L的生根粉溶液，施后灌水。

（5）使用植物抗蒸腾剂

栽植后可及时对树冠喷施植物抗蒸腾剂，它是一种高分子化合物，喷施后能在枝叶表面形成一层透气的薄膜，以降低树冠散失水分的速率，有利于树体维持水分代谢平衡，有效缓解高温季节栽植中出现的树体失水和叶片灼伤。

（6）裹干、喷水、遮阳

在非适宜季节栽植的树木，由于根系恢复速度较慢，即使保证土壤的水分供应，也易发生水分亏缺，因此有必要通过裹干、树冠喷水等措施帮助其维持水分平衡。将苗木的主干和一级分枝用草绳紧密绑扎，并将绑绳淋透，储存一定量的水分使枝干保持湿润，在冬季又能对枝干起到保温作用，提高树木的抗寒能力；喷水可采用喷雾器或高压水枪，直接向树冠和树干适度喷射，对于大面积移栽的树木，如有条件可采用自控喷雾的设备，每天定时喷水，增加空气湿度，降低蒸发量，保证水分供给。此外还可以搭建遮阳棚，避免阳光直射和高温造成树体水分过度散失。

（7）灌水与排水

灌水要本着"随栽随浇，浇则浇透"的原则。另外，还应注意在雨季及时排水，积水时间不得超过24 h，可采用开沟、埋管、打孔等措施及时排水，防止涝害的发生。

（8）树干输液

对于胸径10 cm以上的树木可以采用输液的方法直接对树体补充水分和营养，具体操作步骤将在第8章阐述。

（9）越冬防寒

北方严冬时期，应进行地面盖草或地面覆土，树侧应设防风障，对不耐寒的树种或冬季栽植的苗木，要用草绳、稻草等物包裹主干（图3.15），高度不低于1.5 m，或对树干进行涂白处理，避免树干干裂致死。

图 3.15 包裹主干防寒

3.3 苗木移栽成活期的养护

俗话说“三分种,七分养”。苗木栽植后的第一年是其能否成活的最关键的养护期。在此期间,如果能对新植树进行及时到位的养护管理,就能促进树木地上部分和地下部分水分平衡的恢复,提高栽植的成活率,并为树木后期的健康生长打下良好的基础。树木栽植后,应在下过第一次透雨后进行一次全面的检查,以后应经常巡视,做到及时发现问题,及时采取补救措施。

3.3.1 扶正培土

扶正培土是一项保证树苗成活的重要措施,不可忽视。灌溉或降雨后,由于水的下渗,往往会造成树盘整体下沉或局部土壤下陷,尤其是在回填土时没有踩实,会使这种现象更加严重,导致根部悬空或根系暴露,甚至会使苗木松动或倾斜。发现这种情况应及时踩实松土,土壤下陷的应覆土填平,防止积水烂根;如果树盘土壤堆土过高,要铲土耙平。

发生倾斜的树木应予以扶正。对于刚栽不久发生歪斜的树木,应立即扶正;若栽植已有一段时间,落叶树种应选择在休眠期间扶正,常绿树种应选择在秋末扶正。扶正时不能用蛮力,以免损伤根系。应先检查根颈入土的深度,若栽植较浅,可以在与树木倾斜方向的反向挖沟,挖沟的位置要在根盘以外,挖至根系下方,向内掏至稍微超过树干轴线以下,将掏土一侧的根系下压,扶正苗木,回填土并踩实;若栽植较深,则应在树木倾斜的一侧根盘以外挖沟至根系以下,向内掏至根颈下方,用锹或木板伸入根团以下向上撬起,向根底塞土,将苗木扶正并压实。

3.3.2 水分管理

由于新栽树木的根系受到了不同程度的损伤,吸水功能减弱,因此对水分条件非常敏感。水分条件是否合适直接关系到新栽树木能否成活。移栽成活期的水分管理包括土壤水分管理和地上部分喷水两个方面。

土壤水分管理包括灌水和排水,目的是保持适当的土壤湿度。土壤含水量不可过大,否则会降低土壤的透气性,抑制根系的呼吸,从而影响生根甚至引起烂根、死亡。因此,灌水不是越多越好,而要把握一个度,最好能保证土壤含水量达到田间持水量的60%~80%。适宜季节植树,在栽植当天要浇透第一遍水,以后应视天气情况、土壤质地、土壤含水量来决定灌水的频率和灌水量。一般情况下,移栽后第一年应灌水5~6次。同时要注意防止树池积水,栽植时留下的土堰,灌水后应及时填平,以防降水或灌溉水在此聚积;在地势低洼处,要开排水沟,保证多余的水能及时排出;地下水位较高处要做网沟排水,汛期水位上涨时,可在根系外围挖深井,用水泵将地下水排走,以防淹根。

树木栽植之后,随着气温的升高以及萌芽、展叶、抽枝等活动的进行,地上部分对水分的需求量会不断增大,这就对本已受过损伤的根系提出了更高的要求,尤其是非适宜季节栽植的树木,水分吸收与水分散失的矛盾就更加明显。为了缓解地上部分的生长和蒸腾作用给根系带来的压力,在给根系适当灌水的同时,还应给地上部分补充水分,以降低环境温度,增加空气湿度,减少蒸腾。常用的方法是对树干和树冠进行喷水保湿,为树体提供湿润的小气候环境。可采用喷雾器或高压水枪喷雾,喷雾要细而均匀,喷至树冠各部位和周围空间,次数可多,水量要小,以免造成土壤积水。裹干的苗木要把包裹的材料也喷湿。喷水的时间宜在10:00至16:00时,每隔1~2 h喷一次。

3.3.3 抹芽去萌与补充修剪

新移栽的苗木在恢复生长的过程中,特别是经过较大强度修剪的苗木,其树干或树枝上往往会萌发出许多嫩芽和嫩梢,若全部保留的话,会消耗过多的营养,而且会扰乱树形。因此应该在苗木萌芽以后,选留长势较好、位置合适的嫩芽和嫩梢,其余的应尽早抹除,以保证选留的嫩芽和嫩梢的正常生长,同时应考虑树木的光合要求、枝下高和树形的培养。另外,对于生长较快的树木,在养护期应随时疏除多余的萌蘖,以使树体健康生长,符合景观设计要求。

另外,苗木在经过挖掘、装卸和运输等操作以后,往往会受到不同程度的损伤,使部分芽不能正常萌发生长,导致枯梢,此时应及时将枯死部分剪除,以保持树冠的美观和卫生。对于因留芽位置不准或剪口太弱造成枯枝桩或弱枝,可等到最接近剪口且位置合适的强壮新枝长至5~10 cm(或半木质化)时剪去母枝上的残桩。合理的修剪可以抑制生长过旺的枝条,并使主侧枝均匀分布,均衡树形。树体在生长期形成的过密枝或徒长枝也应及时去除,以免竞争养分,影响树冠的培养,同时还可以改善树体通风透光条件,避免滋生病虫害。修剪工具应事先消毒,并保证伤口平滑,对于较大的伤口,为避免其遭受病虫侵染,应涂抹伤口涂补剂等进行防护。

3.3.4 松土除草

苗木在移栽成活期间,由于灌溉、降水及行人活动等原因,会使树木周围的土壤板结,不利于土壤中的空气流通,也不利于雨水和灌溉水的下渗,从而会影响根系的生长发育。因此应尽量使根际土壤疏松,保持其良好的通气性能。在生长季节杂草生长速度很快,苗木附近的杂

草,尤其是藤本植物会与树木竞争水分和养分,严重影响树木的生长,要及时除掉。在生长季节松土和除草两项工作常常结合在一起进行,一举两得。

松土除草的时间可以从4月开始,一直到10月为止。生长旺季一般是20~30 d一次。除草深度宜在3~5 cm,注意不可过深,以防损伤根系。

除了物理手段除草以外,还可以采用化学除草的方法,即使用除草剂。化学除草通常一年进行两次,一次是在4月下旬至5月上旬,另一次是在6月底至7月初。常用的除草剂有草甘膦、扑草净、敌草隆等,按一定比例与水混合均匀后喷雾。化学除草的方法省工而高效,适用于大面积除草,但不具有松土的作用,在使用过程中还要注意用量,不得随意增减,喷洒要均匀,且不能喷到树木新展开的嫩叶和幼芽上,除草后应对树木加强管理,以免引起不良反应。

3.3.5 施 肥

科学的施肥能够促进新植树木根系的生长和枝叶的萌发生长。如果栽植时已施过底肥,则栽植当年可以不施肥。即使栽植时未施底肥,在栽植初期也不宜施肥,而必须等到苗木确定成活并度过"缓苗期",进入旺盛生长阶段后才能施肥,否则不但不能起到促进生长的作用,反而会延缓苗木的生长甚至造成死亡。进入旺盛生长阶段的主要特征一般表现为新梢开始继续生长或停止生长后二次打破封顶,萌发出茁壮的新梢、叶片鲜活、节间伸长、新梢枝条鲜嫩等。有计划地合理追施一些有机肥料,既可以提高土壤肥力,又可以改善土壤结构。施肥量一次不可太多,以免出现烧根现象。施用的有机肥料必须要充分腐熟,并用水稀释后才能施用。

树木移植初期,根系处于恢复生长阶段,吸肥能力较差,在不宜采用土壤施肥的方法补充养分时,可以采用根外追肥,如叶面喷肥,可用尿素、硫酸铵、磷酸二氢钾等速效性无机肥料配制成低浓度的肥液,在叶片长至正常叶片大小的一半时就可以开始喷施,以促进枝叶生长,有利于光合作用的进行,通常半个月左右喷施一次,时间宜选择在早晚或阴天进行,遇降雨应重喷一次。对于较大的苗木还可以采用树干输液的方法补充养分。

3.3.6 成活调查与补植

新栽树木常常会由于苗木质量、栽植技术、养护措施及不良外界条件等因素的影响,而出现死株缺株的现象,对新栽树木的成活调查能够客观地评定栽植效果,分析成活与死亡的原因,以指导今后的栽植工作。

树木栽植后,在生长季初期通常都能萌芽展叶,但其中有的植株并没有真正成活,而是利用了树体中贮存的养分完成了萌芽展叶,即所谓的"假活"现象,当气温升高,地上部分蒸腾加剧,水分出现亏缺,这些植株就会出现萎蔫,若不及时救护,极易死亡。因此,新栽树木成活与否,至少要经过第一年高温干旱的考验才能确定,树木的成活调查最好在秋末进行。

成活调查可分地段对不同树种进行全部调查或系统抽样。已成活的植株应测定新梢生长量,确定其生长势的等级;对于死亡的植株应仔细分析死亡的原因,常见的原因有苗木质量差、地上与地下部分比例不协调、根系损伤严重、带根量少、栽植时出现窝根、栽植深度不合适、植后灌水不足或长期积水、病虫为害、人为损伤等。调查之后,按照树种统计成活率,写出调查报告，确定补植任务，客观地分析死亡原因并提出改进措施。

补植的树木要求在规格、质量和形态上与已成活植株相协调，以免干扰景观设计效果，补植工作应尽可能在适宜栽植的季节进行，若只能在非适宜季节补植，则应采取切实有效的促进成活的技术措施，以保证补植的成活率。

思考题

1.简述苗木栽植的一般程序。

2.非适宜季节栽植应该采取哪些措施提高栽植成活率？

3.苗木移栽成活期的养护管理包括哪些内容？

4 园林绿地的养护

本章导读　本章介绍了园林绿地上园林植物的土、肥、水的管理及其他养护管理，要求掌握土壤改良的方法，园林植物需水的规律及灌溉方法，园林植物需肥规律和施肥方法；掌握园林植物整形修剪的方法和措施；熟悉园林绿地管理的标准及养护管理的措施等。

4.1 施　肥

植物必需的营养元素共16种，按植物需要量的不同可分为大量元素、微量元素、超微量元素。大量元素有碳、氢、氧、氮、磷、钾、钙、镁、硫；微量元素有铁、锰、锌、铜、硼、钼、氯；超微量元素有硒、锡、锂、碘、钴、银、汞及一些稀土元素（在植物体里含量低于十万分之几，它们虽然尚未被证明是植物的必需营养元素，但却对植物生长有促进或毒害作用）。这些元素中除了碳、氢、氧可以从水和空气中得到外，土壤可以提供部分，但都不足，必须通过外来补充，主要是从施肥中得到补充。

4.1.1 肥料的种类与特点

1）*肥料的种类*

根据肥料的性质及使用效果，园林植物使用的肥料包括三大类：有机肥料、无机肥料和生物肥料等，具体肥料种类见图4.1。

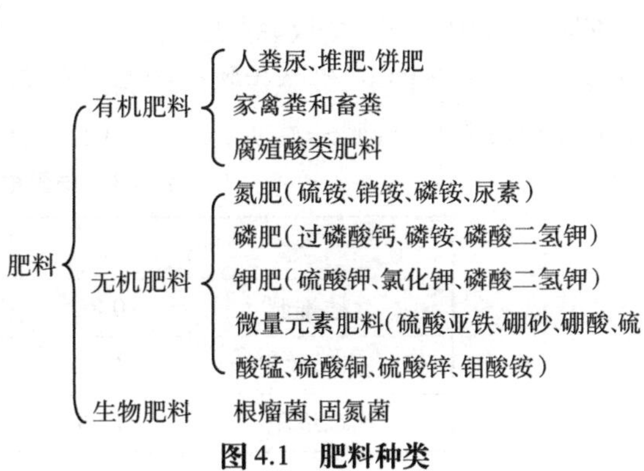

图4.1　肥料种类

2)**肥料的特点**

(1)有机肥料

有机肥料指各种植物体和动物体经加工或发酵腐熟形成的肥料。其特点是养分含量低,养分相对全面,作用慢,长效,含有机质,可改良土壤性状,施肥量大,施肥费工费力。一般多用作基肥。

①人粪尿:是含氮为主的完全肥料,人粪尿的肥分有所差别(表4.1)。可作基肥、追肥和种肥使用,而多作追肥。作追肥时先加水2~10倍稀释,再分次施用,旱地施后应盖土。浸种时宜用鲜尿,一般浸2~3 h为宜。人粪尿中常带有多种病菌和各种寄生虫卵,易传播疾病,所以在使用时应注意土壤的消毒处理。

表4.1 人粪尿的肥分(占鲜物的百分比)/%

类 别	水 分	有机物	N	P_2O_5	K_2O
人 粪	70以上	20左右	1.0	0.50	0.37
人 尿	90以上	3左右	0.5	0.13	0.19
人粪尿	80左右	5~10	0.5~0.8	0.2~0.4	0.2~0.3

②厩肥:是指以家畜粪尿为主,混以各种垫圈材料积制而成的肥料,也就是各种家畜圈肥。厩肥是含养分较完全,肥效较高的有机完全肥料。厩肥因家畜种类不同,其养分含量和性质也有所差别(表4.2)。厩肥一般宜作基肥,可全面撒施或集中施用;腐熟的厩肥也可作种肥和追肥使用。

表4.2 厩肥的平均肥料成分/%

种 类	有机质	N	P_2O_5	K_2O
猪	25.0	0.45	0.19	0.60
牛	20.3	0.34	0.16	0.40
马	25.4	0.58	0.2	0.53

③堆肥:是利用秸秆、垃圾、绿肥、污泥等混合不同的泥土、人畜粪堆积腐熟而成的肥料。这些材料在一定的条件下,经微生物作用腐烂分解,最后形成"人工"厩肥。各种秸秆堆制肥料的主要成分见表4.3。堆肥的性质、成分和作用类似厩肥,所以其施用方法与厩肥相同。

表4.3 堆肥成分/%

名 称	N	P_2O_5	K_2O
麦秸堆肥	0.88	0.72	1.32
玉米秸堆肥	1.72	1.10	1.16
稻草堆肥	1.35	0.80	1.47

④饼肥：是油料植物种子榨油后的残渣，有豆饼、花生饼、菜籽饼、茶饼等，是一种优质的有机肥料（表4.4）。我国的饼肥资源丰富，种类多。饼肥使用前应粉碎过筛，可作基肥、追肥。作基肥时，粉碎后在播种前2~3周施入土壤，每667 m^2 施25~80 kg为宜。

表4.4　饼肥养分含量表/%

种　类	N	P_2O_5	K_2O
花生饼	6.32	1.17	1.34
菜籽饼	4.60	2.48	1.40
大豆饼	7.00	1.32	2.13
芝麻饼	5.80	3.00	1.30
棉籽饼	3.41	1.68	0.97
茶籽饼	1.11	0.37	1.23
桐籽饼	3.60	1.30	1.30

⑤鸡鸭粪：禽类的粪便，是磷肥的主要来源。特别适用于观果植物。使用前应翻捣打碎，或撒施栽培地作基肥，或填入盆底，或与培养土一同沤制。

⑥草木灰：是钾肥的主要来源。可将其直接散入土中然后翻耕，也可与培养土混合。它是碱性土，可用于中和酸性土。

⑦腐殖酸类肥料：以泥炭、草炭等为原料，加入适量的速效氮肥、磷肥、钾肥制成，既含有丰富的有机质，又含有速效养分，兼有速效和缓效的特点。

（2）无机肥料

无机肥料即化学肥料，它具有养分单一，含量高，肥效快，清洁卫生，使用方便的优点，但长期单一使用，易使土壤结构破坏，板结，透气性不良，最好能配合有机肥施用。

①大量元素。

a.硫酸铵：吸湿性小，易溶于水，肥效快，是生理酸性肥料，不能与碱性肥料混用。多以水溶液作追肥。用1%~2%的水溶液施入土中，用0.3%~0.5%的水溶液喷于叶面。

b.尿素：有吸湿性，易溶于水，是中性肥料。一般用0.5%~1%的水溶液施入土中，或用0.1%~0.3%水溶液进行根外追肥。傍晚使用，以免烧伤叶片。

c.硝酸铵：吸湿性强，易溶于水，肥效快，易被植物吸收利用。但易爆炸和燃烧，严禁与有机肥混合放置。一般作追肥，用1%水溶液。

d.过磷酸钙：能溶于水，易吸湿结块，不宜久放。为酸性肥料。作为基肥效果好。也可用1%~2%的水溶液施于土中，或用0.5%~1%的溶液根外追肥。

e.磷酸二氢钾：是磷钾复合肥料，易溶于水，速效。常用0.1%左右的溶液作根外追肥。

f.磷酸铵：是氮磷复合肥料。吸湿小，易溶于水，是高浓度的速效肥料。可作基肥和追肥。

g.硫酸钾：易溶于水，速效，适用于球根、块根、块茎植物，一般作基肥效果好，也可用1%~2%的水溶液施于土中作追肥。

h.氯化钾：易溶于水。球根与块茎植物忌用。

i.硝酸钾：易溶于水，吸湿性小，适用球根等，一般用1%~2%水溶液施于土中，0.3%~0.5%

作根外追肥。

②微量元素。

a.铁肥:又称绿矾、黑矾。是酸性土植物的良好追肥,能防止黄化病,用0.2%的硫酸亚铁水溶液施于土中,可使叶片翠绿,光亮。

b.锰肥:硫酸锰,易溶于水,溶解度大。一般在开花期和球根形成期喷施效果好,浓度为0.05%~0.1%,对石灰性土壤或喜钙植物也有较好效果。

c.锌肥:硫酸锌易溶于水。根外追肥的浓度0.05%~0.2%。

d.硼肥:有硼酸和硼砂。可撒施和喷施,浓度为0.05%~0.2%。

e.铜肥:硫酸铜易溶于水,肥效快,多作追肥或根外追肥,浓度为0.01%~0.5%。

f.钼肥:钼酸铵易溶于水,对豆科根瘤菌、自生固氮菌的生命活动有良好作用。可作根外追肥,浓度为0.01%~0.1%,一般在苗期或现蕾期喷施。

③复合肥料:同时含有氮磷钾等两种或两种以上营养元素的化学肥料,有二元复合肥、三元复合肥和多元复合肥。

(3)生物肥料

生物肥料是用科学的方法从土壤中分离、选育出有益的微生物,通过培养繁殖制成菌剂,施用在土壤中,能改善根系营养环境,促进植物生长。常见的菌肥有:菌根菌肥、根瘤菌肥、自身固氮菌肥、磷细菌肥、钾细菌肥、抗生菌肥、复合菌肥。

①微生物肥料具有一些其他肥料没有的特殊作用。

a.提高化肥利用率:随着化肥的大量使用,其利用率不断降低,并且还有污染环境等一系列问题。微生物肥料在解决这方面问题上有独到的作用。根据土壤条件和作用种类,采用微生物肥料与化肥配合施用,既能保证增产,又减少了化肥使用量,降低成本,同时还能改善土壤及作物品质,减少污染。

b.微生物肥料在环保中的作用:利用微生物的特定功能,分解发酵城市生活垃圾及农牧业废弃物而制成微生物肥料,是一条经济可行的有效途径。目前主要应用有两种,一是将大量的城市生活垃圾作为原料,经处理由工厂直接加工成微生物有机复合肥料;二是工厂生产特制微生物菌剂供应堆肥厂,再对各种农牧业物料进行堆制,以加快其发酵过程,缩短堆肥的周期,同时还提高堆肥质量及成熟度。另外还有将微生物肥当成土壤净化剂使用。

c.改良土壤的作用:微生物肥料中有益微生物能产生糖类物质(约占土壤有机质的0.1%),与植物黏液、矿物胚体和有机胶体结合在一起,可以改善土壤团粒结构,增强土壤的物理性能和减少土壤颗粒的损失,在一定的条件下,还能参与腐殖质形成。所以施用微生物肥料能改善土壤物理性状,有利于提高土壤肥力。

②主要微生物肥料。

a.根瘤菌肥料:用足够数量活的根瘤菌制成的微生物肥料,叫根瘤菌肥料。利用根瘤菌肥料接种于豆科植物或其他可以与根瘤菌共生的植物上,可使植株形成较多的有效根瘤,充分发挥固氮能力,改善植物营养,促进植物生长。根瘤菌肥主要的施用方法是拌种,其用量视具体植物而定,一般大粒种子以每粒沾上 10 万个以上活菌,小粒种子以每粒沾上 1 万个以上活菌效果为好。

b.磷细菌肥料:磷细菌肥料是含有能强烈分解有机或无机磷化物的磷细菌制品,能将植物

难利用的磷化物转化为可利用的形态。磷细菌是好氧微生物，在土壤通气良好，水分适宜，温度在25～27 ℃和中性的条件下，才能生长旺盛。磷细菌肥料可作种肥，每667 m^2 施0.25～0.50 kg，也可与堆肥等混合作基肥或追肥使用。

c.硅酸盐细菌肥料：指含能分解长石、云母等硅酸盐和磷灰石的好氧性微生物制品。它能将这些难溶性矿物中的磷、钾转化为有效性磷和钾，还能固定空气中的氮素，提高植物营养水平和抗逆性。硅酸盐细菌对环境条件适应性强，对土壤要求不太严格。适宜在喜钾植物和缺钾的土壤上施用，用量为：固体型每667 m^2 施500～750 g，液体型每667 m^2 施100～200 mL。

(4)新型肥料

新型肥料应该是有别于传统的、常规的肥料。具备以下几个方面或其中的某个方面的肥料，即可认为是新型肥料。

①功能拓展或功效提高：除了提供养分外还具有保水、抗寒、抗旱、杀虫、防病等功能，市场上的保水肥料和药肥等均属于此类。另外，采用包衣技术、添加抑制剂等方式生产的肥料，使其养分利用率明显提高，从而增加施肥效益的一类肥料也可归于此类。

②新形态的肥料：除了固体肥料外，根据不同使用目的而生产的液体肥料、气体肥料、膏状肥料等，通过形态的变化，改善肥料的使用效能。如缓控释肥，即通过各种调控机制使肥料养分最初释放延缓，延长植物对其有效养分吸收利用的有效期，使养分按照设定的释放率和释放期缓慢或控制释放的肥料，有包膜(包裹)类缓控释肥料、胶结型有机-无机缓释肥料。

③新型材料的应用：包括肥料原药、肥料添加剂、助剂等，使肥料品种呈现多样化、效能稳定化、易用化、高效化。

④运用方式的转变或更新：根据植物不同、栽培方式不同而专门研制的肥料，主要解决某些生产中急需克服的问题，具有针对性，如专用配方肥、叶面肥等。

⑤间接提供植物养分：某些物质本身并非植物必需的营养元素，但可以通过代谢或其他途径间接提供植物养分，上述的生物肥料属于这类。

4.1.2 施肥的时期

植物对肥料需求有两个关键的时期，即养分临界期和最大效率期，掌握不同植物种类的营养特性，充分利用这两个关键时期，及时供给，对植物的正常生长发育起决定性作用。但由于植物的生长具有连续性，除这两个关键时期外，在植物的整个生育时期都应当适量地供给植物必需的养分。

植物养分的分配首先是满足生命活动最旺盛的器官，一般生长最快以及器官形成时，也是需肥最多的时期。因此对于木本植物，春季是植株抽梢期，应多施氮肥；夏末少施氮肥；秋季当植株顶端停止生长后，施以磷肥和钾肥为主的肥料，对冬季或早春根部继续生长的多年生植物有促进作用；冬季不休眠的植物，在低温、短日照下吸收能力也差，应减少或停止施肥。在苗期和生长期以氮肥为主；花前期和果期以磷肥为主；花后冬前以钾肥为主，促进梢成熟，减少冬季低温对梢的伤害。

对于速效性、易淋失或易被土壤固定的肥料如碳酸氢铵、过磷酸钙等，宜稍提前施用；而迟

效性肥料如有机肥,可提前施。施肥后应随即进行灌水。在土壤干燥的情况下,还应先行灌水再施肥,以利吸收并防止伤根。

4.1.3 施肥量

对植物进行施肥,施肥量的确定包括肥料的各种营养元素的比例、一次性施肥的用量和浓度以及全年施肥的次数等数量指标,施肥过多可能造成肥料的浪费、土壤的污染、植物的生长不良甚至造成肥害;用量不足又满足不了植物生长发育的需求。

施肥量受植物的习性、物候期、植株大小、树龄、土壤性状、肥料的种类、施肥的时间与方法、管理技术等诸多因素影响,因此,难以制定统一的施肥量标准。

根据报道,施用氮、磷、钾 5 : 10 : 5 的完全肥,球根类 0.05~0.15 kg/m^2、花境 0.15~0.25 kg/m^2、落叶灌木 0.15~0.3 kg/m^2、常绿灌木 0.15~0.3 kg/m^2。我国通常每千克土施氮 0.2 g、$P_2O_5$0.15 g、氧化钾 0.1 g,折合化肥硫酸铵 1 g 或尿素 0.4 g、磷酸二氢钙 1 g、硫酸钾 0.2 g 或氯化钾 0.18 g,即可供一年生植物开花结实。由于淋失等原因,实际用量一般远远超过这些数量。通常与植物需要量较大的磷、钾、钙一样,土壤中氮含量有限,大多不能满足植物的需要,需通过施肥来大量补充。其他大量元素是否需要补充,视植物要求及其存在于土壤中的数量和有效性决定,并受土壤性质和水质的影响。通常微量元素除沙质碱土和水培时外,一般在土壤中已有充足供应,不需要另外补充。

近年来,国内外已开始应用计算机技术、营养诊断等先进手段进行数据处理,对肥料成分、土壤及植株营养状况等给予综合分析判断,计算出最佳的施肥量,使施肥更加科学更加经济。

4.1.4 施肥的方法

1)施肥的原则

合理施肥是减少养分损失,提高肥料利用率、经济效益和土壤肥力的一项生产技术措施。包括有机肥料和无机化学肥料的配合、各种营养元素肥料的适宜配比、肥料品种的正确选择、经济的施肥量、适宜的施肥期和施肥方法等。

要做到合理施肥,应该遵循下面几个原则。

(1)根据土壤条件施肥

施肥时要根据土壤的性状,如土壤质地、结构、pH 值、养分状况等,确定合适的施肥措施,即"看土施肥"。在缺乏有机质和氮的苗圃地以施氮肥和有机肥为主;南方红黄壤、赤红壤、砖红壤以及侵蚀性土壤应注重磷肥;酸性沙土要适当施用钾肥。黏土的保肥性能强,每次的施肥量可适当增加;沙土保肥性能差,施用肥料每次的用量应比黏土少,"少量多次"进行施肥。

(2)根据气候条件施肥

施肥应考虑条件,即"看天施肥"。在各个气候因素中,温度和降水对施肥影响最大,它们不仅影响植物吸收养分的能力,而且对土壤中有机质的分解和矿质养分的转化、养分移动以及土壤微生物的活动等都有很大影响。夏季气温高,养分物质的分解速度快,消耗养分多,且经

常降水,容易造成养分的流失,应适当增施肥料,但应“少量多次”;而在气温低的季节,施肥次数则可适当减少,每次的施用量可多些。

(3)根据植物的特性施肥

植物的营养特性是合理施肥的主要依据。植物的不同种类、品种和生育阶段,对养分种类、数量及比例有不同的要求。不同的植物其营养特性不同。一般阔叶类植物对氮肥的反应比针叶类要好;豆科植物、果树等对磷需要量大;橡胶树却要多施钾肥。同一植物,在不同的生长发育阶段,其营养特性不同,施肥效果也不一。一般苗圃里的幼苗,主要是营养生长,对氮的要求较高;而在幼苗移栽的当年,根系往往未能完全恢复,吸收养分能力差,宜施用磷肥和有机肥;在开花结实期消耗的磷比较多,应注重磷的补充;进入生长发育的后期,则宜多施用钾肥,以增强植物的抗性。

(4)根据肥料特性施肥

要合理施肥,必须考虑肥料本身的性质与成分,采用合理的方法进行施用。例如,磷肥中的过磷酸钙适应性较广,各种土壤上均可使用,但要集中施入;而磷矿粉适用于酸性土壤,宜撒施翻埋作基肥,使它与土粒充分混合。

合理施肥应该明确施肥目的,才能确定肥料的种类、数量和施用方法等。以营养植物为主要目的者,应充分考虑植物的生物学特性,以速效养分与迟效养分相配合,适时施肥;以改良土壤为目的者,则应以传统有机肥为主,施基肥为主。同时,像整地改土、灌溉排水、中耕除草、抚育管理、防治病虫害等各项技术措施常与施肥配合,不仅能提高措施的效益,而且能更好地发挥肥料的作用。

2)施肥的方法

施肥有土壤施肥和根外追肥两种方式。

(1)土壤施肥

土壤施肥的深度和广度,应依根系分布的特点,将肥料施在根系分布范围内或稍远处。这样一方面可以满足植物的需要,另一方面还可诱导根系扩大生长分布范围,形成更为强大的根系,增加吸收面积,有利提高植物的抗逆性。由于各种营养元素在土壤中移动性不同,不同肥料施肥深度也不相同。氮肥在土壤中移动性强,可浅施;磷、钾肥移动性差,宜深施至根系分布区内,或与其他有机质混合施用效果更好。氮肥多用作追肥,磷、钾肥与有机肥多用作基肥。施肥的方法见图4.2。

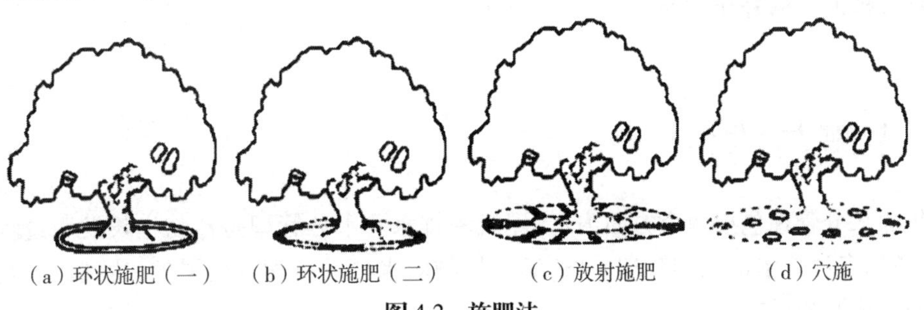
(a)环状施肥(一)　(b)环状施肥(二)　(c)放射施肥　(d)穴施

图4.2　施肥法

①环状施肥:在树冠投影圈外缘,挖 30~40 cm 宽、20~50 cm 深的环状沟,将肥料施入,覆土填平。此法通常在秋末和休眠期进行。

②放射沟施:以树干为中心,向树冠外缘由浅而深地挖 4~8 条沟,呈放射状,将肥料施入沟内覆土填平。此法多用于成年大树。

③穴施:在树冠投影圈内,按一定距离挖穴(穴宽 30 cm 左右,数量依树冠大小和施肥量而定),将肥料施入穴后覆土填平。此法适用于中龄以上的乔木、大灌木。

④全面施肥:把肥料均匀地撒在植物的树冠投影圈内的土面,再结合松土翻入土中,或将肥料撒于地被的土面,然后淋水,使肥料溶解渗入土中。此法一般适于灌木及草本植物。

⑤淋施:用水将肥料溶解后,再将肥液淋施于植物周围的土壤中。此法多用于小型灌木或草坪植物。其特点是供肥速度快,省工、省时,但肥料易流失。

施肥与灌溉结合进行,尤其与喷灌或滴灌相结合,由于施肥及时,肥分分布均匀,既节省劳力,又不破坏土壤结构,是一种高效低耗的灌溉方法。

(2)根外追肥

根外追肥又称叶面施肥,这种方法简单易行,发挥效果快,并且节约肥料,可与土壤施肥相互补充。实践证明施用复合肥效果尤佳。叶面施肥主要是通过叶片上的气孔和角质层进入叶片,之后运送到树体内和各个器官。一般喷后 15 min 到 2 h 即可被植物体叶片吸收利用。但吸收强度和速度则与叶片的叶龄、肥料成分、溶液的浓度有关。幼叶较老叶吸收快;叶背较叶面气孔多,且叶表皮具有较松散的海绵组织,细胞间隙大而多,有利于渗透和吸收,因此,一般叶背较叶面吸收率高,喷施叶面肥时,将叶背喷匀,有利于肥料吸收。

将所用的肥料溶解于水中配成肥液,用喷雾的方法把肥液喷洒于植物的叶、枝、果实的表面。要严格掌握肥液的浓度,根据肥料种类及施肥时期,通常将肥液浓度控制在 0.1%~0.2%。特别要防止因肥液浓度过高而导致对植物的肥害。配制肥液时,可加少许中性洗衣粉,以使肥液均匀地分布于叶片表面(重点是背面),便于植物吸收。喷施时间以无风的傍晚为好。此法见效快,在生长期,新植的植物未长出新根前喷洒叶面肥(如叶面素、磷酸二氢钾等),不仅有利于提高成活率,而且可使植物在较短的时间内转绿。

(3)枝干施肥

枝干施肥是通过植物的枝、茎的韧皮部来吸收肥料营养,枝干施肥的机理、效果与叶面施肥相似,有枝干涂抹和注射两种方法。枝干涂抹即在枝干相应部位刻伤,把药棉敷在刻伤处,让植物体吸收。枝干注射是用专门的仪器向枝干韧皮部注入营养液,主要是为衰老树、缺素病树以及刚移植的大树补充营养。

4.2 灌溉与排水

植物的水分管理包括两个方面内容:灌溉和排水。水分管理是植物生长发育过程中重要的环节,通过多种技术措施和管理手段,满足植物对水分的科学合理需求,达到让植物健康生长和节约水资源的目的。

4.2.1 灌溉与排水的原则

1)根据气候和不同时期调控水

植物季节不同需水量不同,干旱季节,雨水少,需要多灌溉;雨季,雨水多,需要进行排水。春季雨水多,湿度大,少灌溉;夏秋季雨水少,湿度小,多灌溉。植物生长旺盛期,对水分需求量大,需多灌溉;冬季生长缓慢,需水量少,要少灌溉;花芽分化期有些植物对水需求量小,少灌溉。

2)根据树种和栽植年限调控水

植物的树种不同它们对水分的需求亦不同。对于阔叶树,一般情况下耐淹力强的树种,耐旱力也强,因此,耐干旱的不一定常干,喜湿者也不一定常湿,应该根据四季气候不同,注意经常相应变更,如最抗旱的紫穗槐,其耐水力也是很强,而刺槐同样耐旱,但却不耐水湿,总之,应根据树种的习性而浇水。深根性树种大多数耐旱性比浅根性植物强,根系分布区域广的植物耐旱性强,对水分需求要少。

幼树和新种植树对水的需求相对多,老树对水分亦需求,但由于其生长时间长,其吸收水分的根系发达,在地下水位高和土壤含水量多的地方可以不浇水能生长良好。

从排水角度看,遇到水涝淹没地表,要尽快排出积水,植物长久浸泡水中也会造成死亡。对于柽柳、榔榆、垂柳、旱柳、紫穗槐等耐水性很强的植物,如果遇到水淹,也必须排水,否则也会出问题。

3)根据土壤情况调控水

土壤种类、质地、结构及肥力与水分有关,沙质土保水性差,应该多浇水,并能通过施肥改善土壤的保肥保水性。

在植物养护管理中,灌水应与其他栽培技术相结合。灌水与施肥结合,可以使肥料容易被植物吸收,也可以稀释肥料浓度,避免肥力过大,造成肥害。灌水与中耕除草、培土、覆盖等土壤管理措施结合,土壤管理做好了可以促进保墒,减少水分消耗,满足植物对水分的需求,从而减少人为灌水。

4.2.2 灌水的时间

灌水的时间与季节、物候期和土壤有关。植物除新植时要浇定根水外,还有生长期灌水和休眠期灌水两种。

1)生长期灌水

根据植物的生长情况灌水,植物生长旺盛期需要灌水;花芽分化前,为使新梢成熟进入花芽分化,可适当控制水分;花芽分化期灌水,对观花、观果植物非常重要,此时花芽开始形态分化,也是果实膨大期,都需要较多的水分和养分,如果缺水,会影响果实生长和花芽分化。花后也需要灌水,花后经常是新梢生长期,水分有利于新梢生长;花后果实形成如果缺水会引起大量落果。

2)休眠期灌水

秋冬季节灌水,可提高树木越冬能力,并防止早春干旱。早春灌水,不但有利于新梢和叶片的生长,还有利于开花和坐果,可使植物健壮生长,是花繁果茂的关键。

4.2.3 灌水量

灌水量与树种、品种、砧木、植株大小、生长情况、土质和气候均有关。对于地栽的花木,一般灌水让土层 80~100 cm 都应该湿润,达到土壤最大持水量的 60%~80%。表 4.5 显示了气候与需水量的关系,表 4.6 显示了土壤质地与灌水量的关系。

表 4.5 气候与需水量关系

气候条件	湿 冷	干 冷	湿 暖	干 暖	湿 热	干 热
日需水量/mm	2.5~3.8	3.8~5.0	3.8~5.0	5.0~6.4	5.0~7.0	7.6~11.4

注:表中,"冷"指仲夏最高气温低于 21 ℃;"暖"指仲夏最高气温为 21~32 ℃;"热"指仲夏最高气温高于 32 ℃;"湿"指仲夏平均相对湿度大于 50%;"干"指仲夏平均相对湿度低于 50%。

表 4.6 土壤质地与灌水量的关系

土壤质地	容重/($g \cdot cm^{-3}$)	适宜土壤含水量下限体积/%	适宜土壤含水量上限体积/%
沙 土	1.45~1.60	13~16	26~32
沙壤土	1.36~1.54	16~21	32~42
壤 土	1.40~1.55	15~18	30~35
壤黏土	1.35~1.44	16~21	32~42
黏 土	1.30~1.45	20~25	40~50

4.2.4 灌水的方法

1)地面灌水

地面灌水是水从地表面进入田间并借助重力和毛细管作用浸润土壤的方法。它是最古老也是目前应用最广泛的方法,按浸润土壤方式的不同,可分为畦灌、沟灌、淹灌和漫灌等。畦灌是先在树盘外做好畦埂,水与畦埂相齐,待水渗入后及时中耕松土,此方法应用较广泛,能保持土壤的良好结构。沟灌是用高畦低沟的方法,引水沿沟底流动浸润土壤,待水分充分渗入土

壤,此法不会破坏土壤结构,方便机械化操作。淹灌(又称格田灌溉),是用田埂将灌溉土地划分成许多格田,灌水时,使格田内保持一定深度的水层,借重力作用湿润土壤。漫灌是在田间不做任何沟埂,灌水时任其在地面漫流,借重力作用浸润土壤,是一种比较粗放的灌水方法,灌水的均匀性差,水量浪费较大。

2)地下灌水

地下灌水是利用埋设在地下多孔的管道输水,水从管道的孔眼中渗出,浸润管道周围的土壤,此法水流失少,节水,不引起土壤板结,便于耕作,但设备投入经费高。

3)喷灌

喷灌是用专门的管道系统和设备将有压水送至灌溉地段并喷射到空中形成细小水滴洒到田间的一种灌溉方法。喷灌设备由进水管、抽水机、输水管、配水管和喷头(或喷嘴)等部分组成,可以是固定的或移动的。具有节省水量、不破坏土壤结构、调节地面气候、易于定时控制、使植物枝叶保持清新状态等特点,但喷灌设备投资较高。

4)滴灌

滴灌是用专门的管道系统和设备将低压水送到灌溉地段并缓慢地滴到植物根部土壤中的一种灌溉方法。它是目前干旱缺水地区最有效的一种节水灌溉方式,水的利用率可达95%。滴灌较喷灌具有更高的节水增产效果,同时可以结合施肥,提高肥效一倍以上。其不足之处是滴头易结垢和堵塞,应对水源进行严格的过滤处理;可能引起盐分积累;可能限制根系的发展。

正确的灌水方法,要有利于水分在土壤中均匀分布,充分发挥水效,节约用水,降低灌水成本,减少土壤冲刷,保持土壤的良好性状。随着科学技术的进步,灌水方式正朝着机械化、自动化方向发展。

4.2.5 排水的方法

土壤中的水和气是一对矛盾,水分越多,气体越少,就会抑制根系呼吸,使吸收功能下降,严重缺氧时,会引起根系腐烂死亡。排水是防涝保树的主要措施。排水方法主要有以下几种:

1)明沟排水

在园内或树旁纵横开浅沟,内外连通,以排积水。一般绿地系统中总排水沟、主排水沟、支排水沟构成完整的排水系统,各级排水沟要有梯度,总排水沟地势应该最低,排水系统的布局应该与道路走向一致。

2)暗管沟排水

在地下设暗管或用砖石砌沟,借以排除积水。此方法的优点是不占地面,但设备费用较高，一般较少应用。这种系统投资较大，费工，在雨水多的地方，需要经常清除淤塞。

3）地面排水

目前大部分绿地是采用地面排水至道路边沟的办法。这是最经济的办法，但需要设计者精心的安排。一般是中间高、周边低，做成一定的坡度，直接将水排出绿地。

如无法用上述方法排除绿地地表积水，可在雨后用抽水机强行排水；对黏土地段的新植树穴，在雨季培土，使树坛土面略高于周围地面，并可在附近挖与植穴底部相通并深于植穴的暗井，在两穴的通道内填入树枝、落叶及砾石等混合物；对下填黏土的栽植地，在建设绿地时，可在种植土层下铺一层沙砾或碎石，并修暗沟。绿地中的排水系统做好，可以增加土壤气体的含量，激发土壤微生物的活动，加快有机质分解，保持土壤的良好理化性质；减少积水，保持植物正常的呼吸和正常生长发育。

4.2.6 节水措施

园林绿地作为城市中唯一具有自净能力的系统，在改善环境质量、维护城市生态平衡、美化城市景观等方面，起着十分重要的作用。但是进行园林环境的建设，无法离开水。因此，在目前水资源普遍短缺的情况下，如何合理、充分地利用灌溉用水，从而提高园林绿地灌水利用率和灌水效果，使园林绿化走上持续、健康的发展道路是急需解决的问题，发展节水型园林绿地势在必行。

1）应用节水灌溉技术

喷灌、微喷、滴灌是目前较为成熟的节水灌溉技术，已经广泛应用于国内外。喷灌、微喷是根据植物品种和土壤、气候状况，适时适量地进行喷洒，不易产生地表径流和深层渗漏。一般情况下，喷灌、微喷比地面灌溉省水30%~50%，并且浇水均匀，还可以改善周围区域内的空气质量，而且还能节省劳力，提高工作效率。

2）利用天然降水

雨水是仅次于地下水的第二大水源。但是目前的雨水的利用率还明显偏低。在园林建设中可以采用以下两种方法利用天然降水：一是有条件的单位可建立雨水蓄积工程，供应其自身的园林绿化用水；二是在人行路面采用各种透水、透空砖，使绿地草坪建设低于路面相应高度等方法，有效收集降雨、减少地面径流，用于绿地灌溉并补充地下水。

3）回收利用中水

水虽然是一种有限的不可替代的资源，但又是可再生、能重复使用的资源。再生中水，也是一种十分宝贵的水资源。城市污水经二级或三级处理净化后进行回收利用，提高污水的回用率，达标后可用于冲厕、城市景观喷水、绿地浇灌、河道用水、工厂冷却水、洗车等。

4)应用节水型植物

选择合理的园林植物种类,是发展节水型园林的重要内容。在绿地建设中应充分注重这条途径,达到节水的目的。在景观营造时应有意识地选择种植耐旱植物,例如景天科植物、枸杞、沙棘、沙枣等。同时还要因地制宜,注重乡土树种的开发和应用,大量应用耐旱植物,例如荆条、胡枝子等。并在进行植物规划时,严格控制耗水量较大的冷季型草坪的配置比例。近年来,还注重了节水地被植物的开发和利用。例如二月兰、土麦冬草、白三叶草、地被石竹、乡土野草等。

4.3 整形与修剪

整形是指通过一定的修剪措施来形成栽培所需要的树体结构形态,表达自然生长所难以完成的不同栽培功能。修剪是服从整形的要求,去除树体的部分枝、叶器官,达到调节树势、更新造型的目的。整形与修剪密切相关,植物形态是通过修剪措施实现的,而修剪又是在一定形态基础上,根据某种目的要求而实施的,它们统一于一定栽培管理目标要求。

园林植物养护管理过程中,整形与修剪是很重要的管理措施之一。园林植物的形态、姿态、生态价值、病虫害防治和安全性管理等都必须通过整形修剪措施来实现。

4.3.1 整形修剪的意义

1)调控树体结构

整形修剪可使树体的各层主枝在主干上分布有序、错落有致、主从关系明确、各占一定的空间,形成合理的树冠结构,满足特殊的栽培要求。通过修剪疏除枯枝、病虫枝、过密枝,保持一定密度和高度,减少自然灾害,避免对周边物体的损害,可控制树体生长、增强不同的景观效果。通过调节枝干方向、改变冠形,创造出具有更高观赏价值的植物造型。

2)调控开花结实

通过修剪整形可以调节体内的营养分配,协调树体的营养生长和生殖生长,促进开花结实。植物的营养生长与生殖生长是要处在平衡的状态下,才能正常开花与结果,正确地修剪整形,可以抑制枝芽的生长,促进花芽的形成;控制花和果的量,可以促进梢的形成,以避免大小年现象的产生。

3)调控通风透光

当自然生长的树冠过度郁闭时,内膛枝得不到足够的光照,光合作用产生的营养物质提供给内膛枝的也少,时间久了,致使枝条下部光秃形成天棚形的叶幕,开花部位也随之外移呈表面化;同时树冠内部相对湿度较大,极易诱发病虫害。通过适当疏剪,可使树冠通透性良好、相对湿度降低、光合作用增强,从而提高树体的整体抗逆性,减少病虫害的发生。

4)平衡树势

在植物移植前,必须对树冠进行适度修剪以减少蒸腾量,保持植物体内的水分平衡,提高植物移植的成活率。通过适度修剪可刺激枝干皮层内的隐芽萌发,诱发形成健壮的新枝,达到恢复树势,更新复壮的目的。

4.3.2 整形修剪的依据

1)依据园林功能

不同的植物在园林景观中的作用功能是不同的,必须根据园林绿化对植物的功能要求进行整形修剪。在主景区或规则式园林中,修剪整形应精细,并进行各种艺术造型,使园林景观多姿多彩,新颖别致,吸引游人;在游人较少的地方,或在以古朴自然为主格调的游园和风景区中,采用粗剪的方式,保持植物粗犷、自然的树形。

图 4.3 自然式

图 4.4 蘑菇形

图 4.5 圆台形

图 4.6 长方形

图 4.7 圆柏的圆柱形造型

以观花为主的植物，如大红花、桃花、樱花、金凤花、紫薇等，应以自然式为主（图4.3），使植物上下花团锦簇；绿篱类宜采用规则式修剪，以展示植物群体组成的几何图形美（图4.4、图4.5、图4.6）；庭阴树以自然式树形为宜，以形成浓密、开阔的树冠。松柏类的针叶树种多不进行整形和修剪，多采用其自然树形，每年仅是修去病虫树、枯枝。但如果为了一些特殊造型的需要，可以对其进行修剪，如截去它们的顶端，即可将圆锥形变成圆柱状（图4.7）。

2）根据树种的生长发育习性

整形修剪在满足其功能要求的基础上，还必须根据其生长发育的习性来修剪。

（1）根据分枝特性

对于主轴分枝的树种，顶芽生长势特别强，形成明显的主干与主侧枝的从属关系，应采用保留中央领导干的整形方式，注意控制侧枝，剪除竞争枝，促进主枝的发育，如银杏、白杨等；具有合轴分枝特性的，宜修剪成几个势力相当的侧枝形成多叉树干，如桂花、桃花等；具有假二叉分枝的树种，为培养主干，可剥除其中一个芽来促进主干生长；具有多歧分枝的，或采用抹芽或短截主枝的方法培养中心主枝。

为使植物能健康生长，均衡生长，树形优美，必须要了解各类植物的分枝特点，注意各类分枝间的关系。植物的主侧枝修剪方式有所不同，强主枝由于具有较多的新梢，叶多，树体合成营养物质的能力强，枝条的生长会更加强壮；而弱主枝由于枝梢少，叶少，树体得到的营养物质少，合成的营养物质也少，表现出强主枝越强，弱主枝越弱，为平衡各枝间的生长势，必须对强主枝强剪，弱主枝弱剪，扶弱抑强。侧枝是构成树冠、形成叶幕、开花结实的基础枝条，侧枝生长过强或过弱都会影响花芽分化，对弱侧枝强剪，可使养分高度集中，促进强壮枝条的产生，使弱枝生长加强；而对强侧枝进行弱剪，这有利于适当抑制枝条生长，将养分集中于花芽分化，花果的生长发育对强侧枝也有抑制作用，使侧枝均衡生长。"对强主枝强剪（留短些），对弱主枝弱剪（留长些）；强侧枝弱剪，对弱侧枝强剪。"使植物均衡、健康生长，开花结果正常。

（2）根据发枝能力

不同的植物由于芽的萌发能力、潜伏芽寿命不同，整形修剪的时间、修剪的次数和修剪的程度都应该有所不同。萌发力强的植物，可以多修剪、重剪，如羊蹄甲、大叶黄杨等；萌发力弱的植物，可以少修剪，轻剪，如玉兰、桂花等。

（3）根据开花习性

植物体的花芽分化习性差异很大，开花有不同：有的植物先花后叶，有的先叶后花，有的花叶同时生长；着花的位置有不同：有着生侧枝顶端，有的着生于枝条的中下部；花的性质不同：有纯花芽的，有混合芽的；所有的这些性状特点，都要求在整形修剪时，给予考虑。

花芽分化在夏秋季、开花在春季的植物，其修剪应在花后进行；当年一次花芽分化的植物，修剪可在休眠期进行；一年多次花芽分化的植物，修剪可在每一次花后剪除残花，促进新梢生长发育，可使植株再次开花。

（4）根据年龄时期

幼龄树除特殊需要外，只宜弱剪，不宜强剪，应该多留枝叶，培养营养物质累积，以培养树体形貌为主。成年树应配合其他管理措施，综合运用各种修剪方法以达到调节均衡的目的，使植株保持健壮完美、繁茂和丰产、稳产。衰老树应以强剪为主来刺激其恢复生长势,并应善于利用徒长枝来达到更新复壮的目的。

3)根据树木生长地点的周围环境

植物的生长发育与环境条件关系密切,在生长空间有限的情况下,应该控制植物的树冠,既要培养出良好的冠形又要能让植物得到充足的阳光,健康生长;若生长空间大,则可以在不影响周边其他植物的情况下,开张枝干角度,最大限度地扩大树冠。盐碱地、瘠薄土壤地、干旱地,或在风口处的植物,都应该适当疏剪枝条,降低茎干高度培养矮冠,并保持良好的透风结构,以减少不利环境条件下植物的伤害。植物还可以因地形而整形,在置石边上、在土坡上、在建筑边上配置植物,可以有不同的造型,通过修剪整形而达到不同的景观效果。

在不同的气候带,修剪方法也应有所侧重。在干燥的北方地区,修剪不宜过重,尽量保持较多的枝叶,使其相互遮阳,以减少蒸腾,使植物体内保持较高的含水量,避免干梢和焦叶。在冬季长期积雪的地区,对枝干较易折断的植物应重剪,缩小树冠体积,以免积雪压断大枝。在南方特别是湿热的地区,要通过疏剪增加树冠的通风透光性,以减少病虫害。

4.3.3 整形修剪的时期

整形修剪一般一年四季均可进行,但是,不同植物的生长习性不同,要根据植物的生长发育的特性,选择适当的时间和方法进行修剪,才能达到目的。

对园林植物修剪整形的时期,在生产实践中要灵活掌握,但最佳时期的确定应至少满足以下两个条件:一是不影响植物的正常生长,避免剪口感染;二是不影响植物开花结果,不破坏原有的冠形。不同地区、不同类型的植物,修剪适期不尽相同。

一般来说,落叶树在休眠期修剪,热带、亚热带地区原产的乔、灌观花植物在缓慢生长期(11 月至翌年 3 月初)修剪。冬季修剪的具体时间应根据修剪后伤口是否受冻害来确定。冬季严寒的北方地区,一般植物以早春修剪为宜,而对需保护越冬的花灌木,在秋季落叶后立即重剪,然后埋干或卷干。冬季温暖的南方地区,自落叶后至翌春萌芽前都可修剪。有伤流现象的树种,要在春季伤流期前进行。冬季修剪对树冠的构成、枝梢的生长、花果枝的形成等有重要作用,一般采用截、疏、放等修剪方法。落叶树生长期修剪一般采用抹芽、除蘖、摘心、环剥、扭梢、疏剪等修剪方法,以调控树姿与开花结果。

常绿植物、一年内多次抽梢开花的植物、观叶观姿态的植物,特别是规则式修剪整形的植物,一般在生长期进行修剪。常绿树没有明显的休眠期,春夏季可随时修剪生长过长、过旺的枝条。对一年内多次抽梢开花的植物,花后及时修剪,使其抽发新枝,开花不断。对观叶、观姿植物,要随时剪去扰乱树形的枝条。对规则式修剪整形或特殊造型的植物,如绿篱、圆球形植物、圆柱形植物、动物形式的植物等,在生长期内要进行多次的定型修剪或维护修剪,以使植物尽快成型或长期保持最佳的观赏形态。常绿树生长期的修剪方法与落叶树基本相同。

4.3.4　整形修剪的方法

1）园林植物的整形方式

植物的整形方法主要有三大类：自然式整形、人工式整形、自然和人工混合式整形（图4.8）。

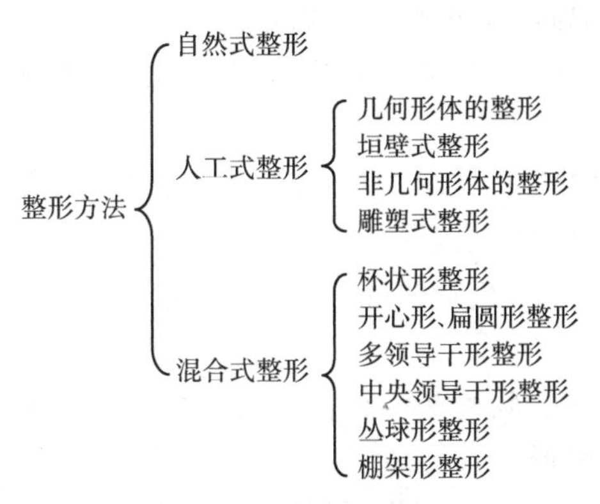

图4.8　整形方式

（1）自然式整形

用各种修剪技术措施，对树冠和形状进行辅助性的调整，形成自然树形。主要是剪去与树形形状不合的徒长枝、内膛枝、枯枝、并生枝和病虫枝等。自然式整形是符合树种本身的生长发育习性，充分发挥树种的树形特点。常见的自然式修剪整形有以下几种（图4.9）。

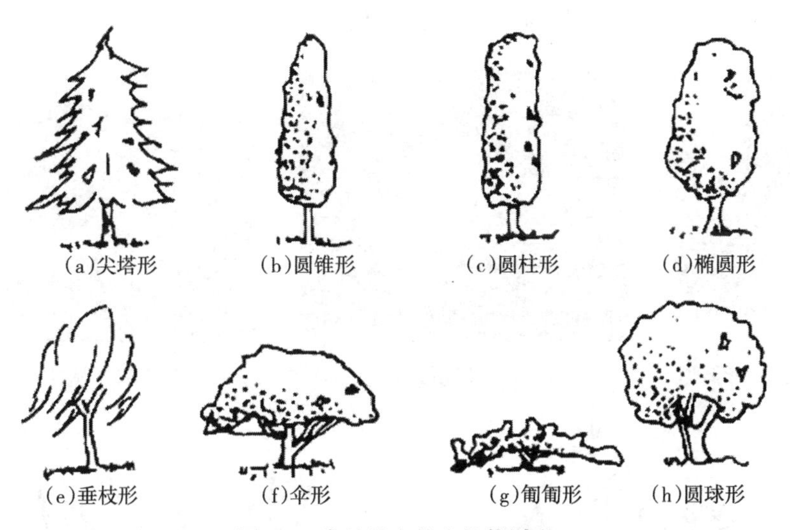

图4.9　常见的自然式修剪树形

①尖塔形：单轴分枝的植物形成的冠形之一，顶端优势强，有明显的中心主干，如雪松、大叶竹柏、落羽杉等。

②圆锥形：介于尖塔形和圆柱形之间的一种树形。由单轴分枝形成的树冠，如桧柏、银桦、象牙树等。

③圆柱形：单轴分枝的植物形成的冠形之一。中心主干明显，主枝长度从上至下相差较小，形成上下几乎等宽的树冠，如印度塔树、龙柏、钻天杨、巨尾桉等。

④椭圆形：合轴分枝的植物形成的树冠之一，主干和顶端优势明显，但基部枝条生长较慢，大多数阔叶树属此冠形，如加杨、乐昌含笑、阴香、蓝花楹等。

⑤垂枝形：有一段明显的主干，但所有的枝条向下垂悬，如垂柳、龙爪槐、垂桃等。

⑥伞形：一般是合轴分枝形成的冠形，树冠开张，形如伞，如凤凰木、合欢、鸡爪槭等。

⑦匍匐形：植株枝条匍地而生，如偃松、偃柏等。

⑧圆球形：合轴分枝形成的冠形，如馒头柳、樱花、黄连木、黄槐等。

（2）人工式整形

由于园林绿化对植物有特殊的要求，很多情况下，要对植物进行人工修剪，对植物进行各种整形，以达到园林绿化对植物的功能要求。

①几何式造型：按照一定的几何形体进行修剪形成的造型。如正方形、长方形、球形、圆柱形、圆台形等（图 4.10）。

②非几何型造型：人为地将植物整成各种特殊造型。如雕塑式造型、垣壁式造型等（图 4.11）。

（3）自然与人工混合式整形

①丛球形：将植物培养成多干形，即主干低矮，主干上留数个主枝，使形状呈低矮丛球形，园林中常见此造型（图 4.12）。

②开心形：开心形留 2～3 个主枝，每个主枝留两个副主枝，交错分布（图 4.13）。

③杯状形：具有典型的三叉六股十二枝的冠形，萌发后选 3～5 个不同方向，分布均匀并与主干成 45°夹角的枝条作为主枝，在各主枝上又留两条次级主枝，在各次级主枝上又再保留两条更次一级的主枝，以此类推，即形成似假二叉分枝的杯状树冠（图 4.14）。

图 4.10　圆柱形造型

图 4.11　雕塑式造型

图 4.12　丛球式造型

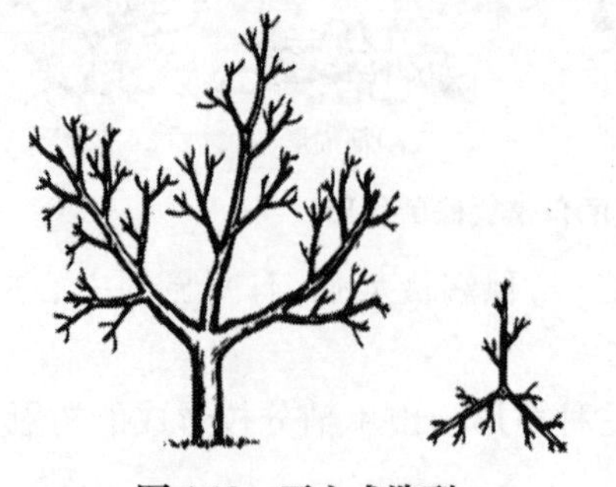

图 4.13　开心式造型

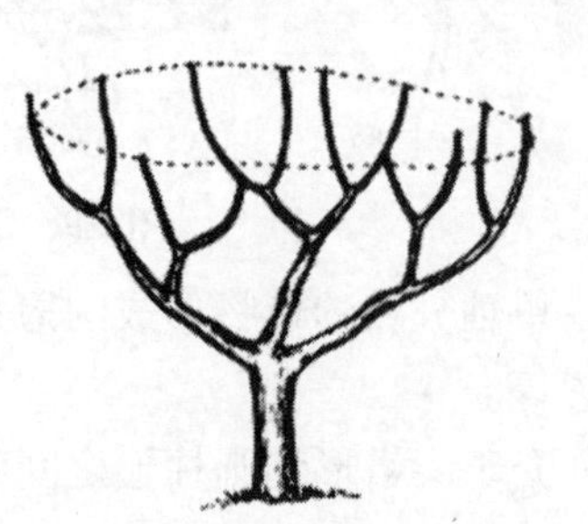

图 4.14　杯状形

④中央领导干形：此形式适用于顶端优势强的树种，能形成高大的树冠。在强大的中央主干上留分布均匀的主枝（图 4.15）。

⑤多领导干形：留 2~4 个中央主干，其上均匀分布侧枝和次级侧枝（图 4.16）。

⑥棚架式造型：用藤本植物装饰棚架、亭、廊、花架等（图 4.17）。

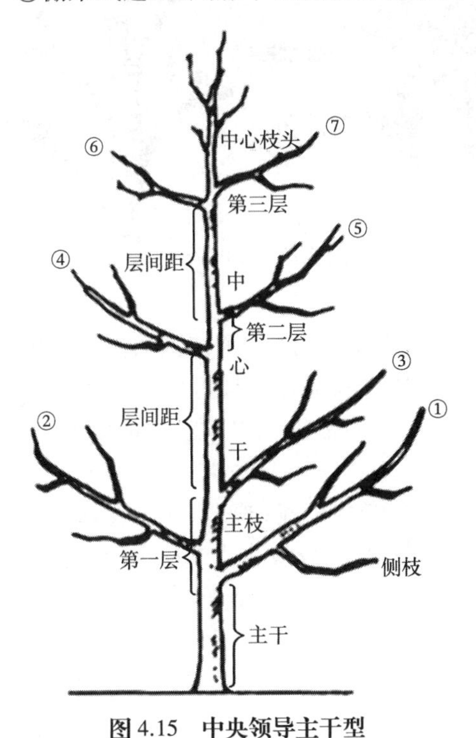

图 4.15　中央领导主干型

图 4.16　多领导主干型

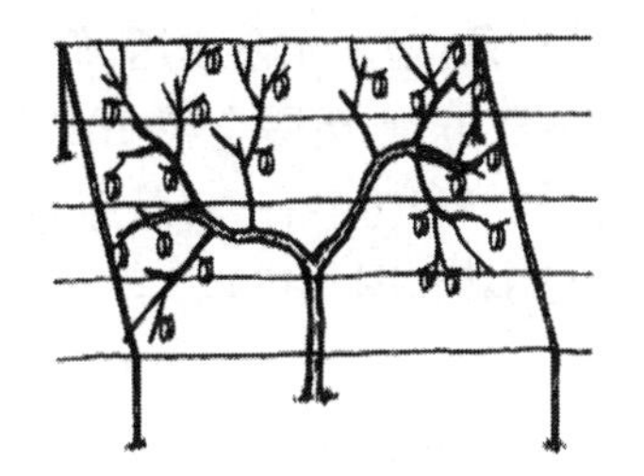

图 4.17　棚架式造型

2）整形修剪的措施

园林植物种类繁多，园林绿地对植物的功能要求也不同，因此，园林植物的整形方式也不同，要达到各种功能的整形方式，可以通过以下措施来实现。

（1）截

对一年生枝剪截，称短截；对多年生枝的剪截，称截干或回缩（图 4.18）。

短截可改变顶端优势，使枝条分布均匀，使养分相对集中，刺激剪口下方侧芽的萌发，增加枝条数量，促进营养生长和开花结实。短截可分为：轻短截、中短截、重短截和极重短截。轻短截是剪去枝条全长的 1/5~1/4，主要用于观花、观果类强壮枝的修剪。中短截是剪去枝条全长的 1/3~1/2，主要用于骨干枝和延长枝的培养及弱枝的复壮。重短截是剪去枝条全长的 2/3~3/4，适用于弱树、老树和老弱枝的复壮更新。极重短截是留基部的 2~3 个芽，其他部分全部剪除，主要用于竞争枝的处理。

回缩可促使剪口下方的枝条旺盛生长或刺激休眠芽萌发徒长枝，对枝条起复壮更新的作用。在树体开始出现生长势减弱、部分枝条下垂时使用。

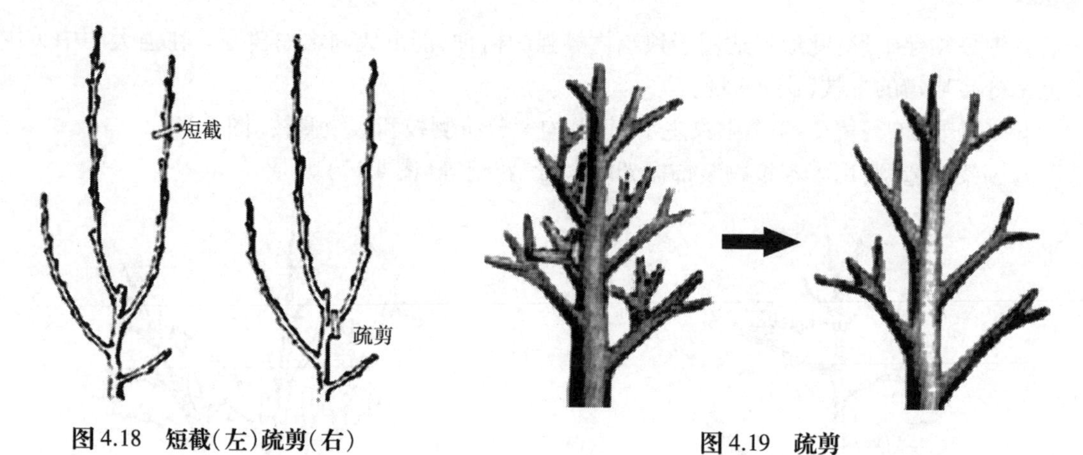

图4.18　短截(左)疏剪(右)　　　图4.19　疏剪

(2)疏

将枝条从基部剪除的方法称为疏。疏除减少了总枝叶的量,对整个植株的生长有削弱作用,疏枝能控制枝条旺盛生长,或调节树体整体和局部的生长势。疏枝可以改善植株透光状况,减少病虫害,主要是疏除病虫枝、枯枝、老枝、弱枝、位置不当枝、徒长枝、过密枝等,疏枝之后,可使留下枝条,增加光合作用,促进花芽分化。

疏剪要分次进行,疏除全树10%枝条为轻疏;10%~20%为中疏;20%以上为重疏。疏剪程度应与树种、树势和树龄有关,萌芽力强、成枝力弱或萌芽力弱、成枝力弱的应少疏;萌芽力强、成枝力强的可多疏(图4.19)。

(3)伤

用各种方法伤植株的任何部位,以达到调整枝条的生长势、缓和树势的方法称为伤。主要是对局部生长势进行调整,对整个树势影响不大。包括:环剥、环刻、绞缢、折裂、扭梢、刻伤、摘心、摘叶、屈枝、断根等。

①环剥:用刀在枝条适当部位,环状剥去一定宽度的树皮,不伤木质部,可以减少叶片上光合作用的营养物质向下输送,使营养集中在环剥位的上方,有利于促进养分累积,促进花芽分化和开花结实。环剥不宜太宽,一般约为枝直径的1/10,伤口在一个月内能愈合为限(图4.20)。环刻与绞缢与环剥相似,相对的伤没有环剥大。

②折裂:曲折枝条,为了造型的需要。用刀插入枝条,深达枝条直径的1/3~1/2,然后小心地将枝弯折,并用木质部折裂斜面相互顶住。伤口处要抹泥或封蜡,可以减少水分蒸腾(图4.21)。

图4.20　环剥

图4.21　枝条折裂

图4.22　扭梢

③扭梢:也称捻梢。将新梢屈曲扭转不折断的措施。此法可以阻碍养分的运输,从而使生长势缓和,促进中、短枝的形成,有利于花芽分化。扭梢适合于叶片小、量少、剪枝会影响养分累积的植物(图4.22)。

④刻伤:用刀在芽上或下方横切或纵切,深及木质部的方法。

a.目伤:在芽的上方进行记刻伤,切口形似眼睛,伤及木质部,以阻止水分和矿质养分向上输送,促使在切口下部萌芽抽枝;若在芽的下方刻伤,可使枝生长势减弱,有利于有机营养物质的积累,促进花芽的形成(图4.23)。

b.纵伤:在枝干上用刀纵伤,深及木质部,以减少树皮的束缚,促进枝条的加粗生长。

c.横伤:对树干或粗大枝横切数刀的方法。主要的作用是阻滞有机养分向下输送,促进枝条充实,促进开花结果(图4.24)。

(4)摘心

摘心指摘除新梢的顶端生长部位,去除顶端优势后,促使侧芽萌发生长,促使树冠早日形成;适时摘除侧枝顶芽,可使枝、芽充实饱满,提高抗寒力(图4.25)。

图4.23　目伤

图4.24　横伤

图4.25　摘心

(5)摘叶

摘叶指适当摘除过多叶片,可以改善植株的通风透光条件,减少病虫害。

(6)屈枝

屈枝是用各种辅助材料对枝条实施屈曲、缚扎或扶立等。用此法可以控制枝梢或其上的芽。树桩盆景经常采用此法进行整形,以达到特殊造型的目的(图4.26)。

图4.26　盆景屈枝

图4.27　拉枝

(7)断根

将植株的根系在一定范围内行断根的措施称为断根。此法可以抑制树木生长过旺。在大树移植时,可用此法,将树体周边一定范围内,有大量可以吸收水分和养分的根系进行断根处理,移植过程中提高成活率。

(8)改枝

改变枝向,缓和枝条生长势的方法称为改枝。通过此法改变枝条的角度和方向,以达到均衡树势,或达到造型的目的,如拉枝(图4.27)等。

4.3.5 整形修剪的程序

1)修剪的程序

(1)制订修剪方案

修剪前应先对要修剪的植物进行观察分析,根据目的、要求,制订具体的修剪及保护方案,确保修剪结果能按要求实现,并保证安全。

(2)培训人员,熟悉修剪规程

修剪前必须对参与人员进行培训,掌握使用工具的操作技术、操作规程、技术规范、安全保护及特殊要求等。

(3)安全作业

作业人员的安全教育和安全防范,操作人员必须要有安全保护装备,确保生命安全。操作范围周边必须有安全防范,确保行人的安全和周边建筑、设施的安全。

(4)清理现场

修剪后要及时运走修剪下来的枝条、枝干等,最好能将修剪下来的枝条和枝干进行粉碎,直接变成肥料,埋入土壤中,用于肥沃土壤。

2)修剪时需注意的问题

(1)修剪顺序

修剪时要掌握“由基(下)到梢(上),由内及外”,即由主枝的基部自内向外逐渐向上修剪。先粗剪后细剪。一般从疏剪入手,先修枯枝、病虫枝、密生枝、重叠枝、位置不当枝等,之后对留下的枝条进行短剪、疏除,最后再进行补缺补漏。

(2)剪口处理

剪口芽的方向是将来延长枝的生长方向,在垂直方向上,每年修剪其延长枝时,所留的剪口芽的位置方向与上年的剪口芽方向相反(图4.28)。剪口芽留枝条外侧的,可以扩张树冠;剪口芽留枝条内侧的,可填补内膛空位。枝条近基部的芽是比较饱满、比较大,枝条顶端的芽相对比较小和弱,为抑制生长过旺,应选留弱芽为剪口

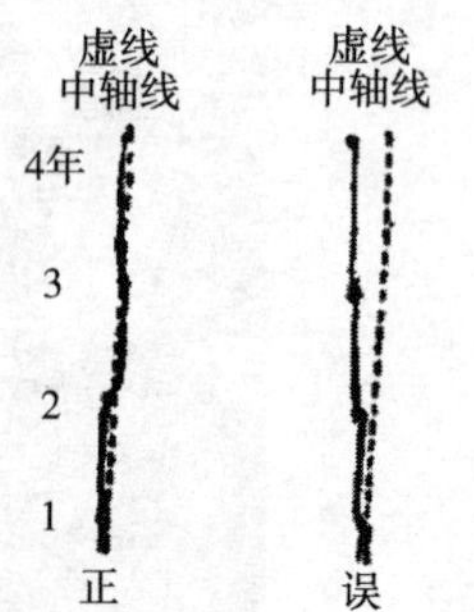

图4.28 垂直主干延长枝的逐年修剪法

芽;要促使枝条生长旺盛,则选留饱满的为剪口芽。

剪口的修剪方法见图4.29。正确的修剪方法如图4.29的1所示。即剪口的斜切面应与芽的方向相反,其上端与芽端相齐,下端与芽的腰相齐。

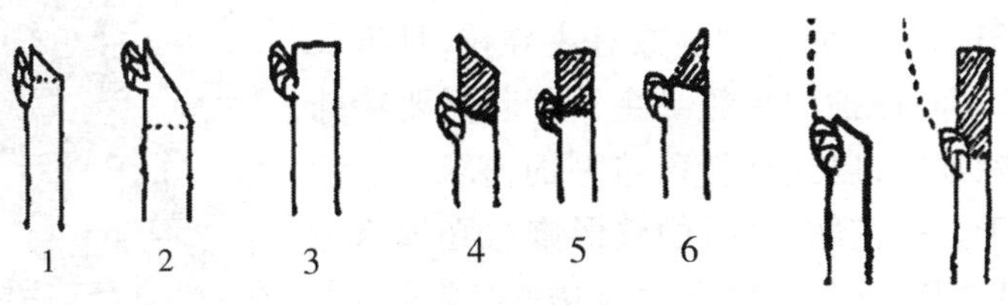

图4.29 修剪图例

1为正确方式,2、3、4、5、6不正确,但4、5可以在多旱风的地区使用,过旱风期进行第2次修剪

(3)截枝方法

为避免大枝剪截过程中,枝条断裂时撕裂树皮,应该采用三步锯截法,在距截口25 cm处由下到上锯一切口,深至枝条直径的1/2~1/3,然后在距第一锯口的外侧5 cm处自上而下锯截,与第一个切口贯穿时,枝条折断,切口用利刀修整光滑,涂上保护剂或用塑料薄膜包上(图4.30)。

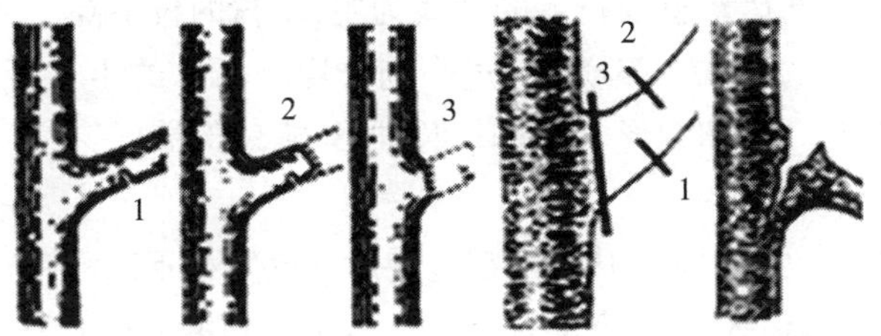

图4.30 截枝方法

图中1、2、3是正确方法

(4)截口的保护

截口修整好后,为预防伤口受病菌感染,要采用保护措施。保护蜡用松香2 500 g+黄蜡1 500 g+动物油500 g配制,配制方法是先用温火加热动物油,然后加入松香和黄蜡,不断搅拌至全部溶化即可。由于保护蜡冷却后会凝固,使用时先加热,使之溶解,再涂抹在植物的伤口上。

油铜素剂用豆油1 000 g+硫酸铜1 000 g+熟石灰1 000 g配制,配制方法是先将硫酸铜、熟石灰研成粉末,然后煮沸豆油,再将硫酸铜和熟石灰加入油中搅拌,冷却后即可用。

3)常用的修剪工具

常用的修剪工具有:枝剪、大平剪、高枝剪、手锯、高枝锯、电锯、油锯、环剥刀、绿篱修剪机、高梯等。

4.3.6 常见苗木的整形修剪

园林植物因栽培目的、园林功能和生长状况不同,整形修剪的方法也不同。根据园林植物的种类不同,分别说明它们的修剪要点。

1)松柏类的剪整

图4.31　自然形

对于松柏类针叶植物,一般情况下,让它们自然生长,不进行修剪(图4.31),由于它们大多数有主导枝、且生长较慢,因此,应注意小心保护中央领导主干。若需要特殊造型的,那可以截除顶端,以达到特殊造型的需求。在栽培管理过程中,对于这类植物,平时的整形修剪必须修除病虫枝、枯枝、衰弱枝和过密枝,以利通风透光,减少病虫害的感染。有研究表明:减少1/3的过密枝对此类植物的生长发育影响不大。

2)行道树的剪整

对于行道树多以树体本身的自然树形为主,每年适当修去部分病虫枝、过密枝、衰弱枝等。行道树的主干高度应以不妨碍车辆及行人的视线为主,植株的枝下高以2.5~4.0 m为宜。行道树的树冠高度以占全树高的1/2~1/3为宜,过小则会影响树木的生长量及健康状况。行道树冠形一般采用杯状形、圆球形、卵圆形、尖塔形、圆锥形、椭球形等。

(1)杯状形树形的修剪

对主干不强或不明显(无主轴)的树种,在定植后先确定枝下高,将所定分枝点以下的枝条全部剪除,然后在树干上选留3~5个方向合适的主枝进行短截,其他的全部疏除。待所留主枝萌芽抽梢后在各主枝上选留3~5个萌条作二级分枝,其他的萌条剪除,翌年再对所保留的二级分枝进行疏剪和短剪。最后全株选留6~10个二级分枝,所保留的二级分枝要分布均匀,并在侧芽健壮处短剪。修剪应比计划多留几个分枝以作备用。

对有主干、萌芽力和成枝力较强的树种,定植时或于春季在离地面3.5 m处截干(俗称"抹头"),在主干上选定3~5个在枝下高以上、分布均匀的新梢作主枝培养,令其向侧方生长。当年秋冬对所选留的主枝进行短剪,通过调整主枝的长度使剪口芽在主枝的两侧,并使树高基本相同。翌年的春夏季在主枝上进行抹芽。第三年,主枝上只保留2~3个侧枝,其余的疏除,并在侧枝的50~80 cm处短截,剪口留健壮的侧芽,3~5年后可培养成杯状形树冠。

上述两类树种的栽植点均应选在电线的下方。定植后,随着树木长大,枝条有接近电线的危险时,随时剪去向电线方向生长的枝条,使枝条与电线间的距离保持在1 m左右,最后使树形呈杯状,骨干枝从两边抱着电线生长,形成较大的对称树冠。对树冠侧斜的树木,应重剪侧斜方向的枝条,另一方则轻剪,以使偏冠得以纠正,避免遇大风倒伏的危险。

(2)圆球形或卵圆形树形的修剪

中央主干不明显或较弱的树种,定植后根据要求选定枝下高,并疏去枝下高以下的分枝;选留主枝,可分两层,每层3~4条分枝,下层分枝长度为30~50 cm,上层分枝长度为20~40 cm,层间距离依实际情况而定。经3~5年的培养,可形成圆球形或卵圆形树冠。

(3)圆锥形树形的修剪

定植后,根据要求确定枝下高,并疏除所定分枝点以下的枝条。保持树木的顶端优势,无中央领导枝的可选取健壮的侧芽或一直立生长的侧枝代替,附近其余的侧枝或侧芽全部抹除或疏剪;选留主枝,将树冠疏剪成3层,每层保留3条左右的分布均匀、基本在同一高度上的分枝,层间距离基本相等,其余分枝或侧芽全部疏剪或抹去。对分枝进行短截,第一层分枝的长度为30~50 cm,第二层分枝的长度为20~35 cm,第三层分枝的长度为10~20 cm。经3~5年的培养,可形成圆锥形树冠。

3)灌木类的剪整

(1)观花类

对以观花为主要目的树木的修剪,必须考虑植物的开花习性、着花部位及花芽的性质。

①早春开花种类:绝大多数种类其花芽是在头一年的夏季进行分化的,花芽着生在二年生的枝条上,个别着生在多年生枝条上。修剪一般在开花之后的春末夏初进行,也可在休眠季进行。在休眠季进行修剪时要注意:对具有顶生花芽的种类,不能短截着生花芽的枝条,对具有腋生花芽的种类,则可以短截枝条;对具有混合芽的种类,剪口芽可以留花芽混合芽;具有纯生花芽的种类,剪口芽必须留叶芽,而不能留花芽。修剪的方法以截、疏为主,综合运用其他的修剪方法。

对于具有拱形枝条的种类(如连翘、迎春等),虽然其花芽着生在叶腋,但也不采取短截修剪,而是采用疏剪并结合回缩,疏除过密枝、枯死枝、病虫枝及冗长扰乱树形的枝条,回缩老枝,促进强壮的新枝,以使树冠饱满。

②夏秋开花的种类:此类植物如八仙花、紫薇、木槿等,花芽着生在当年抽生的新梢上。其修剪时间通常在落叶后至早春萌芽前进行。修剪方法因树种而异,主要是短截与疏剪相结合。对有的植物在花后还应去除残花,以集中养分延长花期,还可使部分植物(如珍珠梅、锦带花、紫薇等)二次开花。此类花木修剪时应特别注意:不要在开花前进行重短截,因为此类花木的花芽大部分着生在枝条的上部和顶端。

③一年多次抽梢开花的种类:此类植物一年多次抽梢开花,修剪在每次花后进行。

另外,常将一些花灌木如蜡梅、扶桑、月季、米兰、含笑等修剪整形成小乔木状,以提高其观赏价值。修剪整形方法是:此类植物的丛生枝条集中着生在根颈部位,在春季选留株丛中央的一根主枝,剪除周围的枝条,在以后的修剪中仅保留该主枝先端的4根侧枝,其他的剪除,随后在这4根侧枝上又长出二级侧枝,这样便可把一株灌木修剪成小乔木状,花枝从侧枝上抽生而出。对萌芽力极强的种类或冬季易枯梢的种类,如胡枝子、荆条、醉鱼草等,可在冬季平茬,使其翌春重新萌发新枝。迎春、丁香、榆叶梅等灌木,在定植后的头几年任其自然生长,待株丛过密时再进行疏剪与回缩,否则会因通风透光不良而不能正常开花。

(2)观果类

对于观果类园林植物,修剪时间和修剪方法与早春开花的种类大体相同,所不同的是,这类花木应特别注意疏除过密枝,以利通风透光,减少病虫害,促进果实着色,提高观赏效果。花后一般不作短截,但为了提高坐果率和促进果实生长,往往在夏季采用环剥、缚缢、疏花、疏果等修剪措施。

(3)观枝类

对于观枝类花木,如棣棠、红瑞木等,为了延长其观赏期,一般在冬季不做修剪,而到早春芽萌动前修剪,以供冬季观赏。这类花木的嫩枝最鲜艳,老干的颜色往往较暗淡,因此,需要年年重剪,促发更多的新枝,同时逐步疏除老枝,不断进行更新。

(4)观形类

这类花木常见的有垂枝桃、垂枝梅、合欢、龙爪槐等。不但可观其花,更多的时间是观其潇洒飘逸的形。修剪方法因树种而异,如垂枝桃、垂枝梅、龙爪槐短截为扩大树冠时不留下芽,而留上芽。并对垂枝作适当修剪,提高树冠的观赏性;合欢树成形后只进行常规的疏剪,不再进行短截修剪。

(5)观叶类

这类花木有观早春叶的,如山麻秆等;有观秋叶的,如银杏、元宝枫、枫香等;还有全年叶色为紫色或红色的,如紫叶李、紫叶小檗、红枫、美国紫叶红栌等。其中有些种类如加拿大红叶紫荆、美国红橡树等不但叶色奇特,花也很具观赏价值。对既观花又观叶的种类,往往按早春开花的种类修剪;其他观叶类一般只作常规修剪。对观秋叶的种类,要特别注意保叶的工作,防止因病虫的危害影响叶片的寿命及观赏价值。另外,此类树种忌夏季重短截和7月份以后的大肥大水,以免造成树木贪青徒长而遭受冻害,导致叶片生长过旺,气温降低时叶片不变色,温度再继续降低时枝梢失水抽干,叶片枯在枝梢上经冬不落。

(6)放任花灌木的修剪

这类花木由于种种原因错过修剪时机,枝干密挤,树冠外围小枝多而弱,基部"脱脚",且病虫害多。一次修剪过重不仅树木不成形,而且生长势削弱太大;修剪轻了,又难以见效。对这类花木的修剪,要因枝修剪,因树造型,循序渐进。长期没有修剪的丛生花灌木,不应一次将老干全部疏除,宜逐年将老干疏除,以免抽生过多的萌蘖而消耗大量养分。对树势不均衡的花木,可以在树冠较密处缩剪,并调节枝叶量,以达到树势的均衡。对于萌蘖性强的种类,可齐地平茬,令其重发新枝。在重要景点或游人较多的区域,最好不采用平茬的方法更新,以免影响景观。

4)绿篱的剪整

绿篱应选择萌芽力强、发枝力强、愈伤力强、耐修剪、耐阴力强、病虫害少的植物。绿篱的高度一般按使用功能来决定,有绿墙(160 cm 以上)、高篱(120~160 cm),中篱(50~120 cm)和矮篱(50 cm 以下)。高度不同的绿篱,采用不同的整形方式,一般有下列两种。

(1)绿墙和高篱

绿墙和高篱对修剪整形要求不严,只要适当控制高度,剪除病虫枝、枯枝即可,一般每年修剪一两次(图4.32)。

图4.32　绿墙

(2)中篱和矮篱

中篱和矮篱常用于草地、花坛镶边,或组织人流的走

向，多采用几何图案式的剪整（图 4.33）。绿篱种植后剪去高度的 1/3～1/2，促其多发枝发壮枝。此种绿篱每年至少修剪 3 次，以保持整齐美观。整形修剪时要顶面与侧面兼顾，不能只修顶面不修侧面，不然易造成顶部枝条旺长，侧枝斜出生长。从篱体横断面看，以矩形或上小下大的梯形较好，以保证下面和侧面的枝叶采光充足、正常生长、通风良好。

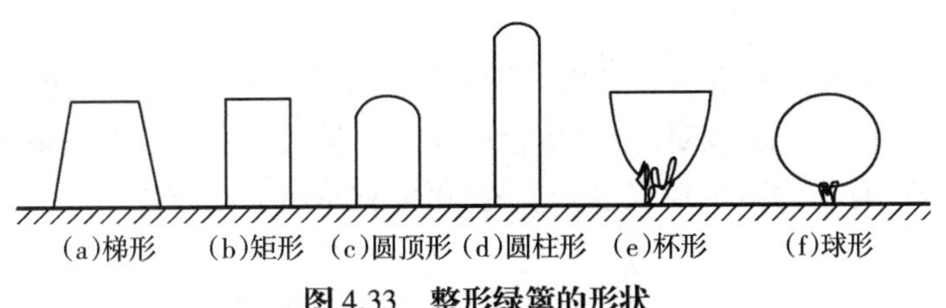

图 4.33　整形绿篱的形状

5）藤木类剪整

（1）棚架式

棚架式应在近地面处重剪，形成数条强壮主蔓，人工诱引主蔓至棚架上，并使侧蔓均匀地分布在架上。每隔数年将病虫枝、老枝、枯枝和过密枝疏剪。

（2）凉廊式

凉廊式常用于卷须类、缠绕类、吸附类植物。将主蔓引上凉廊的侧方和廊顶，不能让侧面空虚。

（3）篱垣式

篱垣式多用于卷须类及缠绕类植物。将侧蔓进行水平诱引后，每年对侧枝进行短截，从而形成整齐的篱垣。

（4）附壁式

附壁式主要用于吸附类植物。只要将藤蔓引于墙面即可靠吸盘或吸附根而逐渐布满墙面，修剪时应注意使壁面基部全部覆盖，各蔓枝在壁面上分布均匀，避免互相重叠交错。剪整要求基部不能空虚，采用轻剪、重剪及曲枝诱引等综合措施来避免基部空虚。

（5）直立式

对于一些茎蔓粗壮的种类，如紫藤等，可剪整成直立灌木式。此式多用于公园道路旁或草坪边的绿篱，收效显著。

4.4　中耕除草

4.4.1　中　耕

中耕即植物生长过程中，耘锄或锄疏松土壤的操作。植物生长过程中，因浇水、降雨、行人走动或其他原因，常会导致植物根际土壤板结，影响透气，从而影响植物生长。中耕能疏松表土，减少水分蒸发，增加土温，促使土壤内的空气流通以及土壤中有益微生物的繁殖和活动，从而促进土壤中养分的分解,为根系的生长和养分的吸收创造良好的条件。植物幼苗期或移植后必须中耕。

4.4.2 除　草

除草有利于保存土壤中的养分及水分,有利于植株的生长发育。松土除草一般每年的4月开始至10月为止,在生长旺盛期,应该结合中耕进行除草,一般第20~30 d进行一次,除草深度以3~5 cm为宜,夏季为减少地表水分蒸腾,可将枯草覆盖在植物体周围的土面上,起到保墒的作用。

除草应在杂草发生之初,尽早进行,此时根系较浅,入土不深,易于去除;杂草开花结实之前必须除清,否则难以清除;应斩草除根。

除草可以用化学药剂清除,一年可进行两次,一次在4—5月;一次在6—7月。化学除草有高效、省工的优点,尤其是大面积除草时更适用。目前生产上用的除草剂有:除草醚、灭草灵、2,4-D、西马津、二甲四氯、阿特拉津、五氯酚钠、敌草隆等。除草剂用量必须严格按说明书上的要求配制,过多会造成对植物的伤害;过少起不到消除的目的。除草后要加强水肥管理,以免引起树体早衰。

4.5 苗木的防护

4.5.1 防　寒

植物生长过程中,温度过高过低都将影响各种酶促反应过程,造成各生理功能之间的协调被破坏,从而使植物生长被破坏。低温对植物生长有不利影响,低温使细胞原生质不可逆地凝固,造成新陈代谢的破坏,细胞水分失去,使细胞受到机械拉力的损害等。如:冻害、霜冻、寒害、干梢、冻裂等。

1)冻害

冻害是指植物因受0 ℃以下低温的伤害使细胞和组织受损伤,甚至死亡的现象。

(1)冻害产生的影响因素

冻害的产生与树种、品种、树龄、植物生长状况等内因有关,还与气候、地势、坡向、水体及栽培管理等外因有关。

①树种、品种:不同树种和品种其抗冻性不同,它们的抗寒性与它们的遗传因子和长期系统发育所形成的生物学特性有关。研究表明:植物的抗寒性,桃>杏>李>樱>桃。同一品种受冻程度、持续时间、低温冻害发生时期、树体健壮程度和不同器官受冻临界低温有关,白梨的抗寒性强于砂梨;酸樱桃强于甜樱桃。

②体内营养物质含量:冻害的产生与植物枝条内的糖类物质的含量有关,还与枝条中的含

氮物质有关,特别是蛋白氮。

③枝条成熟度:凡秋季降温前不能及时停止生长的植株,越冬冻害较重。在入冬前,植物的枝条木质化程度不高,含水量大,细胞液浓度低,淀粉含量低,氮肥施用过多和过晚,生长旺盛的树体都容易发生冻害。

④枝条休眠状况:植物的抗寒性与"抗寒锻炼"有关,一般植物通过抗寒锻炼才能获得抗寒性。在秋末和初冬经过冷锻炼后,逐渐适应而获得抗寒性,处在休眠状态的植物体抗寒性强,休眠越深抗性越强。

⑤低温:秋冬气温骤降过早、变化幅度过大、低温持续时间长和日变化剧烈均会影响植物的生长,甚至会造成植物的死亡。

⑥地势和坡向:地形地势通过温度、光照等间接地影响植物生长发育。随着海拔高度的增加,温度是下降的,海拔越高,冻害越严重。山体的阳坡温度比阴坡的温度高,阳坡冻害比阴坡轻。同一坡向,缓坡地较低洼地冻害轻,风口处比避风处冻害重。

⑦水体:由于水的热容量大,白天水体吸收大量热,到晚上水体向外放热,可以使周边空气温度升高。

⑧栽培管理:用抗寒性强的植物做砧木,矮化密植;合理施肥和灌水,都可以减轻冻害。

(2)冻害的防治

由于园林植物的种类很多,分布广,冻害对植物的影响还是比较普遍,预防冻害的发生对植物功能的发挥有重要意义。

①选择栽植抗寒性树种和品种:因地制宜的种植抗寒性强的树种、品种和砧木。

②提高植物体的抗寒能力:加强植物的综合管理,减少过量开花和结果,提高植物体内营养积累,避免施用过多氮肥和灌水过量,保证正常进入休眠,以提高抗寒性。

③选择栽培环境:根据植物体的生物学特性和耐寒能力,选择适合的栽植地。在栽培地上创造小气候环境,栽植防护林和设置风障,改善小气候条件,预防和减轻冻害。

④加强树体保护,减少冻害:用浇"冻水"和灌"春水"来防寒。培土保护根系,保护植物。主干包草、涂白、搭风障。树体盖草、盖遮阳网、包塑料薄膜等,可以预防和减轻树体受伤害。

⑤树木受冻后的护理:尽快恢复受冻树体的生长所需的输导系统,治愈伤口,缓和缺水现象,促进休眠芽萌发和叶片迅速增大。加强肥水管理,对树体要晚剪和轻剪。

2)寒害

寒害是指0 ℃以上的低温对植物的伤害。一些热带和亚热带植物在遇到0 ℃以上低温时也会受到伤害。寒害发生时,可引起植物生长发育延缓,生理机能受损,生理代谢阻滞,产量下降、品质变劣。

(1)寒害对植物的影响

低温引起叶绿体膜系统结构和功能受损;低温限制叶绿素合成,叶绿素总量下降;低温影响酶活性;低温导致光合产物运输受阻;低温引起植物体内水分亏缺。低温造成呼吸强度下降;低温导致新陈代谢失调。低温降低根的呼吸作用强度,直接减少根系吸收矿质养分。植物若开花结果遇到寒害,会造成授粉、受精不良,从而影响开花结果。

(2)预防寒害

选择种植抗寒性强的植物种类和品种;改善小气候;营造防护林;适当的密植;加强栽培管理等可以减少寒害。

3)霜害

霜害是指生长季节由于急剧降温,水气凝结成霜使幼嫩部位受冻的伤害。

(1)霜冻的分类

按霜冻形成的原因,可分为平流霜冻、辐射霜冻和平流辐射霜冻3种。

(2)霜冻发生的条件

晴朗、无风和低温条件下,容易引起地面辐射,削弱了空气涡动混合,高层暖空气不致下传,容易产生霜冻;低洼地、丘陵、山地冷空气积聚谷地、马蹄形地、无风地均易发生霜冻;沙土比壤土和黏土霜冻严重;水体边上的植物受霜冻影响轻;不透风林带内的植物受霜冻影响重;风口处植物受霜冻影响轻;草地比裸地霜冻重。

(3)预防霜冻的措施

①选择适当的种类和品种:选择抗性强的种类和品种,从遗传特性方面和生长时间上去调整。

②推迟萌动期,避免霜冻:春季通过灌水或喷水降低土温和树温,延迟发芽,减少霜冻。在干旱区域,可用不浇水的方法,推迟萌芽,减少霜冻。用涂白,减少植物体对热量的吸收,延迟发芽和开花,减少霜冻。

③改善小气候

a.加热法:用加热器在发生霜冻前加温,在栽培地里形成暖气层,起到保温作用。

b.吹风法:辐射霜冻常在无风情况下发生,可利用吹风机增强空气流动,将冷气吹散,减少霜冻。

c.熏烟法:在霜冻来临前,在环境中,燃烧稻草或枯枝枯叶等,在栽培地上空形成烟雾层,减少冷气下沉,减少霜冻。

d.覆盖法:用稻草、塑料薄膜、遮阳网等覆盖可减少霜下沉,减少霜冻。

e.加强综合栽培管理:加强水肥管理,多施钾肥,控制水分等提高树体抗性;提前让树体进入休眠状态,减少霜冻。

4)干梢

干梢是幼龄树木因越冬性不强而发生枝条脱水,皱缩、干枯现象。

(1)干梢的原因

幼树越冬后干梢是“冻、旱”造成的。

(2)防止干梢的措施

主要通过合理的肥水管理来防止干梢。促进枝条前期生长,防止后期徒长,充实枝条组织,增加其抗性,并注意防治病虫害;埋土防寒;在树干周围撒布马粪,提高土温,提前解冻;早春灌水,增加土壤温度和水分,有利于防止或减轻干梢;对幼树枝干缠纸,缠塑料薄膜或胶膜,喷白等,对减轻干梢均有作用。

4.5.2 防 风

风害是在多风地区，树木常发生风害，出现偏冠和偏心的现象。在东南沿海地区，由于台风频繁，台风造成枝叶折断损伤，甚至整树吹倒，影响植物生长发育和观赏。北方冬季和早春的大风，易使树木枝梢抽干和枯死。

1)风害产生的原因

(1)与生物学特性有关

浅根、高干、冠大、叶密的树种抗风力弱；髓心大，机械组织不发达，生长又很迅速而枝叶茂密的树种，风害较重；生长健壮的树木受风害轻。

(2)与环境条件有关

风向与街道平行，行道树易受害；地势低洼，排水不畅的地方，受害严重；土壤质地结构差，土层薄，抗风性差。

(3)与栽培养护管理有关

树体的根盘小，树身大而重，易引起风害；栽植株行距适度，根系能自由扩展的，抗风强；种植池要适当加大，太小影响根系生长，重心不稳，易受风害；不合理的修剪，如只修剪树冠下层，上层不修剪，造成头重脚轻，也易引起风害。

2)预防和减轻风害

在风口和风道等地选抗风树种和品种，适当密植，采用低干矮冠整形；设置防风林和护园林；排除积水；改良栽植地点的土壤质地；培育壮根良苗；采取大穴换土；适当深植，合理修枝，控制树形；定植后及时立支柱；对结果多的树要及早吊枝或顶枝，减少落果；对幼树、名贵树种可设置风障。风害后要及时维护补救，尽快恢复树势。

4.5.3 涂 白

树体涂白的目的是防治病虫害和延迟树木萌芽，避免日灼为害。利用涂白减弱树木地上部分吸收太阳辐射热，延迟芽的萌动期；涂白可以反射阳光，减少枝干温度局部增高，可预防日灼危害；涂白可以减少病虫害。

涂白剂由水 10 份+生石灰 3 份+石硫合剂原液 0.5 份+食盐 0.5 份+油脂少许配制而成。先化开石灰，加入少许油脂充分搅拌，加水搅拌成石灰乳，再加入石硫合剂及盐水。

4.5.4 防治病虫害

在养护过程中，病虫害经常发生，必须加强其病虫害的防治，保证其健康地生长发育，否则会造成严重的经济损失。因此，在绿地养护管理中，病虫害防治是重要的一项措施。

1)园林植物病虫害的防治原则

园林植物病虫害的防治,首先要了解病虫害的发生原因、侵染循环及生态环境,掌握危害的时间、部位、危害范围等规律,才能找出较好的防治措施。植物病虫害防治的基本原则是"预防为主,综合防治"。

植物病虫害的发生和发展,是受寄主抗病虫能力、病原物的侵染力、害虫的繁殖、传播和环境条件的作用。因此,病虫害的防治方法也必须从这些方面进行:增强寄主抗病虫的能力或保护寄主不受侵害;消灭病原及害虫或控制它们的生长和繁殖,切断其侵染和传播的途径;改善环境条件,使有利于寄主的生长发育,增强抗病虫能力。只有从上述原理着手,才能较好地控制病虫害,达到防治效果,对一种栽培植物的各种病虫害,必须从以上各方面使用多种防治手段,以求达到全面的防治效果,使病虫害的危害程度及造成的损失,控制在经济水平允许之下,这就是综合防治。

2)园林植物病虫害的防治措施

园林植物病虫害的防治方法是多种多样的,归纳起来可分为:栽培技术措施防治、物理及机械防治、植物检疫、生物防治、化学防治等措施。

(1)园林植物栽培技术措施防治

采用适宜的栽培技术,不但能创造有利于园林植物生长发育的条件,培育出优良的品种,增强抗病虫的能力,还能造成不利于病虫生长发育的环境,抑制和消灭病虫害的发生和为害,对某些病虫害有良好的防治效果,是贯彻"预防为主,综合防治"的根本方法。

①选择或培育抗病虫品种或繁殖材料:利用园林植物品种间抗病虫害能力的差异,选择或培育适宜于当地栽培的抗病虫品种,是防治园林植物病虫害的经济有效的重要途径。同时,在园林植物生产中,要选用优良的、不带病虫害的种子、球根、接穗、插条及苗木等繁殖材料,也是减少病虫害发生的重要手段。

②建优良苗圃:种植园林植物首先要选择良好苗圃地,除考虑苗木、园林植物生长要求的环境条件外,还要防止病虫害的侵染来源。

③轮作:可以相对减轻一些病虫害,特别对专化性强的病原菌及单食性害虫是一种良好的防治措施。

④精耕细作,中耕除草:病菌、害虫的生长、繁殖对土壤有一定要求,改变土壤条件就能大大影响病菌和害虫的生存条件及发生数量。

⑤合理施肥:能改善园林植物的营养条件,使生长健壮,提高抗病虫害的能力。施肥不当,也会造成一些植物生长不良而易罹病害。施用未经充分腐熟的有机肥料,常常带有一些病原物和虫卵。

⑥合理灌排水:合理的灌溉对地下害虫,具有驱除和杀虫作用。排水对喜湿性根病具有显著防治效果。排水不良的土壤,往往使植物的根部处于缺氧状态,不但对根系生长不利,而且容易使根部腐烂并发生一些根部病虫害。

⑦注意场圃的清洁卫生:及时清除因病虫为害的枯枝落叶、落花、落果等病株残体,立即烧

毁或深埋,以减少病虫害的传播和侵染源。这种简而易行的办法,也是控制病虫害发生的重要手段。

(2)物理及机械防治

物理及机械方法,目前常用热处理(如温汤浸种)、超声波、紫外线及各种射线等的一些物理、机械方法防治病虫害。

①利用灯光诱杀:黑光灯可以诱集700多种昆虫。尤其对夜蛾类、螟蛾类、毒蛾类、枯叶蛾类有效。应用光电结合的高压网灭虫灯及金属卤化物诱虫灯,其诱虫效果较黑光灯为好。

②设置害虫的栖息环境,诱集害虫:苗圃、花圃中堆积新鲜杂草,诱集蛴螬、地老虎等地下害虫,或用树干束草、包扎麻布片诱集越冬害虫以及用毒饵诱杀,都是简单易行的方法。

③热处理法:不同种类的病虫害对温度具有一定要求。温度不适宜,影响病虫的代谢活动,从而抑制它们的活动、繁殖及为害。所以,利用调节控制温度可以防治病虫害,如塑料大棚采用短期升温,可使粉虱大量减少。用温水浸种(45~60 ℃)或浸种苗、球根以达到杀死附着在种苗、球根外部及潜伏在内部的病原物,在温度达50 ℃左右,浸泡苗木、球根等30 min,可以杀死根瘤线虫。将感病植物放置在40 ℃左右温度下,1~2周,可治疗病毒病。

另外,烈日晒种、焚烧、熏土、高温或变温土壤消毒,或用枯枝落叶在苗床焚烧,都可达到防治土壤传播病虫害的作用。近年来,也利用超声波、各种辐射、紫外线、红外线来防治病虫害。

(3)植物检疫

植物检疫主要是防止某些种子、种苗、球根、插条及植株等传播的病虫害,对引进或输出的植物材料及产品,进行全面的植物检疫,防止某些危险性的病虫害由一个地区传入另一地区。因此,必须严格执行植物检疫,以防止危险性病虫杂草随着植物及其产品由国外输入或由国内输出;将在局部地区已发生的危险病、虫、杂草封闭在一定范围内,并在原病区采取措施逐步将它们消灭,不让它们蔓延传播到无病区;当发现危险性病虫、杂草传入新的地区时,应采取紧急措施,就地彻底消灭,防止疫区扩大。

(4)生物防治

生物防治是利用自然界生物间的矛盾,应用有益的生物天敌或微生物及其代谢产物,来防治病虫的一种方法。利用有益的生物来消除有害的生物,其效果持久,经济安全,避免传染,便于推广,这是目前很重要且很有发展前途的一种防治方法。

以菌治病是利用微生物间的拮抗作用及某些微生物的代谢产物,来抑制另一种微生物的生长、发育,甚至致死的方法。这种物质称为抗菌素。如"5406"菌肥能防治某些真菌病、细菌病及花叶型的病毒病。利用植物免疫功力及汁液中有效成分防治病虫害。蒜汁液加水能防治不少种类的病菌。

以菌治虫是对害虫有致病作用的病原微生物、以人工的方法进行培养,制成粉剂喷撒,使害虫得病致死的一种防治方法。利用真菌消灭害虫,如赤座霉素对粉虱有高效的致病能力。利用病毒治虫,主要应用有核多角体病毒,这些病毒制剂可制成水剂、粉剂、可湿性粉剂等,喷雾植株或施入土壤中防治害虫,也可以采用传播病毒以防治害虫。

以虫治虫、以鸟治虫是利用捕食性或寄生性天敌昆虫和益鸟防治害虫的方法。如利用大红瓢虫和国外引进澳洲瓢虫防治绵蚧;引进日光蜂防止棉蚜;还有寄生性的昆虫也有不少用以防除害虫,如丽蚜小蜂寄生在粉虱卵上。利用益鸟消灭害虫,如啄木鸟。

目前,利用生物工程方法防治病虫害是一种新的发展趋势,例如:将一种基因移植于生长在某一植物根系附近的一些细菌体内,把这些带有毒素的细菌进行拌种,这些细菌在植物根部生长、繁殖,当夜盗蛾吃了植物根系,也同时把带毒细菌吃下去,而使其死亡。另外,用一种真菌基因具有杀害蚜虫的能力,将该真菌注入蚜虫体内,然后把注射有真菌的蚜虫放入种植园中,这些带病蚜虫很快地传染给健康的蚜虫,在很短的几天内,大部分蚜虫即死去。

(5)化学防治

化学防治即利用化学药剂防治病虫害的方法。特点是药效稳定,收效快,使用方便,不受地区和季节的限制,但如使用不当会引起植物药害和人畜中毒,由于残留而污染环境,造成公害,它只有与其他防治措施相互配合,才能得到理想的防治效果。常用的杀虫、杀螨剂有胃毒剂、触杀剂、熏蒸剂和内吸杀虫剂等,杀菌剂有保护剂和内吸(治疗)剂。化学药剂的合理使用要注意以下事项:

①选择合适的药剂:各种药剂都有它的防治范围和最有效的防治对象,而花卉对其也有不同的敏感度。如杀暝硫磷对石榴,乐果、敌敌畏对梅花、樱花、桃花等均很敏感,用后常造成落叶等药害。因此,药剂要根据害虫的特点和花卉的习性进行选择。

②掌握施药的时机:石硫合剂在夏季高温 32 ℃以上,初冬或早春气温 4 ℃以下,都不宜应用。杆菌制剂的药效,常随气温升高而提高;一般在展叶、孕蕾、开花期均较敏感,用药不当不仅会造成落叶、落花,还会影响花色。故在上述物候期内,应适当忌避。敌敌畏、乐果等药剂更要慎用;对一些食用、药用及供提取香精用的花卉,为了对人体的安全,要注意掌握各种药剂的安全等待期,以避免残留毒性;多种蚧虫在孵化期,鳞翅目食叶虫在 3 龄以前,是防治的适期。

③采用正确的施用方法:叶、茎表面喷雾是一般触杀剂、胃毒剂常用的方法,其工效高,药液黏沾率低,击倒性较好,能及时看到防治效果;茎、干部涂抹或包扎是具有内吸、内导性药剂的施用法,虽较费工,但省药,又不杀伤天敌,在花期不影响授粉,也不会改变花色;根际地下深层施药,对一些毒性大,内吸、内导性强的颗粒剂,不仅可提高安全性,还可提高药效的持久性、保护天敌等;其他尚有将药剂直接施于土壤,或配制成毒饵,撒施根际土面,或制成诱饵从空间诱杀,或制成毒棒,插入蛀孔,或用笔环涂茎干,或从输导组织滴注等多种方法。

④交替施用药剂:在一定范围内重复连续施用一种药剂,其后果往往使一些潜在的次要害虫上升为主要害虫,使一些繁殖系数高,个体小的有害生物很快产生有抗性的后代。为此,必须交替使用多种药剂。

4.6 植物的清洁

4.6.1 植物的清洁功能

植物通过叶片上的气孔和枝条上的皮孔,将大气污染物吸入体内,在体内通过氧化还原过程将污染物中和成无毒物质(即降解作用),或通过根系排出体外,或积累储藏于某一器官内,从而起到净化空气的作用。另外植物可分泌杀菌素,阻滞空气中的尘埃,使空气变得清洁,从

而改善空气质量;植物的枝叶可使噪声衰减,衰减功效与树种及其布局有关。树木的叶面积越大,树冠越密,减噪能力就越强。复层种植结构的减噪效应优于其他种植类型;园林植物通过根系的吸收作用,将土壤中的污染物迁移和转化,使土壤得到净化;植物能吸收水中的毒质富集在体内,在体内将毒质分解,并转化成无毒物质,使水中毒质降低,达到净化水质的目的。如水中的浮萍和柳树可富集镉;水葱、灯芯草等可吸收水土中的单元酚、苯酚、氰类物质,使之转化为酚糖,CO_2 和天冬氨酸等而失去毒性。

4.6.2 清洁植物的方法

植物体生长过程中,会受到悬浮在空气中的固体或液体颗粒物污染。颗粒物的种类很多,一般指 0.1~75 μm 的尘粒、粉尘、雾尘、烟、化学烟雾和煤烟。空气颗粒物对树木等植物的影响包括:a.叶面蒙尘,气孔阻力加大或气孔被堵塞,阻碍了正常的气体交换和蒸腾散热作用;b.含 Ca 的尘埃在水分存在时,易在植株的叶片、枝条以及花朵上形成一层外壳,阻碍了光合作用所需要的光线与 CO_2,其他生理过程如发芽、授粉、光吸收、光反射等也可能被破坏;c.颗粒物中的一些可溶性毒物或是大量可溶性盐分,与水作用后从气孔浸入叶组织,使细胞受害,发生类似“腐蚀”的情况,使植株形成坏死斑点和老茧组织,降低光合作用面积和光合作用速率;d.抑制了菌根的生长,使植物易受病原生物的侵染,甚至引起基因结构的长期变化。

为了能保证植物体正常生长发育,减少颗粒物对其造成更大伤害,应该经常对植物进行喷水处理,清除或减少植物表面的颗粒物污染,为植物体供应水分,保证各项生理活动的正常进行。另外,喷水后,环境中的空气湿度增加,有利于减少地面扬尘,增强植物的滞尘能力,使空气质量得到改善,充分发挥园林植物的生态功能。

思考题

1.简述园林植物的肥料分类。

2.简述园林植物施肥的方法。

3.简述园林植物整形修剪的意义。

4.简述园林植物整形修剪的方法。

5.简述园林植物自然灾害的类型和各类型的防治方法。

5 花坛和花境的施工与养护

本章导读 本章主要介绍了花坛与花境的特点和类型、植物选择的标准、详细论述了各类花坛和花境的施工与养护。要求掌握花坛与花境植物选择的标准和施工方法;熟悉花坛和花境养护的技术措施;了解花坛和花境的特点和类型。

5.1 花 坛

花坛是在具有一定几何形轮廓的植床内种植各种不同色彩的观赏植物,而构成一幅具有华丽纹样或鲜艳色彩的图案画,所以花坛是用活的植物构成的表示群体美的图案装饰。花坛具有美化环境、基础性装饰和渲染气氛的作用,在美化环境时既可作为主景,也可作为配景,在园林绿化中应用十分广泛。

5.1.1 花坛的特点

传统意义上的花坛是一种花卉应用的特定形式,与广义的花卉种植有所区别。

1) 花坛的一般特征

花坛通常具有几何形的栽植床,属于规则式种植设计,多用于规则式园林构图中;花坛主要表现花卉组成的平面图案纹样或华丽的色彩美,不表现花卉个体的形态美;花坛多以时令性花卉为主体材料,因而需随季节更换材料,保证最佳的景观效果。气候温暖地区也可用终年具有观赏价值且生长缓慢、耐修剪、可以组成美丽图案纹样的多年生花卉及木本花卉组成花坛。

2) 花坛形式的拓宽

早期的花坛具有固定地点,几何形植床边缘用砖或石头镶嵌,形成花坛的周界,且以平面地床或沉床为主。随着时代的变迁和文化交流的频繁,花坛形式也在变化和拓宽,主要表现在

以下几个方面：花坛规模扩大；形式上突破平面俯视近赏，出现了在斜面、立面及三维空间设置的花坛；观赏角度出现多方位的仰视与远望，给视觉以多层次的立体感；由静态的构图发展到连续的动态构图；由室外园林空间扩展到室内，尤其是展览温室、室内花园等。

现代工业的发展，为花坛盆体育苗方法的改进及施工技术的提高提供了可能性，使得许多在花坛意义上的花卉应用的新设想得以实现，为这一古老的花卉应用形式带来了新的生机。

5.1.2　花坛的类型

现代花坛式样极为丰富，依据不同的划分方法，可将花坛分为不同的类型。

1）按观赏季节分

（1）春花坛

春花坛可种植金盏菊、飞燕草、石竹、风信子、郁金香、芍药等。

（2）夏花坛

夏花坛可种植蜀葵、美人蕉、大丽花、矢车菊、唐菖蒲、观花向日葵、萱草、玉簪、鸢尾、百合、葱兰、金光菊、晚香玉等。

（3）秋花坛

秋花坛可种植荷兰菊、百日草、鸡冠花、凤仙花、万寿菊、麦秆菊等。

（4）冬花坛

冬花坛可种植羽衣甘蓝等。

2）按花卉种类分

（1）灌木花坛

灌木花坛应用开花灌木配置草花花坛，辅助栽培少许一、二年生或多年生宿根草本花卉。

（2）混合花坛

混合花坛应用开花灌木同一、二年生和多年生草本花卉混合配置。

（3）专类花坛

专类花坛是应用品种繁多的同一种花卉配置，如牡丹、芍药、月季、菊花花坛等。

3）按空间形式分

按空间形式可分为平面花坛、斜面花坛以及立体花坛。

（1）平面花坛

平面花坛是指花坛的表面与地面平行，以表现平面的图案和纹样为主，包括沉床花坛或稍高出地面的平面花坛。

（2）斜面花坛

斜面花坛是指设置在斜坡或阶地上的花坛，也可布置在建筑物的台阶上。花坛表面为斜面，是主要的观赏面，以表现平面的图案和纹样为主。

(3)立体花坛

立体花坛是指花坛向空间延伸,具有纵向景观,利于四面观赏,以表现三维的立体造型为主题。常分为构架式立体花坛、嵌盆式立体花坛、堆叠式立体花坛。

4)按布局和组合分

按布局和组合分可分为独立花坛、带状花坛、花坛群。

(1)独立花坛

独立花坛即单体花坛,一般设在较小的环境中,既可布置为平面形式,也可布置为立体形式,小巧别致。

(2)带状花坛

带状花坛一般指长短轴之比大于4∶1的长形花坛,可作为主景或配景,常设于道路的中央或两旁,以及作为建筑物的基部装饰或草坪的边饰物。也可在路边设简单的带状花坛,起装点的作用。

(3)花坛群

花坛群是由两个以上的个体花坛组成的,在形式上可以相同也可以不同,但在构图及景观上具有统一性,多设置在较大的广场、草坪或大型的交通环岛上。

5)按表现主题分

以花坛表现主题内容的不同进行分类是花坛最基本的分类方法。可分为盛花花坛(花丛花坛)、模纹花坛、标题花坛、装饰物花坛、立体造型花坛、混合花坛和造景花坛。

(1)盛花花坛

盛花花坛是以观花草本植物花期中的花卉群体的华丽色彩为表现主题,可由同种花卉不同品系或不同花色的群体组成,也可由花色不同的多种花卉的群体组成。

(2)模纹花坛

模纹花坛由低矮的观叶植物或花、叶兼美的植物组成,以群体形式构成精美图案或装饰纹样,效果不受花期的限制。

(3)标题花坛

标题花坛用观花或观叶植物组成具有明确主题思想的图案,按其表达的主题内容可分为文字花坛、肖像花坛、象征性图案花坛等。

(4)装饰物花坛

装饰物花坛是以观花、观叶或不同种类配置成具有一定实用目的的装饰物的花坛。如做成日历、日晷、时钟等形式的花坛。

(5)立体造型花坛

立体造型花坛以枝叶细密、耐修剪的植物为主,种植于有一定结构的造型骨架上,从而形成的造型立体装饰。如卡通形象、花篮或建筑等。近几年来和标题花坛一起常出现在各种节日庆典时的街道布置上。

(6)混合花坛

混合花坛由两种或两种以上类型的花坛组合而成(如:盛花花坛+模纹花坛,平面花坛+立体花坛,或者混合水景或雕塑等组成景观)。

(7)造景花坛

造景花坛借鉴园林营造山水、建筑等景观的手法,运用以上花坛形式和花丛、花境、立体绿化等相结合,布置出模拟自然山水或人文景点的综合花卉景观(如:山水长城、江南园林、三峡大坝等景观)。一般布置于较大的空间,多用于节日庆典(如:天安门广场的"国庆"花坛)。

5.1.3　花坛植物的选择

1)花坛摆放四要素

花坛的布局与摆放随地形、环境的变化而异,需要采用不同的色彩及图案,在配置花坛时,整个布局的色彩要有宾主之分,不能完全平均。同时,也不要采用过多的对比色,使所要体现的图案显得混乱不清。在摆放中,遵循以下几点,可收到较为满意的效果。

(1)株高配合

对花坛的各种花卉的株形、叶形、花形、花色以及株高,均应合理配置,避免颜色重叠和参差不齐。花坛中的内侧植物要略高于外侧,由内而外,自然、平滑过渡。若高度相差较大,可以采用垫板或垫盆的办法来弥补,使整个花坛表面线条流畅。

(2)花色协调

在花坛花卉的颜色配置上,一般认为红、橙、粉、黄为暖色(显色)所配置的花坛能表现出欢快活泼的气氛,而绿、蓝、紫为冷色(隐色)所配置的花坛则显得庄重肃静。由1~2种暖色和1种冷色共同配置的花坛,常常会取得明快大方的效果。1种颜色的花卉如能成片栽植,会比几种颜色混合栽植显得明朗整齐,并能突出自然景观。白色花卉可用于任何一种栽植条件,在夜间也能显示出效果,如与其他颜色混合,更能收到较好的效果。

用于摆放花坛的花卉不拘品种、颜色的限制,但同一花坛中的花卉颜色应对比鲜明,互相映衬,在对比中展示各自夺目的色彩。同一花坛中,避免采用同一色调中不同颜色的花卉,若一定要用,应间隔配置,选好过渡花。

(3)图案设计

花坛的图案要简洁明快,线条流畅。花坛摆放的图案,一定要采用大色块构图,在粗线条、大色块中突现各品种的魅力。简单轻松的流线造型,有时可收到意想不到的效果。

(4)选好镶边植物

镶边植物是花坛摆放的收笔,这一笔收得好与坏,直接影响到整个花坛的摆放效果。镶边植物应低于内侧花卉,可一圈,也可两圈,外圈宜采用整齐一致的塑料套盆。品种选配视整个花坛的风格而定,若花坛中的花卉株型规整色彩简洁,可采用枝条自由舒展的天门冬作镶边植物,若花坛中的花卉株型较松散,花坛图案较复杂,可采用五色草或整齐的麦冬作镶边植物,以使整个花坛显得协调、自然。总之,镶边植物不只是陪衬,搭配得好,就等于是给花坛画上了一个完美的句号。

2)盛花花坛的设计

(1)植物选择

植物选择以观花草本为主体,可以是一、二年生花卉,也可用多年生球根或宿根花卉。可适当选用少量常绿、色叶及观花小灌木作辅助材料。一、二年生花卉为花坛的主要材料,其种类繁多,色彩丰富,成本较低。球根花卉也是盛花花坛的优良材料,色彩艳丽,开花整齐,但成本较高。

适合作盛花花坛的花卉应株丛紧密、着花繁茂,理想的植物材料在盛花时应完全覆盖枝叶,要求花期较长,开放一致,至少保持一个季节的观赏期。如为球根花卉,要求栽植后开花期一致。花色明亮鲜艳,有丰富的色彩幅度变化,纯色搭配及组合较复色混植更为理想,更能体现色彩美。不同种花卉群体配合时,除考虑花色外,也要考虑花的质感相协调,才能获得较好的效果。植株高度依种类不同而异,但以选用10~40 cm的矮性品种为宜。此外,要移植容易,缓苗较快。

(2)色彩设计

盛花花坛表现的主题是花卉群体的色彩美,在色彩设计上要精心选择不同花色的花卉巧妙地搭配。一般要求鲜明、艳丽。如果有台座,花坛色彩还要与台座的颜色相协调。

①盛花花坛常用的配色方法:

a.对比色应用:这种配色较活泼而明快。深色调的对比较强烈,给人兴奋感,浅色调的对比配合效果较理想,对比不那么强烈,柔和而又鲜明。如堇紫色+浅黄色(堇紫色三色堇+黄色三色堇、藿香蓟+黄早菊、荷兰菊+黄早菊+紫鸡冠+黄早菊),橙色+蓝紫色(金盏菊+雏菊、金盏菊+三色堇),绿色+红色(扫帚草+星红鸡冠)等。

b.暖色调应用:类似色或暖色调花卉搭配,色彩不鲜明时可加白色以调剂,并提高花坛明亮度。这种配色鲜艳,热烈而庄重,在大型花坛中常用。如红+黄或红+白+黄(黄早菊+白早菊+一串红或一品红、金盏菊或黄三色堇+白雏菊或白色三色堇+红色美女樱)。

c.同色调应用:这种配色不常用,适用于小面积花坛及花坛组,起装饰作用,不作主景。如白色建筑前用纯红色的花,或由单纯红色、黄色或紫红色单色花组成的花坛组。

②色彩设计要注意的问题:

a.一个花坛配色不宜太多:一般花坛2~3种颜色,大型花坛4~5种。配色多而复杂难以表现群体的花色效果,显得杂乱。

b.在花坛色彩搭配中注意颜色对人的视觉及心理的影响:暖色调给人在面积上有扩张感,而冷色调则有收缩感,因此设计各色彩的花纹宽窄、面积大小要有所考虑。例如,为了达到视觉上的大小相等,冷色用的比例要相对大些才能达到设计意图。

c.花坛的色彩要和它的作用相结合考虑:装饰性花坛、节日花坛要与环境相区别,组织交通用的花坛要醒目,而基础花坛应与主体相配合,起到烘托主体的作用,不可过分艳丽,以免喧宾夺主。

d.花卉色彩不同于调色板上的色彩:同为红色的花卉,如天竺葵、一串红、一品红等,在明度上有差别,分别与黄早菊配用,效果不同,一品红红色较稳重,一串红较鲜明,而天竺葵较艳丽,后两种花卉直接与黄菊配合,也有明快的效果;而一品红与黄菊中加入白色的花卉才会有较好的效果。同样,黄、紫、粉等各色花在不同花卉中的明度、饱和度都不相同,仅据书中文字

描述的花色是不够的。也可用盛花坛形式组成文字图案,这种情况下用浅色(如黄、白)作底色,用深色(如红、粉)作文字,效果较好。

(3)图案设计

外部轮廓主要是几何图形或几何图形的组合。多采用圆形、三角形、花方形、长方形、菱形等规则的多边形等(图 5.1)。花坛大小要适度,过大的花坛在视觉上会引起变形,一般观赏轴线以 8~10 m 为度。在外形多变的建筑物前设置花坛,可用流线或折线构成外轮,对称、拟对称或自然式均可,以求与环境协调,内部图案要简洁,轮廓明显。忌在有限的面积上设计繁琐的图案,要求有大色块的效果。一个花坛即使用色很少,但图案复杂则花色分散,不易体现整体色块效果。

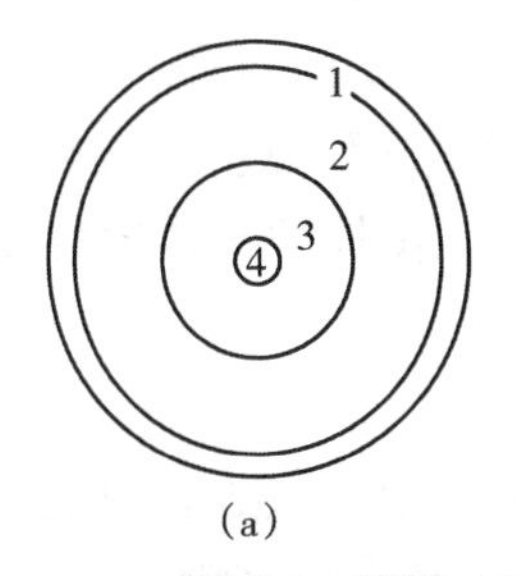

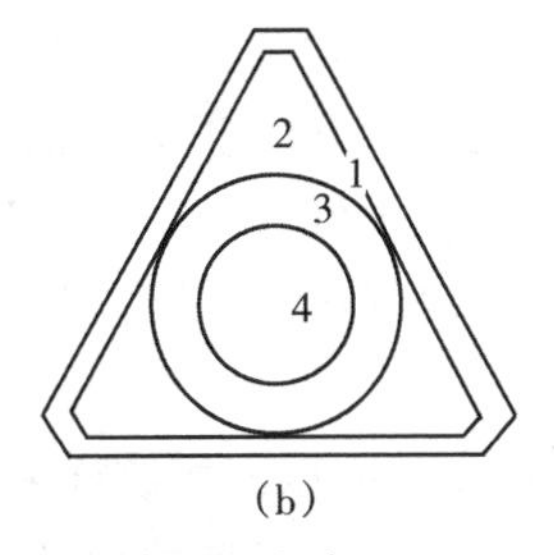

图 5.1 圆形、三角形花坛图案与花卉配置方案

(a)1—荷兰菊(淡蓝色);2—早菊(黄色种);3—鸡冠花(鲜红色种);4—棕榈或扁圆形海桐;

(b)1—香雪球(白色);2—金盏菊(橙黄色);3—荷兰菊(淡蓝色);4——串红(鲜红色)

盛花花坛可以是某一季节观赏,如春季花坛、夏季花坛等,至少保持一个季节内有较好的观赏效果。但设计时可同时提出多季观赏的实施方案,可用同一图案更换花材,也可另设计方案,一个季节花坛景观结束后立即更换下季材料,完成花坛季相交替(图 5.2)。

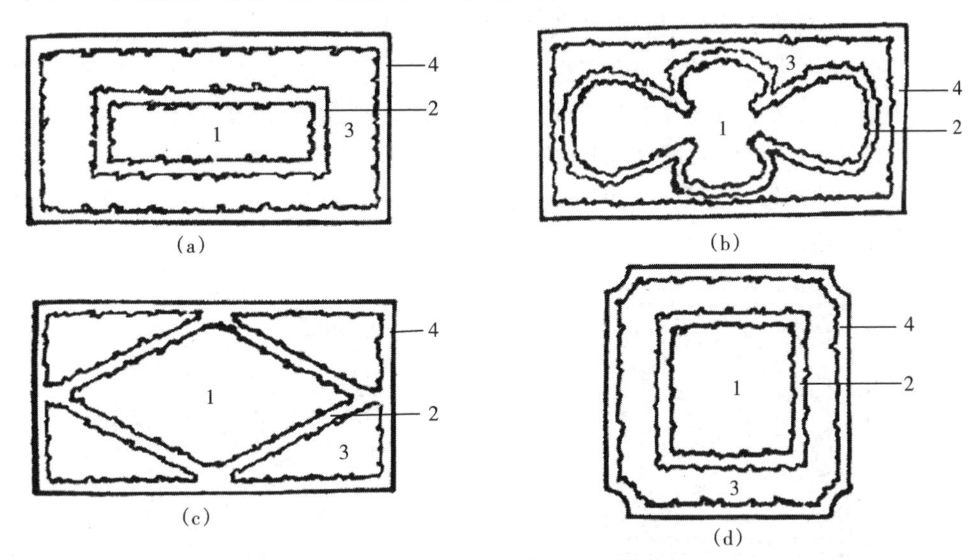

图 5.2 方形花坛图案与花卉配置方案

春开花者:1—金盏菊(橙黄色种);2—雏菊(白色种);3—三色堇(紫、红、蓝各色);4—沿阶草(绿色)或天冬草(翠绿色)

夏开花者:1—福禄考(红、紫色);2—重瓣凤仙花(粉红色矮生种);3—香雪球(白色);4—沿阶草或天冬草

秋开花者:1——串红(红色种);2—早菊(白色种);3—早菊(黄色种);4—天冬草或沿阶草

3)模纹花坛的设计

模纹花坛主要表现植物群体形成的华丽纹样,要求图案纹样精美细致,有长期的稳定性,可供较长时间观赏。

(1)植物选择

植物的高度和形状与模纹花坛纹样表现有密切关系,是选择材料的重要依据。低矮细密的植物才能形成精美细致的华丽图案。典型的模纹花坛材料要符合以下条件:a.以生长缓慢的多年生植物为主,如红绿草、白草、尖叶红叶苋等。一、二年生草花生长速度不同,图案不易稳定,可选用草花的扦插、播种苗及植株低矮的花卉作图案的点缀。b.以枝叶细小,株丛紧密,萌蘖性强,耐修剪的观叶植物为主。通过修剪可使图案纹样清晰,并维持较长的观赏期。枝叶粗大的材料不易形成精美的纹样,在小面积花坛上尤其不适用。观花植物花期短,不耐修剪,若使用少量作点缀,也以植株低矮、花小而密者效果为佳。植株矮小或通过修剪可控制在5~10 cm高,耐移植、易栽培、缓苗快的材料为佳。

(2)色彩设计

模纹花坛的色彩设计应以图案纹样为依据,用植物的色彩突出纹样,使之清晰而精美。如选用五色草中红色的小叶红,或紫褐色的小叶黑与绿色的小叶绿描出各种花纹。为使之更清晰,还可以用白绿色的白草种在两种不同色草的界线上,突出纹样的轮廓。

(3)图案设计

模纹花坛以突出内部纹样为主,植床的外轮廓以线条简洁为宜,可参考盛花花坛中较简单的外形图案。面积不宜过大,尤其是平面花坛,面积过大在视觉上易造成图案变形的弊病。内部纹样可较盛花花坛精细复杂些,但点缀及纹样不可过于窄细。以红绿草类为例,不可过窄,一般草本花卉以能栽植2株为限。设计条纹过窄则难以表现图案,纹样粗宽,色彩才会鲜明,使图案清晰。内部图案可选择的内容广泛,如仿照某些工艺品的花纹、卷云等(图5.3),设计成毡状花纹。用文字或文字与纹样组合构成图案,如国旗、国徽、会徽等,设计要严格符合比例,不可改动,周边可用纹样装饰,用材也要整齐,使图案精细。设计及施工均较严格,植物材料也要精选,从而真实体现图案形象。也可选用花篮、花瓶、建筑小品、各种动物、花草、乐器等图案或造型,起装饰作用。

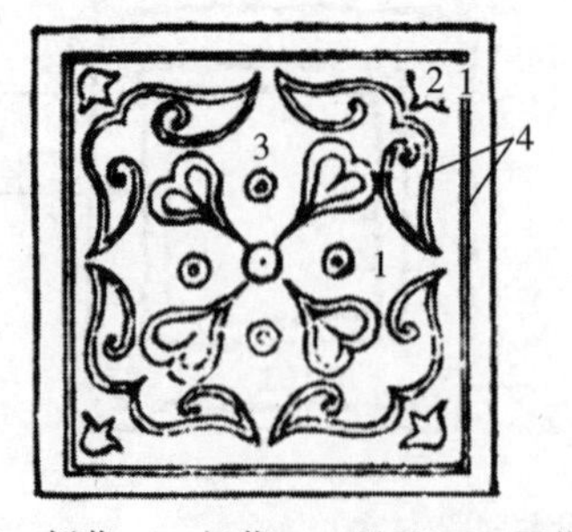

(a)1—绿草 2—红草 3—景天 4—黑草

(b)1—绿草 2—黑草 3—白草 4—红叶苋

图5.3 五色草组成模纹花坛图案与花卉配置方案

4)立体花坛的设计

立体花坛有构架式、嵌盆式、堆叠式。构架式立体花坛指使用木材、钢材或混凝土等材料构建二维或三维骨架,用棕皮或遮阴网布等裱扎出基本轮廓,并形成空腔以供填充专用介质土,在基本轮廓外部栽植植物的构建方式。嵌盆式立体花坛是把单株、多株植物预先种植在小型容器或模块内,按设计图案把容器或模块放置,并固定到预制二维构架上的构建方式。堆叠式立体花坛是使用木材、钢材或混凝土等材料制成中空基础骨架,采用构架式、嵌盆式制作技术进行表面处理的构建方式。适宜大型开放空间三维造景。

(1)植物选择

①主景植物材料:要求生长健壮、株型饱满,叶形细腻、耐修剪、适应性强、色彩丰富;同类同一批次植株应高度整齐一致、蓬径满穴,叶形正、叶色新、叶片舒展、无脱脚,根系不散;植株无病虫害、无药害、未使用催生激素。一般使用红绿草类、景天类以及一些矮灌木与观赏草等。为便于养护,同品种植物应布置在一起,喜干或喜湿、快长或慢长植物应相对集中,作品上部宜选用喜干植物、下部宜选用喜阴湿植物,常用立体花坛植物材料见表5.1。

表5.1 立体花坛常用植物材料

序号	植物名称	观赏特性	观赏期
1	银叶菊	观叶,银灰色,小枝似花朵	5—10月
2	线叶腊菊	观叶,银灰色,叶细长	全年
3	艾伦银香菊	观叶,绿色,芳香	全年
4	银香菊	观叶,银灰色,质感柔和	全年
5	玫红草	观叶,玫红色	5—10月
6	三色粉草	观叶,叶粉红绿	5—10月
7	小叶绿草	观叶,叶绿色	5—10月
8	小叶黄草	观叶,叶尖黄色	5—10月
9	绿白草	观叶,间有白色	5—10月
10	小叶深红草	观叶,紫红色	5—10月
11	半柱花	观叶,紫红色,细长	5—10月
12	波缘半柱花	观叶,紫红色,细长,边缘有波状齿	5—10月
13	佛甲草	常绿,叶金黄色,花黄色	4—5月观花,全年观叶
14	黄金佛甲草	常绿,叶金黄色,叶密集	4—5月观花,全年观叶
15	反曲景天	常绿,叶蓝色,叶密集似云杉叶	全年
16	中华景天	常绿,青绿色,花白色	5—6月观花,全年观叶
17	米粒景天	常绿,枝叶细小	4—11月观叶
18	垂盆草	常绿,叶披针形,花黄色	5—6月观花,全年观叶

续表

序号	植物名称	观赏特性	观赏期
19	银边垂盆草	常绿,叶银色条纹,花黄色	5—6月观花,全年观叶
20	金叶景天	观叶,金黄色,叶圆形	4—11月
21	八宝景天	叶片稍肉质,花淡粉色	9—11月观花,5—11月观叶
22	花叶八宝景天	叶边缘有白边,花淡粉色	9—11月观花,5—11月观叶
23	紫帝景天	观叶,叶紫色	全年
24	德国景天	观叶,叶嫩绿色	全年
25	夏辉景天	观叶,叶圆形,有波状齿	5—11月
26	杂交景天	观叶,叶盾形,有波状锯齿	5—11月
27	凹叶景天	常绿,叶圆形,叶中有凹陷,花黄色	5—6月观花,全年观叶
28	胭脂红景天	常绿,观叶,紫红色	6—9月观花,全年观叶
29	宝石花	观叶,叶肉质,粉赭色,表面被白粉,略带紫色晕	5—11月
30	矮麦冬	观叶,叶终年深绿色	全年
31	黑麦冬	观叶,叶终年墨绿色	全年
32	虎耳草	叶终年深绿有白色花纹,上被毛,5—7月开花	5—7月观花,全年观叶
33	紫叶珊瑚钟	观叶,叶终年紫红	5—6月观花,全年观叶
34	小贯众	观叶,叶总状排列,终年常绿	全年
35	花叶络石	观叶,叶有白色斑纹,常绿	全年
36	小叶牛至	常绿,花淡粉,叶小且有香味	6—7月观花,全年观叶
37	金叶牛至	常绿,花淡粉,叶金色且有香味	6—7月观花,全年观叶
38	牛至	常绿,花淡粉,6—7月开花,叶有香味	6—7月观花,全年观叶
39	大花马齿苋	观花,叶肉质草本,花色鲜艳,有白、深黄、红、紫等色	6—10月
40	彩叶草	观叶,叶色丰富多彩,叶面绿色,具黄、红、紫等斑纹	5—10月
41	四季秋海棠	观花,观叶,花色有红、白、粉等型;叶色有绿、紫红和铜红	5—10月
42	三色堇	观花,花大,有红、橙、紫、蓝、白和黄色及复色等色	12—5月
43	角堇	观花,花较小,有粉、紫、蓝、白和黄色等色	12—5月
44	何氏凤仙	观花,花色多,有红、洋红、玫红、粉、橙、白等色	5—10月
45	红莲子草	观花,观叶,叶对生,紫红色;花小,白色	5—10月
46	金叶过路黄	观叶,早春至秋季金黄色,冬季霜后略带暗红色	全年
47	姬凤梨	观叶,植株极矮,叶基生,叶质硬,阔披针形	5—11月

②配景植物材料:一般使用与周边环境形成良好过渡的矮灌木、开花、色叶地被、草花、观赏草等。

③特殊造型或拟态造型植物材料:可用芒草、细茎针茅、细叶苔草、金叶苔草等观赏草类制作。

(2)景观设计

作品应具有主题立意、寓意,展示园林特色,体现文化内涵。可表现与现实社会事件、活动或生活相关主题。景点体量与环境空间相适宜,空间构成有目的、有控制地在高度、形态、色彩对比上形成差异或焦点,产生凝聚或渲染效果。充分利用原有地形地貌,并与周边绿化景观、整体环境互相映衬、和谐互融。恰当运用非植物装饰材料,提高作品精细度和观赏效果。可使用活动构件,通过周期性动作或声光感应装置,使作品更具动感和趣味性;宜采用灯光装置,使作品具有夜间观赏效果。巧妙隐蔽喷灌、滴灌和灯光等辅助装置。

设计立体花坛时要注意高度与环境的协调。种植箱式可较高,台阶式不宜过高。除个别场合利用立体花坛作屏障外,一般应在人的视觉观赏范围之内。此外,高度要与花坛面积成比例。以四面观圆形花坛为例,一般高为花坛直径的1/6~1/4较好。设计时还应注意各种形式的立面花坛不应露出架子及种植箱或花盆,以充分展示植物材料的色彩或组成的图案。

(3)结构设计

结构设计一般包括骨架荷载、种植荷载、地面承载,并综合考虑施工环境、建造工艺。异型立体花坛应通过模型测试确保结构稳定。应当综合作品体量、植物材料、立地条件、固定方式及专用介质土用量等因素,设定恰当建造方式、结构形式,选择合适的材料、施工工艺、安全保障技术等。新工艺必须通过相关技术测试后投入实际运用。此外,还要考虑实施的可能性及安全性,如钢木架的承重及安全问题等。

(4)立体花坛举例

①标牌花坛:花坛以东、西两向观赏效果好,南向光照过强,影响视觉,北向逆光纹样暗淡,装饰效果差,因此,标牌花坛常设在道路转角处。常有两种方法:

a.用五色苋等观叶植物为表现字体及纹样的材料,栽种在15 cm×40 cm×70 cm的扁平塑料箱内。完成整体的设计后,每箱依照设计图案中所涉及的部分扦插植物材料,各箱拼组在一起则构成总体图样。之后,把塑料箱依图案固定在竖起(可垂直,也可斜面)的钢木架上,形成立面景观。

b.以盛花花坛的材料为主,表现字体或色彩,多为盆栽或直接种在架子内。架子为台阶式以一面观为主,架子呈圆台或棱台样式可作四面观。设计时要考虑阶梯间的宽度及梯间高差,阶梯高差小,则形成的花坛表面较细密。用钢架或砖及木板支成架子,然后花盆依图案设计摆放其上,或栽植于种植槽式阶梯架内,形成立面景观。

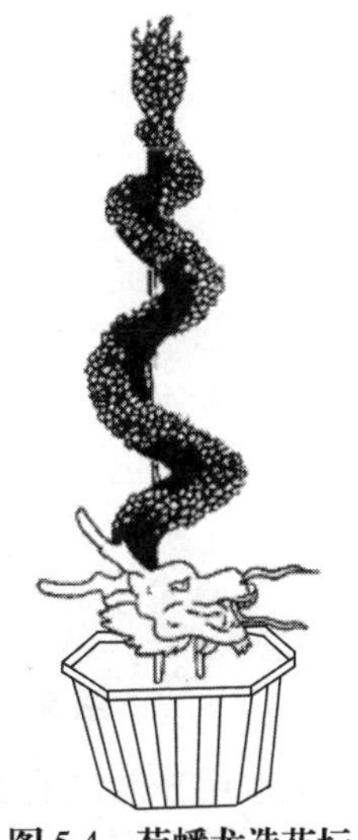
图5.4 菊蟠龙造花坛

②造型花坛:造型物的形象依环境及花坛主题来设计,可为花篮、花瓶、动物、植物、图徽及建筑小品等(图5.4),色彩应与环境的格调、气氛相吻合,比例也要与环境相协调。运用毛毡花坛的手法完成造型物,常

用的植物材料,如五色草类及小菊花。为施工布置方便,可在造型物下面安装有轮子的可移动基座。

5.1.4 花坛的施工

要把花坛及花坛群搬到地面上去,就必须要经过定点放线、砌筑边缘石、填土整地、图案放样、花卉栽种等几道工序。

1) 平面、斜面花坛的施工

(1)定点放线

①花坛群的定位与定点:根据设计图和地面坐标系统的对应关系,用测量仪器把花坛群的中心点,即中央主花坛的中心点的坐标测设到地面上。把纵横中轴线上的其他次中心点的坐标测设下来,将各中心点连线,即在地面上放出花坛群的纵轴线和横轴线。然后再依据纵横轴线,量出各处个体花坛的中心点,这样就可把所有花坛的位置在地面上确定下来。每一个花坛的中心点上,都要在地上钉一个小木桩作为中心桩。

②个体花坛的放线:对个体花坛,只要将其边线放大到地面上就可以了。正方形、长方形、三角形、圆形或扇形的花坛,只要量出边长和半径,都很容易放出其边线来。而椭圆形、正多边形花坛的放线就要复杂一点。

a.正五边形花坛的放线:如图 5.5 所示,已知一个边长 AB。分别以 A、B 为圆心,AB 为半径,作圆交于 C 及 D;以 C 为圆心,CA 为半径,作弧与二圆分别交于 E、F,与 CD 交于 G,连接 EG、FG 并延长之,分别与二圆交于 K、L;分别以 K、L 为圆心,AB 为半径,作弧交于 M;分别连接 AL、BK、LM、KM,即为正五边形 $ABKML$。

b.正多边形花坛的放线:如图 5.6 所示,已知一边为 AB。延长 AB,使 $BD=AB$,并分 AD 为几等分(本例为九等分);以 A、D 为圆心,AD 为半径,作弧得交点 E;以 B 为圆心,BD 为半径,作弧与 EZ 的延长线交于 C;过 A、B 及 C 点的圆即正几边形的外接圆。

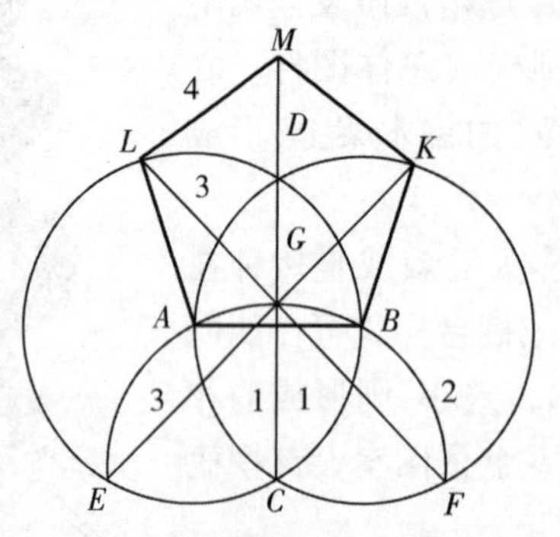

图 5.5 正五边形花坛的放线

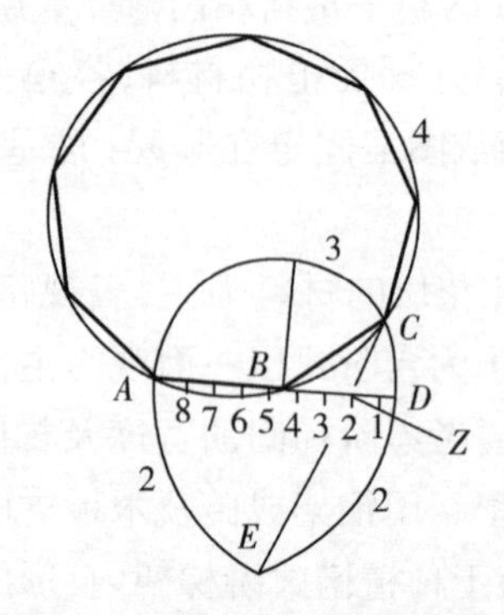

图 5.6 正多边形花坛的放线

c.椭圆形花坛的放线:如图 5.7 所示,已知长短轴 AB、CD。以 AB、CD 为直径作同心圆;作若干直径,自直径与大圆的交点作垂线与小圆交点作水平线相交,即得椭圆轨迹。

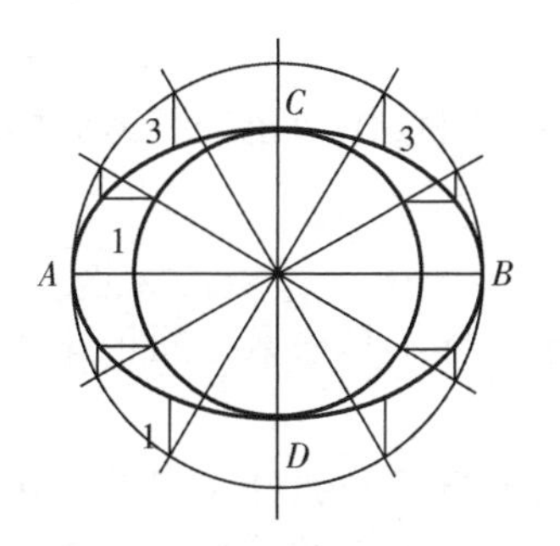

图 5.7　椭圆形花坛的放线

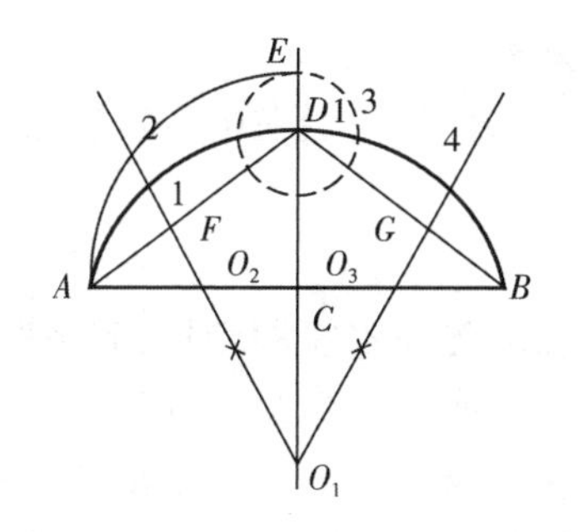

图 5.8　三心拱曲线花坛的放线

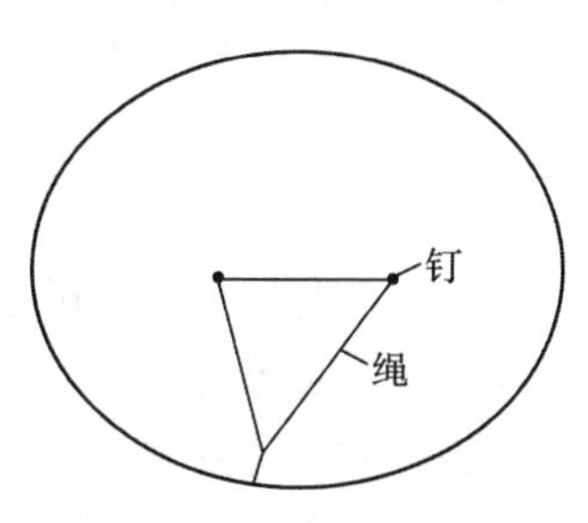

图 5.9　椭圆形花坛的放线

d.以三心拱曲线作椭圆：如图 5.8 所示，已知拱底宽 *AB* 及拱高 *CD*。连接 *AD*、*BD*，以 *C* 为圆心，*AC* 为半径作弧交 *CD* 的延长线于 *E*；以 *D* 为圆心，*DE* 的中垂线可得 O_1、O_2 及 O_3；以此 3 点为圆心作弧通过 *A*、*B* 及 *D*，即所求曲线。

e.椭圆形花坛的简易放线：如图 5.9 所示。在地面上钉两个木桩，取椭圆纵轴长度的 1/2 作为两木桩的间距；再取一根绳子，两端结在一起构成环状，绳子长度为木桩间距的 3 倍；将环绳套在两个木桩上，绳上拴一根长铁钉用来在地面画线；牵动绳子转圈画线，椭圆形就画成了；画圆时注意：绳子一定要拉紧，先画一侧的弧线，再翻过去画另一侧的弧线。

(2)砌筑花坛边缘石

①花坛边沿基础处理：放线完成后，应沿着已有的花坛边线开挖边缘石基槽。基槽的开挖宽度应比边缘石基础宽 10 cm 左右，深度可为 12~20 cm。槽底土面要整平、夯实。有松软处要进行加固，不得留下不均匀沉降的隐患。在砌基础之前，槽底还应做一个 3~5 cm 厚的粗砂垫层，作基础施工找平用。

②花坛边缘石砌筑：边缘石一般是以砖砌筑的矮墙，高 15~45 cm，其基础和墙体可用 1∶2 水泥砂浆或 M2.5 混合砂浆砌 MU7.5 标准砖做成。矮墙砌筑好之后，回填泥土将基础埋上，并夯实泥土。再用水泥和粗砂配成 1∶2.5 的水泥砂浆，对边缘石的墙面抹面，抹平即可，不要抹光。最后，按照设计，用磨制花岗石石片、釉面墙地砖等贴面装饰，或者用彩色水磨石、干粘石米等方法饰面。

③其他装饰构件的处理：有些花坛边缘还可能设计有金属矮栏花饰，应在边缘石饰面之前安装好。矮栏的柱脚要埋入边缘石，用水泥砂浆浇注固定。待矮栏花饰安装好后，再进行边缘石的饰面工序。

(3)花坛种植床整理

①翻土、去杂、整理、换土：在已完成的边缘石圈子内，进行翻土作业。一面翻土，一面挑选、清除土中杂物。若土质太差，应当将劣质土全清除掉，另换新土填入花坛中。

②施基肥：花坛栽种的植物都是需要大量消耗养料的，因此花坛内的土壤必须很肥沃。在花坛填土之前，最好先填进一层肥效较长的有机肥作为基肥，然后再填进栽培土。

③填土、整细：一般的花坛，其中央部分填土应该比较高，边缘部分填土则应低一些。单面观赏的花坛，前边填土应低些，后边填土则应高些。花坛土面应做成坡度为 5%~10%的坡面。在花坛边缘地带，土面高度应填至边缘石顶面以下 2~3 cm；以后经过自然沉降，土面即降到比边缘石顶面低 7~10 cm 之处，这就是边缘土面的合适高度。花坛内土面一般要填成弧形面或浅锥形面，单面观赏花坛的土面则要填成平坦土面或是向前倾斜的直坡面。填土达到要求后，

要把土面的土粒整细，耙平，以备栽种花卉。

④钉中心桩：花坛种植床整理好之后，应当在中央重新栽上中心桩，作为花坛图案放样的基准点。

(4)花卉栽植

①起苗：从花圃挖起花苗之前，应先灌水浸湿圃地，起苗时根土才不易松散。同种花苗的大小、高矮应尽量保持一致，过于弱小或过于高大的都不要选用。

②栽植季节：花卉栽植时间，在春、秋、冬三季基本没有限制，但夏季的栽种时间最好在上午 11 时之前和下午 4 时以后，要避开太阳暴晒。花苗运到后，应即时栽种，不要放了很久再栽。

③株行距：花坛花苗的株行距应随植株大小而确定。植株小的，株行距可为 15 cm×15 cm。植株中等大小的，可为(20 cm×20 cm)~(40 cm×40 cm)。对较大的植株，则可采用 50 cm×50 cm的株行距。五色苋及草皮类植物是覆盖型的草类，可不考虑株行距，密集铺种即可。

④栽植技术：栽植花苗时，一般的花坛都从中央开始栽，栽完中部图案纹样后，再向边缘部分扩展栽下去。在单面观赏花坛中栽植时，则要从后边栽起，逐步栽到前边。若是模纹花坛和标题式花坛，则应先栽模纹、图线、字形，后栽底面的植物。在栽植同一模纹的花卉时，若植株稍有高矮不齐，应以矮植株为准，对较高的植株则栽得深一些，以保持顶面整齐。

⑤浇水：花坛栽植完成后，要立即浇一次透水，使花苗根系与土壤密切接合。

由于平面或斜面花坛管理粗放，除采用幼苗直接移栽外，也可以在花坛内直接播种。出苗后，应及时进行间苗管理，同时应根据需要适当追肥，追肥后应及时浇水。球根花卉，不可施用未经充分腐熟的有机肥料，否则会造成球根腐烂。

2)模纹花坛种植施工

(1)整地翻耕

按照平面花坛要求进行外，平整要求更高，为了防止花坛出现下沉和不均匀现象，在施工时应增加 1~2 次镇压。

(2)上顶子

模纹式花坛的中心多数栽种苏铁、龙舌兰及其他球形盆栽植物，也有在中心地带布置高低层次不同的盆栽植物，称为“上顶子”。

(3)定点放线

上顶子的盆栽植物种好后，应将花坛的其他面积翻耕均匀、耙平，然后按图纸的纹样精确地进行放线。一般先将花坛表面等分为若干份，再分块按照图纸花纹，用白色细沙，撒在所画的花纹线上。也有用铅丝、胶合板等制成纹样，再用它在地表面上打样。

(4)栽植

一般按照图案花纹先里后外，先左后右，先栽主要纹样，逐次进行。如果花坛面积大，栽植困难，可搭搁板或扣匣子，操作人员踩在搁板或木匣子上栽植。栽种尽可能先用木槌子插眼，再将花草插入眼内用手按实。要求做到苗齐，地面达到上横一平面，纵看一条线。为了强调浮雕效果，施工人员事先用土做出形来，再把花草栽到起鼓处，则会形成起伏状。株行距离视五色草的大小而定，一般白草的株行距为 3~4 cm，小叶红草、绿草的株行距为 4~5 cm，大叶红草

的株行距为 5~6 cm。平均种植密度为 250~280 株/m^2。最窄的纹样栽白草不少于 3 行，绿草、小叶红、黑草不少于 2 行。花坛镶边植物火绒子、香雪球栽植宽度为 20~30 cm。

(5)修剪和浇水

修剪是保证花纹效果的关键。草栽好后可先行 1 次修剪，将草压平，以后每隔 15~20 d 修剪 1 次。有两种剪草法：一则平剪，纹样和文字都剪平，顶部略高一些，边缘略低。另一种为浮雕形，纹样修剪成浮雕状，即中间草高于两边。浇水，除栽好后浇 1 次透水外，以后应每天早晚各喷水 1 次。

3)立体花坛种植施工

(1)施工放样

构架式、嵌盆式、堆叠式立体花坛建造都需要按设计图进行施工放样，工序包括：总体放样、结构放样和细部放样。一般采用投影描图翻样法、模型翻样法、等比例放大法等。总体放样是对作品实地进行主体、配景位置确定，应设定参照点，保证各部件位置准确。结构放样是作品建造基础、制作主体骨架重要工序之一，一般采用等比例放大，构件尺寸与比例必须与设计要求相符。细部放样是进行植物栽植前，在作品主体表面、配景地域用色粉标示图案轮廓、植物品种，以保证造型、色彩准确。

(2)主体构件制作

①构架式立体花坛：内骨架制作按设计要求使用木材、钢材等制作内骨架。应确保结构承重达标、坚固不变形；复杂结构制作可以采取分段制作的方式。骨架内贯通高度 1.5 m 以上的，为防止专用介质土经雨水或浇灌后下沉而导致内部产生空洞，必须增加防沉降钢网带层和隔水层，一般垂直间距每 50~60 cm 设一层。外形骨架制作用焊接法把 8~12 mm 钢筋呈网状编织出外形轮廓。考虑到植物生长至少需预留约 5 cm 空间，每两根钢筋间距不得小于 15 cm。制作时应考虑到植物栽植后对立面图案效果的影响，宜对构件轮廓进行适当比例的调整，即钢筋外形轮廓相对于实际比例瘦身 5 cm，特别是人物、动物等有一定比例要求的造型；使造型的视觉感受更符合被模拟实物的形态，提高作品整体协调性。基座宽度与主体高度比例一般为 1∶1。应当根据主体构件高度、重量选用相应钢材型号、规格。主体的结构高度大于 3 m 或重量达到 500 kg 以上的，宜使用工字钢、槽钢或混凝土制作基座。摆放基座的地基必须夯实，以保证主体构件安放稳定。放置空间不能满足基座宽度的，必须采取打稳固桩、膨胀螺栓稳固、浇注混凝土基础等方法加固，在不影响景观及行人安全前提下可使用钢丝绳加固。

②嵌盆式立体花坛：构架制作按设计要求使用木材、钢材等制作构架。应确保结构承重达标、坚固不变形。固定构架前必须再次会同建筑物所属业主单位进行安装面稳定性检测，确保构架附着牢固、安装面无安全隐患。

③堆叠式立体花坛：中空基础构架制作，使用木材、钢材搭建出作品基本地形。应确保结构承重达标、坚固不变形，预置检查通道应能保证覆盖各承重结构、应保证通行畅通。进行表面覆盖后，应执行密闭空间安全操作相关规程，并加强安全监管。主景构架制作，采用构架式或嵌盆式制作技术进行表面主景构架制作。

(3)喷灌设施安装

在骨架制作通过验收、进行裱扎前安装供水管、滴灌部件；喷雾、喷灌部件安装在植物栽植完成后进行。

(4)裱扎与专用介质土填充

裱扎与专用栽培介质填充一般同步进行。由下至上用细铁丝按15 cm×15 cm间隔把棕皮、遮阴网布等固定到外形骨架上成方格状。分段裱扎，当裱扎至20~30 cm时，向内灌装专用栽培介质并夯实，应随时检查外形轮廓，以保证造型准确。

(5)植物栽植

①构架式立体花坛：进行细部放样后采用插入法栽植植物。由上往下开孔密植，孔径根据栽植植物土球大小来定。红绿草类穴盘苗宜控制在2 cm，种植密度控制在500~900株/m^2；植苗时要保证苗根舒展，填土应压实不漏土。小型构件、边缘部分栽植密度宜适当提高，使得外形饱满、线形流畅、防止裱扎层外露；需要安装辅助部件的，预留位置，在植物栽植完成后进行安装。

②嵌盆式立体花坛：植物采用单株直接放置的，将植物去盆、除去多余泥土后用棕片、海绵或无纺布包裹好根部待用，应当天完成放置，遇高温天气应采取措施防止植物脱水；使用模块的，植物栽植后应在地面养护3~7 d后再进行安装。细部放样后，由下至上把准备好的单株植物或模块放入构架并固定。需要安装辅助部件的，预留位置，在植物放置完成后进行安装。

③堆叠式立体花坛：植物栽植、放置按构架式、嵌盆式植物栽植工序进行植物栽植或将盆栽植物摆放到位。

(6)整形修剪

完成植物栽植并养护3 d后，根据设计和制作情况对植物进行精修剪，使轮廓更清晰、自然。配景植物使用花灌木的，要同步进行整形修剪，以保证总体比例得当，并去除枯枝、徒长枝等。

5.1.5 花坛的养护

1)花坛日常养护

(1)中耕除草

除杂草对于尚未郁闭的花坛，生长季节每月松土1次，除杂草2次，松土深度3~5 cm；非生长季节每月除杂草1次，每年4—5月和8—9月在松土的同时进行修边，修边宽度30 cm，线条要流畅。

(2)整形修剪

一般每年2—3月份重剪1次，保留30~50 cm，以促进侧枝发芽；以后每个月根据花坛养护标准进行修剪造型，中间高、两边低；中间高度根据品种不同而异，一般50~80 cm，形成曲面并有较好的园林美化效果。对模纹、图样、字形植物，要经常整形修剪，保持整齐的纹样，不使图案杂乱。修剪时，为了不踏坏花卉图案，可利用长条木板凳放入花坛，在长凳上进行操作。

(3)施肥

2—3月份重剪后以撒施基肥为主，0.5~1 kg/m^2，以后根据生长情况用复合肥进行追肥，结

合雨天洒施 0.1~0.15 kg/m^2，晴天施肥时应保证淋足水，施肥方法以撒施为主。对一、二年生草花可不再施肥，确有必要，也可以进行根外追肥，方法是用水、尿素、磷酸二氢钾、硼酸按 15 000 : 8 : 5 : 2 的比例配制成营养液，喷洒在花卉叶面上。

(4)补植

对因市政工程、交通事故、养护不当等造成的死苗要及时补植，一般应补回原来的种类，并力求规格与原来相近。

(5)淋水

补植后一个星期内每天淋水 1 次，施肥时加强淋水，一般情况下 2~3 d 淋水 1 次。

2)花坛养护标准

花坛的养护标准见表 5.2。

表 5.2 花坛的养护标准

序号	项目 \ 标准 \ 级别	一 级	二 级
1	景 观	①有精美的图案和色彩配置 ②株行距适宜 ③无缺株无倒伏 ④无枯枝残花	①色彩鲜明 ②株行距适宜 ③缺株倒伏量应小于 5% ④枯枝残花量应小于 5%
2	花 期	①花期一致 ②全年观赏期应大于 300 d ③确保重大节日有花，枝繁叶茂	①花期一致 ②草本花坛全年观赏期应大于 200 d ③木本花坛全年观赏期应大于 70 d ④确保重大节日有花
3	生 长	①生长健壮 ②茎干粗壮，基部分枝强健，蓬径饱满 ③花型正，花色纯，株高相等	①生长基本健壮 ②茎干粗壮，基部分枝强健，蓬径基本饱满 ③株高基本相等
4	设 施	围护设施完好，协调美观	围护设施完好
5	切 边	①边缘清晰，线条流畅和顺 ②宽度和深度应小于等于 15 cm	①边缘清晰 ②宽度和深度应小于等于 15 cm
6	排 灌	①排水通畅，严禁积水 ②不得有萎蔫现象	①排水通畅，无积水 ②基本无萎蔫现象，萎蔫率应小于 1%
7	有害生物控制	①基本无有害生物危害状 ②植株受害率应小于 3% ③无杂草	①无明显的有害生物危害状 ②植株受害率应小于 5% ③基本无杂草
8	清 洁	无垃圾	无垃圾

5.2 花 境

花境是指园林绿地中树坛、草坪、道路、建筑等边缘花卉带状布置的形式，是用来丰富绿地形式及色彩的一种有效方式。花境植物以宿根花卉为主，花境的布置形式以自然式为主，花境具有季相变化的特性，讲究纵向图案（景观）效果的特点。

5.2.1 花境的特点

花境有种植床，种植床两边的边缘线是连续不断的平行的直线或是有几何轨迹可循的曲线，是沿长轴方向演进的动态连续构图。这正是与自然花丛和带状花坛的不同之处。

花境植床的边缘可以有边缘石也可无，但通常要求有低矮的镶边植物；单面观赏的花境需有背景，其背景可以是装饰围墙、绿篱、树墙或格子篱等，通常呈规则式种植；花境内部的植物配植是自然式的斑块式混交，所以花境是过渡的半自然式种植设计。其基本构成单位是一组花丛，每组花丛由 5~10 种花卉组成，每种花卉集中栽植；花境主要表现花卉群丛平面和立面的自然美，是竖向和水平方向的综合景观表现。平面上不同种类是块状混交；立面上高低错落，既表现植物个体的自然美，又表现植物自然组合的群落美；花境内部植物配置有季相变化，四季（三季）美观，每季有 3~4 种花为主基调开放，形成季相景观。

5.2.2 花境的类型

1）按设计形式分

（1）单面观赏花境

单面观赏花境是传统的花境形式，多临近道路设置，常以建筑物、矮墙、树丛、绿篱等为背景，前面为低矮的边缘植物，整体前低后高，供一面观赏。

（2）双面观赏花境

双面观赏花境没有背景，多设置在草坪上或树丛间，植物种植是中间高两侧低，供两面观赏。

（3）对应式花境

对应式花境是在园路的两侧，草坪中央或建筑物周围设置相对应的两个花境，这两个花境呈左右二列式。在设计上统一考虑，作为一组景观，多采用拟对称的手法，以求得节奏和变化。

2）按植物选材分

（1）宿根花卉花境

宿根花卉花境全部由可露地过冬的宿根花卉组成。

(2)混合式花境

混合式花境种植材料以耐寒的宿根花卉为主,配置少量的花灌木、球根花卉或一、二年生花卉。这种花境季相分明,色彩丰富,应用较为广泛。

(3)专类花卉花境

专类花卉花境是由同一属不同种类或同一种不同品种植物为主要种植材料的花境。做专类花境用的宿根花卉要求花期、株形、花色等有较丰富的变化,从而体现花境的特点,如百合类花境、鸢尾类花境、菊花类花境等。

5.2.3 花境植物的选择

1)植物选择

全面了解植物的生态习性,并正确选择适宜材料是种植设计成功的根本保证。在诸多的生态因子中,光照和温度是主要因素。植物应在当地能露地越冬;在花境背景形成的局部半阴环境中,宜选用耐阴植物。此外,如对土质、水肥的要求可在施工中和以后管理上逐步满足。

根据观赏特性选择植物。因为花卉的观赏特征对形成花境的景观起着决定作用。种植设计正是把植物的株形、株高、花期、花色、质地等主要观赏特点进行艺术性地组合和搭配,创造出优美的群落景观。

选择植物应注意以下几个方面:a.在当地露地越冬,不需特殊管理的宿根花卉为主,兼顾一些小灌木、球根花卉和一、二年生花卉。b.花卉有较长的花期,且花期能分散于各季节。花序有差异,有水平线条与竖直线条的交差,花色丰富多彩。c.有较高的观赏价值。如芳香植物、花形独特的花卉、花叶均美的材料、观叶植物、某些禾本科植物也可选用。但一般不选用斑叶植物,因它们很难与花色调和。

2)色彩设计

花境的色彩主要由植物的花色来体现,植物的叶色,尤其是少量观叶植物的叶色也是不可忽视的。

(1)色彩的选择

宿根花卉是色彩丰富的一类植物,加上适当选用一些球根及一、二年生花卉,使得色彩更加丰富,在花境的色彩设计中可以巧妙地利用不同的花色来创造空间或景观效果。如把冷色占优势的植物群落放在花境后部,在视觉上有加大花境深度、增加宽度之感;在狭小的环境中用冷色调组成花境,有空间扩大感。在平面花色设计上,如有冷暖两色的两丛花,具有相似的株形、质地及花序时,由于冷色有收缩感,若使这两丛花的面积或体积相当,则应适当扩大冷色花的种植面积。利用花色可产生冷、暖的心理感觉,花境的夏季景观应使用冷色调的蓝紫色系花,给人带来凉意;而早春或秋天用暖色的红、橙色系花组成花境,可给人暖意。在安静休息区设置花境宜多使用暖色调的花。

(2)色彩的配置

花境色彩设计中主要有四种基本配色方法。单色系设计配色法不常用,只为强调某一环境的某种色调或一些特殊需要时才使用。类似色设计配色法常用于强调季节的色彩特征时使用,如早春的鹅黄色,秋天的金黄色等有浪漫的格调,但应注意与环境相协调。补色设计多用于花境的局部配色,使色彩鲜明、艳丽。多色设计是花境中常用的方法,使花具有鲜艳、热烈的气氛。但应注意依花境大小选择花色数量,若在较小的花境上使用过多的色彩反而产生杂乱感。

(3)色彩与环境

花境的色彩设计中还应注意,色彩设计不是独立的,必须与周围的环境色彩相协调,与季节相吻合。开花植物(花色)应布在整个花境中,避免某局部配色很好,但整个花境观赏效果差。

3)季相设计

花境的季相变化是它的特征之一。理想的花境应四季都有景观,寒冷地区可做到三季有景。花境的季相是通过种植设计实现的。利用花期、花色及各季节所具有的代表性植物来创造季相景观。植物的花期和色彩是表现季相的主要因素,花境中开花植物应接连不断,以保证各季的观赏效果(图 5.10)。

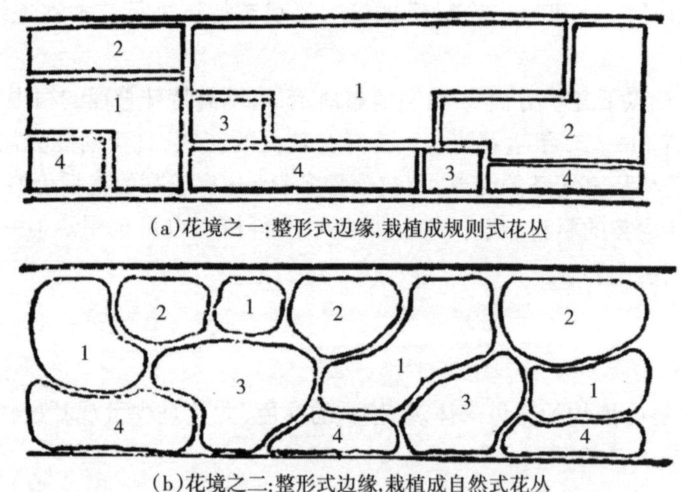

(a)花境之一:整形式边缘,栽植成规则式花丛

(b)花境之二:整形式边缘,栽植成自然式花丛

图 5.10 整形式边缘栽植花境图案与花卉配置方案

春开花者:1—金盏菊或一串红(大型);2—紫罗兰或金盏菊;3——串红(矮型)或勿忘草(白色);4—雏菊(白、粉红种)或三色堇(杂色)

夏开花者:1—飞燕草(蓝色)或虞美人(粉红色);2—高雪轮(粉红色)或花菱草(橙黄色);3—福禄考(红、白色)或石竹(杂色);4—美女樱(红粉色)或天冬草

秋开花者:1——串红(大型)或菊花(杂色);2—菊花(黄色种)或一串红;3—菊花(白色种)或茼蒿菊(白色);4——串红(矮型)或万寿菊(橙黄色)

4）立面设计

花境要有较好的立面观赏效果，以充分体现群落的美观。立面设计应充分利用植株的株形、株高、花序及观赏特性，利用植株高低错落有致，花色层次分明，创造出丰富美观的立面景观。

（1）植株高度

宿根花卉依种类不同，高度变化极大，可供选择的范围在几厘米到两三米。花境的立面安排一般原则是前低后高，在实际应用中，高低植物可有穿插，以不遮挡视线，实现景观效果为准。

（2）株形与花序

株形与花序相结合，构成花境的整体外形，可以分成水平型、直线型和独特型等三大类。水平型，植株圆浑，开花较密集，多为单花顶生或各类伞形花序，开花时形成水平方向的色块，如萱草、金光菊等。直线型，植株耸直，多为顶生总状花序或穗状花序，形成明显的竖线条，如火炬花、飞燕草、蛇鞭菊等。独特型，兼有水平及竖向效果，如鸢尾类、大花葱、石蒜等。花境在立面设计上最好有这三大类植物的外形比较，尤其是平面与竖向结合的景观效果更应突出。

（3）植株的质感

不同质感的植物搭配时要尽量做到协调。粗质地的植物显得近，细质地的植物显得远，这些特点都应在设计中加以利用。

5）平面设计

平面种植采用自然块状混植方式，每块为一组花丛，各花丛大小有变化。一般花后叶丛景观较差的植物面积宜小些。为使开花植物分布均匀，又不因种类过多造成杂乱，可把主花材植物分为数丛种在花境的不同位置。可在花后叶丛景观差的植株前方配植其他花卉给予弥补。使用少量球根花卉或一、二年生草花时，应注意该种植区的材料轮换，以保持较长的观赏期。

6）花境常用花卉

适于花境栽植的花卉很多，常用的有以下几类：

（1）春季开花的种类

此类有金盏菊、紫罗兰、荷包牡丹、飞燕草、桂竹香、山耧斗菜、风信子、花毛茛、郁金香、蔓锦葵、石竹类、马蔺、鸢尾类、铁炮百合、大花亚麻、剪夏萝、芍药等。

（2）夏季开花的种类

此类有葱兰、桔梗、卷丹、鸢尾、矢车菊、玉簪、百合、宿根福禄考、晚香玉、蜀葵、射干、美人蕉、大丽花、唐菖蒲、向日葵、萱草类等。

（3）秋季开花的种类

此类有万寿菊、醉蝶花、麦秆菊、硫华菊、翠菊、荷花菊、雁来红、乌头、百日草、鸡冠花、凤仙、紫茉莉等。

5.2.4 花境的施工

1)整床及放线

按平面图纸用白粉或沙在植床内放线,对有特殊土壤要求的植物,可在某种植区采用局部换土措施。要求排水好的植物可在种植区土壤下层添加石砾。对某些根蘖性过强,易侵扰其他花卉的植物,可在种植区边界挖沟,埋入砖或石板、瓦砾等进行隔离。

2)栽植

大部分花卉的栽植时间以早春为宜,尤其要注意春季开花的要尽量提前在萌动前移栽,必须秋季才能栽植的种类可先以其他种类,如时令性的二年生花卉或球根花卉替代。栽植密度以植株覆盖床面为限。若栽植成苗,则应按设计密度栽好。若栽种小苗,则可适当密些,以后再行疏苗,否则过多地暴露土面会导致杂草滋生并增加土壤水分蒸发。

5.2.5 花境的养护

1)花境日常养护

花境种植后,随时间推移会出现局部生长过密或稀疏的现象,需及时调整,以保证其景观效果。早春或晚秋可更新植物(如分株或补栽),并把秋末覆盖地面的落叶及经腐熟的堆肥施入土壤。管理中注意灌溉和中耕除草。混合式花境中灌木应及时修剪,保持一定的株形与高度。花期过后及时去除残花等。精心管理的花境,可以保持3~5年的观赏效果,灌木花境更长。

2)花境养护标准

花境的养护标准见表5.3。

表5.3 花境的养护标准

序号	级别 标准 项目	一 级	二 级
1	景 观	①植物配置错落有致,色彩、叶形对比协调,背景丰满,季相变化明显 ②观花花卉适时开花,花色鲜艳,观叶植物叶色正常,观赏期长 ③株行距适宜	①植物配置错落有致,有季相变化 ②观花花卉适时开花,观叶植物叶色正常 ③株行距适宜

续表

序号	标准 级别 / 项目	一　级	二　级
2	生　长	①生长健壮,枝叶茂盛 ②枯枝残花量应小于5%	①生长正常 ②枯枝残花量应小于8%
3	设　施	围护设施完好,协调美观	围护设施完好
4	排　灌	①排水通畅,严禁积水 ②不得有萎蔫现象	①排水通畅,无积水 ②基本无萎蔫现象,萎蔫率小于1%
5	有害生物控制	①基本无有害生物危害状 ②植株受害率应小于5% ③无影响景观面貌的杂草	①无明显的有害生物危害状 ②植株受害率应小于10% ③基本无影响景观面貌的杂草
6	清　洁	10 m^2 范围内废弃物不得大于3个	10 m^2 范围内废弃物不得大于5个

思考题

1.什么是花坛？花坛的类型有哪些？

2.简述花坛的设计。

3.简述花坛的施工与养护。

4.什么是花境？花境的类型有哪些？

5.简述花境的设计。

6 草坪与地被植物的种植与养护

本章导读 本章主要介绍了草坪与地被植物的概念、区别和应用范围;草坪的分类、建植与养护;地被植物的分类、种植与养护等内容。要求掌握草坪建植和养护技术;熟悉地被植物的种植和养护技术;了解草坪与地被植物的区别及其应用范围。

6.1 草坪与地被植物概述

6.1.1 草坪与地被植物的概念

1)地被植物的概念

地被植物是指覆盖在地面上的低矮植物。其中包括草本、低矮匍匐灌木和蔓性藤本植物。在地被植物的定义中,使用"低矮"一词,低矮是一个模糊的概念。有学者将地被植物的高度标准定为1 m,并认为,有些植物在自然生长条件下,植株高度超过1 m,但是,它们具有耐修剪或苗期生长缓慢的特点,通过人为干预,可以将高度控制在1 m以下。《中国农业百科全书》(观赏园艺卷)则对地被植物的"低矮"规定为50 cm以下。其特点是多样性丰富,观赏性很高,生态适应性很强,资源丰富,应用广泛,发展前景广阔。

2)草坪的概念

草坪是以禾本科草或其他质地纤细的植被为覆盖,并以它们大量的根或匍匐茎充满土壤表层的地被,是由草坪草的地上部分以及根系和表土层构成的整体。草坪草是指能够形成草皮或草坪,并能耐受定期修剪和人、物使用的一些草本植物品种。草坪草是最为人们熟悉的地被植物。

草坪这个概念包含以下三个方面的内容:

①草坪的性质为人工植被:它由人工建植并需要定期修剪等养护管理,或由天然草地经人工改造而成,具有强烈的人工干预的性质。这是与天然草地的区别。

②草层低矮、多年生草本:其基本的景观特征是以低矮的多年生草本植物为主体相对均匀地覆盖地面。以此与其他园林地被植物相区别。

③草坪具有明确的使用目的:其目的是为了保护环境、美化环境以及为人类娱乐和体育活动提供优美舒适的场地。以此与放牧或人工割草地相区别。

6.1.2　草坪与地被植物的区别

地被植物和草坪植物一样,都可以覆盖地面,涵养水分,但地被植物有许多草坪植物所不及的特点:

①地被植物个体小、种类繁多、品种丰富。地被植物的枝、叶、花、果富有变化,色彩万紫千红,季相纷繁多样,能营造多种生态景观。

②地被植物适应性强,生长速度快,可以在阴、阳、干、湿多种不同的环境条件下生长,弥补了乔木生长缓慢、下层空隙大的不足,在短时间内可以收到较好的观赏效果。

③地被植物中的木本植物有高低、层次上的变化,而且易于造型修饰成模纹图案。

④繁殖简单,一次种下,多年受益。在后期养护管理上,地被植物较单一的大面积的草坪,病虫害少,不易滋生杂草,养护管理粗放,不需要经常修剪和精心护理,减少了人工养护花费的精力。

6.1.3　草坪与地被植物的应用范围

1)草坪的应用范围

用于城市绿化、美化和组成园林的绿化地,以其多少、好坏而显示的物质、精神文明。所以,在国际上,将草坪作为衡量现代化城市环境质量和文明程度的重要标志之一。这些用于城市广场、街道、庭院、园林景点的草坪,要求美观,称为观赏草坪或园林草坪。用于足球、网球、高尔夫球等球类以及赛马场的运动竞技草坪,采用耐践踏又有适当弹性的草坪。用于绿化环境,保持水土的环保草坪,采用耐瘠,耐旱或耐湿、耐寒或耐热又耐践踏的各种草种,能在恶劣的环境中生长,如公路、铁路边或江河、水库边的护坡、护堤草坪,起到了保持水土的作用;又与其他的许多草坪一起,发挥调节气候、净化空气、减轻噪声、吸附灰尘、防止风沙等的绿化作用。

2)地被植物的应用范围

北方地区由于受气候条件的影响,园林景观的季节性变化非常明显,这为地被植物的选择应用提供了很大的空间。如何选择恰当的地被植物增加北方园林景观的美感,延长游憩和观赏期显得颇为重要。

(1)地被植物栽植的地点

①园林中处于斜坡的、来往人较少的地被兼有绿化、美化和保持水土的功效。

②栽培条件差的地方如土壤贫瘠、砂石多、阳光郁闭或光照不足、风力强劲、建筑物残余基础地等场所,地被植物可起到消除死角的作用。

③某些不允许践踏之处可借地被植物阻止入内。

④养护管理不方便的地方,如水源不足、剪草机械不能入内、分枝很低的大树下等地块选用覆盖能力强、耐粗放管理的地被很适宜。

⑤不经常有人活动的地块,多集中在边角处或景点较少园路未完全延伸到的地方,地被植物可在一定程度上弥补整体景观的缺憾。

⑥出于衬托景物的需要,如雕塑溪边花坛花境镶边处,可用地被植物加强立体景观效果。

⑦杂草猖獗的地方,可利用适应强生长迅速的地被植物人为建立起优势种群抑制杂草滋生。

此外,对于园林中乔灌木林下大片的空地,选择耐阴性好观赏期长观赏价值较高又耐粗放管理的地被种类,不仅能增加景观效果,又不需花太多的人力、物力去养护,如北京天坛公园柏树林下成片的二月兰,早春开出蓝色的小花甚为美观。

(2)地被植物的生态配置

①空旷地上地被植物:在应用上多以阳性地被植物为主,如太阳花、孔雀草、金盏菊、一串红、矮石竹、羽衣甘蓝、香雪球、白花三叶草、红花三叶草、银叶菊、匍地柏、爬山虎、长春花、过路黄、彩叶草、蝴蝶花等。

②林下地上地被植物:由于林下阴浓、湿润,一般应选用阴性地被,如虎耳草、玉簪、八角金盘、桃叶珊瑚、杜鹃、紫金牛、八仙花、万年青、一叶兰、麦冬、吉祥草、活血丹等。

③林缘、疏林地上地被植物:林缘地带、行道树树池、孤植树冠幅正投影下、疏林下往往处于半荫蔽状态,可根据不同的荫蔽程度选用各种不同的耐阴性地被植物,如十大功劳、南天竹、八仙花、爬山虎、六月雪、栀子、鸭跖草、紫鸭跖草、垂盆草、鸢尾、常春藤、蔓长春花、鹅毛竹、菲白竹等。

6.2 草　坪

6.2.1 草坪的分类

目前国内外还没有统一的草坪分类标准,根据草坪的功能作用和生长特性,有以下几种常用分类方式。

1)按草坪的用途分

(1)观赏草坪

园林绿地中,专供欣赏的草坪,称为观赏草坪。主要铺设在广场、街头绿地、雕塑、喷泉、纪

念物周围或前或后，作为背景装饰或陪衬景观。这类草坪周边多采用精美的栏杆加以保护，不允许游人入内践踏。草种要求平整、低矮、色泽亮丽一致、茎叶细柔密集，栽培管理要求精细，并严格控制杂草生长。

(2)休息草坪

这类草坪在绿地中没有固定的形状，面积可大可小，管理粗放，通常允许游人入内散步、休息、游戏及进行各类户外活动。此类草坪一般铺设在大型绿地中，如学校、疗养院、医院、有条件的居住区。草种要求耐践踏，萌生力强，返青早，枯黄晚。

(3)运动草坪

运动草坪是铺设作为开展各类体育活动和娱乐活动的草坪，如足球场、高尔夫球场、武术、网球场等。草种要求耐践踏，耐修剪，生长势强。如狗牙根、结缕草类。

(4)护坡固堤草坪

护坡固堤草坪是为保护坡地和岸堤免遭冲刷和侵蚀而铺设的草坪，如种植在铁路、公路、水库、堤岸、陡坡等处的草坪，其主要作用是保持水土不流失。草种要求根茎发达、草层紧密、固土力强、耐旱、耐寒的种类，如结缕草、竹节草等。最好采用种子直播或使用草坪带快速铺设。

(5)疏林草地

疏林草地以草坪为主景，缀以丛植的灌木或小乔木，形成树木和草地相结合的草地景观。一般铺设在城市近郊或工矿区周围，或与疗养院、风景区、森林公园、防护林带相结合。它的特点是，局部林木密集，夏季可以供游人蔽荫，林间空旷草地，可供人们活动和休息。这类草坪多用地形排水，管理粗放，造价较低。草种可采用混合草种，营造一种回归自然的野趣植物景观。

2)按草种的起源和适宜气候分类

(1)暖季型草坪

暖季型草坪也称“夏绿型草坪”，它起源于热带非洲，其主要特点是：冬季呈休眠状态，早春开始返青复苏，夏季生长旺盛，进入晚秋，一经霜害，其茎叶枯萎褪绿，地下部分开始休眠越冬。最适生长温度为26~35 ℃。我国目前栽培的暖季型草种，大部分适合于黄河流域以南的华中、华东、华南、西南广大地区。暖季型草种中的野牛草，性状类似于冷季型草，在华中以南地区栽培，不耐炎热，在北方栽培生长良好(图6.1)。

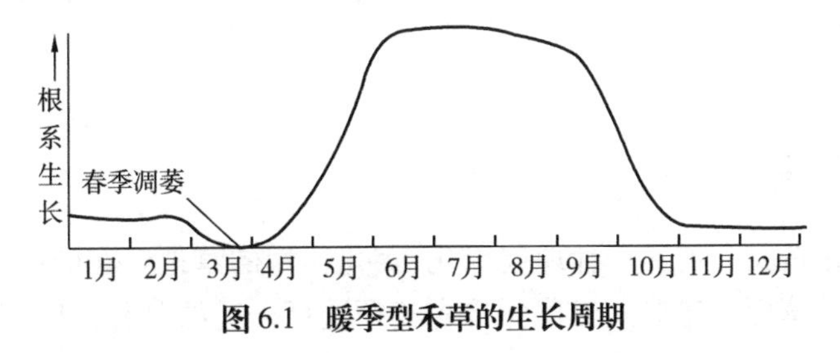

图6.1 暖季型禾草的生长周期

(2)冷季型草坪

冷季型草坪原产于北美洲，最适生长温度约25 ℃。其主要特点为：耐寒性较强，在部分地区冬季呈常绿状态,夏季不耐炎热,春、秋两季生长茂盛,仲夏后转入休眠或半休眠状态(图6.2),如早熟禾、高羊茅等。其中也有部分品种,由于适应性较强,亦可在我国中南及西南地区栽培,如剪股颖属、草地早熟禾、黑麦草。

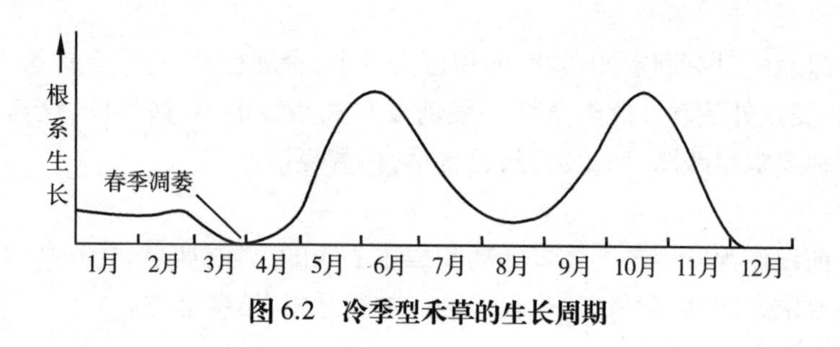

图 6.2　冷季型禾草的生长周期

3)按草种组合方式分

(1)单一草坪

单一草坪一般是用一种草种或品种铺设形成的草坪。在我国北方地区,多选用野牛草、羊胡子草等植物来铺设单一草坪。在华中、华南、华东等地则选用马尼拉草、中华结缕草、地毯草、草地早熟禾等铺设单一草坪。由于单一草坪生长整齐美观、低矮、稠密、叶色一致、养护管理要求精细,多用作观赏或栽培在花坛中间。供人们欣赏,一般面积不能太大。

(2)混合草坪

根据草坪的功能,将两种或两种以上草种混合配植铺设形成的草坪,称混合草坪或混栽草坪。可以按照草坪植物的功能性质和人们的需要,按比例配合,如夏季生长良好的和冬季抗寒性强的混合;宽叶草种和细叶草种混合。混合栽培不仅能延长草坪植物的绿色观赏期,而且能提高草坪的使用效果和防护功能。如高尔夫球场,球座要求再生力强的草种(狗牙根、早熟禾等);球盘区要求叶片纤细、平坦的草种(剪股颖);球道则用50%早熟禾、40%紫羊茅、10%剪股颖混植。

(3)缀花草坪

缀花草坪通常是在草坪规划时,在以禾草植物为主的草坪上,留出一定面积,用以散植或丛植少许低矮的多年生开花植物或观叶植物。如韭兰、鸢尾、紫叶小檗、石蒜、葱兰、红花酢浆草等。这些植物的数量,一般不超过草坪总面积的1/4~1/3。分布有疏有密,自然错落,有时有花,有时花与叶隐没于草丛中。缀花草坪最好铺设于人流较少的休息草地,供游人欣赏休息。

6.2.2　草坪的建植

草坪是指人工建造及人工养护管理起绿化、美化作用的草地。在园林绿地、庭园、运动场等地多为人工建造的草坪。建造人工草坪首先必须选择合适的草种,其次是采用科学的栽植及管理方法。

1)草种选择

建造草坪时所选用的草种是草坪能否建成的基本条件。

(1)影响草种选择的因素

了解使用环境条件,尤其注意适用种植地段的小环境;使用功能、场所不同,对草种的选择也应有所不同;根据养护管理条件选择,在有条件的地方可选用需精细管理的草种,而在环境条件较差的地区,则应选用抗性强的草种。

(2)草坪草的一般特性

地上生长点低,并有坚韧叶鞘的多重保护;叶小型、多数、细长、直立;多为低矮的丛生型或匍匐型,覆盖力强;适应性强;繁殖力强。

(3)草坪草的坪用特性

草坪草为草本植物,具有一定的柔软度,叶低而细,多密生,因此,草坪具有一定的弹性,有良好的触感;一般为匍匐型和丛生型,能密切覆盖地表,使整体颜色美丽均一,因此,草坪可以形成美丽的草毯;生长旺盛,分布范围广,再生能力强;对环境适应力强,能够较好地适应外界环境条件的变化,尤其是干旱、强风等不良环境条件;多数草坪草结实率高,容易收获,易于种子直接建坪或者易于以匍匐茎、草皮、植株等进行营养繁殖,易于建造大面积草坪;通常无刺及其他刺人器官,一般无毒,也不具有不良气味和弄脏衣物的乳汁。

总之,选用草种应对使用环境、使用目的及草种本身有充分的了解,才能使草坪充分发挥其功能效益,各省常用草坪植物一览表,见表6.1。

表6.1 各省常用草坪植物一览表

省 份	草坪植物
北京、天津、河北、内蒙古、山西、山东	野牛草、结缕草、紫羊茅、羊茅、苇状羊茅、林地早熟禾、草地早熟禾、加拿大早熟禾、早熟禾、小糠草、匍茎剪股颖、白颖苔草、异穗苔草
黑龙江、吉林、辽宁	野牛草、结缕草、草地早熟禾、林地早熟禾、加拿大早熟禾、匍茎剪股颖、紫羊茅、白颖苔草
新疆、青海、甘肃、宁夏、陕西	野牛草、结缕草、狗牙根、草地早熟禾、早熟禾、林地早熟禾、加拿大早熟禾、紫羊茅、苇状羊茅、匍茎剪股颖、小糠草、白颖苔草
西藏、四川、云南、贵州、重庆	狗牙根、假俭草、草地早熟禾、紫羊茅、羊茅、多年生黑麦草、双穗雀稗、小糠草、竹节草、中华结缕草
上海、江苏、安徽、浙江	狗牙根、假俭草、结缕草、细叶结缕草、马尼拉结缕草、草地早熟禾、早熟禾、匍茎剪股颖、小糠草、紫羊茅、两耳草、双穗雀稗
河南、湖北、湖南、江西	狗牙根、假俭草、结缕草、细叶结缕草、马尼拉结缕草、草地早熟草、早熟禾、紫羊茅、羊茅、小糠草、匍茎剪股颖、双穗雀稗
广西、广东、福建、海南	狗牙根、地毯草、假俭草、两耳草、双穗雀稗、竹节草、细叶结缕草、中华结缕草、马尼拉结缕草、沟叶结缕草、弓果黍

2)场地准备

铺设草坪和栽植其他植物不同,在建造完成以后,地形和土壤条件很难再行改变。要想得到高质量的草坪,应在铺设前对场地进行处理,主要应考虑地形处理、土层厚度、土地平整、耕翻及排灌系统。

(1)土层的厚度

一般认为草坪植物是低矮的草本植物,没有粗大主根,与乔灌木相比,根系浅。因此,在土层厚度不足以种植乔灌木的地方仍能建造草坪。草坪植物的根系 80%分布在 40 cm 以上的土层中,而且 50%以上是在地表以下 20 cm 的范围内。虽然有些草坪植物能耐干旱,耐瘠薄,但种在 15 cm 厚的土层上,会生长不良,应加强管理。为了使草坪保持优良的质量,减少管理费用,应尽可能使土层厚度达到 40 cm 左右,最好不小于 30 cm。在小于 30 cm 的地方应加厚土层。

(2)土地的平整与耕翻

这一工序的目的是为草坪植物的根系生长创造条件。其步骤如下:

①杂草与杂物的清除:清除目的是便于土地的耕翻与平整,但更主要的是为了消灭多年生杂草。为避免草坪建成后杂草与草坪草争水分、养料,在种草前应彻底把杂草消灭。可用"草甘膦"等灭生性的内吸传导型除草剂[0.2~0.4 mL/m^2(成分量)],使用后 2 周可开始种草。此外,还应把瓦块、石砾等杂物全部清出场地外。瓦砾等杂物多的土层应用 10 mm×10 mm 的网筛过一遍,以确保杂物除净。

②初步平整、施基肥及耕翻:在清除了杂草和杂物的地面上应初步作一次起高填低的平整。平整后撒施基肥,然后普遍进行一次耕翻。土壤疏松、通气良好有利于草坪植物的根系发育,也便于播种或栽草。

③更换杂土与最后平整:在耕翻过程中,若发现局部地段土质欠佳或混杂的杂土过多,则应换土。虽然换土的工作量很大,但必要时须彻底进行,否则会造成草坪生长极不一致,影响草坪质量。

为了确保新建草坪的平整,在换土或耕翻后应灌 1 次透水或滚压 2 遍,使坚实程度不同的地方能显出高低,以利最后平整时加以调整。

(3)排水及灌溉系统

草坪与其他场地一样,需要考虑排除地面水,因此,最后平整地面时,要结合考虑地面排水问题,不能有低凹处,以避免积水。做成水平面也不利于排水,草坪多利用缓坡来排水。在一定面积内修一条缓坡的沟道,其最低下的一端可设雨水口接纳排出的地面水,并经地下管道排走,或以沟直接与湖池相连。理想的平坦草坪的表面应是中部稍高,逐渐向四周或边缘倾斜。建筑物四周的草坪应比房基低 5 cm,然后向外倾斜。

地形过于平坦的草坪或地下水位过高或聚水过多的草坪、运动场的草坪等均应设置暗管(图 6.3)或明沟排水,最完善的排水设施是用暗管组成一系统与自由水面或排水管网相连接。

草坪灌溉系统是兴造草坪的重要项目,目前国内外草坪大多采用喷灌。为此,在场地最后整平前,应将喷灌管网埋设完毕。

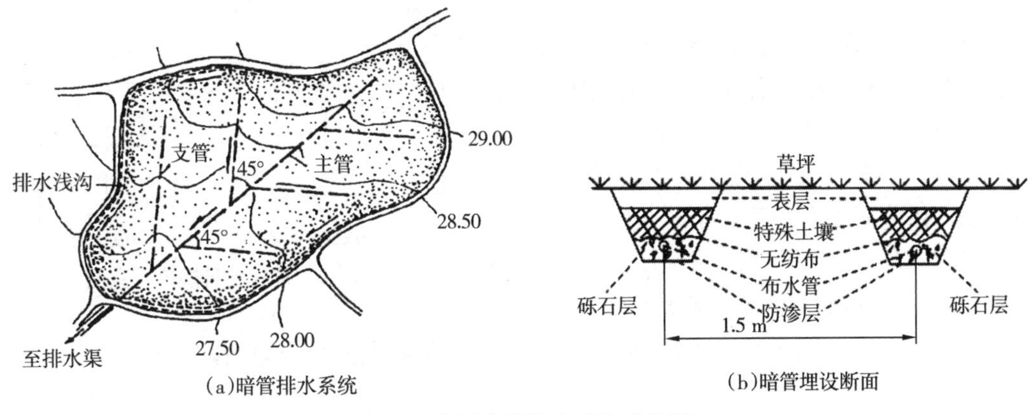

(a)暗管排水系统　　(b)暗管埋设断面

图 6.3　草坪暗管排水系统示意图

3)种植方法

有了合适的草源和准备好的土地,就可以种草。用播种、铺草块、栽草根或栽草蔓等方法均可。

(1)播种法

播种法一般用于结籽量大而且种子容易采集的草种。如野牛草、羊茅、结缕草、苔草、剪股颖、早熟禾等都可用种子繁殖。要取得播种的成功,应注意以下几个问题:

①种子的质量:质量指两方面,一般要求纯度在90%以上,发芽率在50%以上。

②种子的处理:有的种子发芽率不高并不是因为质量不好,而是因各种形态、生理原因所致。为了提高发芽率,达到苗全、苗壮的目的,在播种前可对种子加以处理。如细叶苔草的种子可用流水冲洗数十小时;结缕草种子用0.5%的NaOH浸泡48 h,用清水冲洗后再播种;野牛草种子可用机械的方法搓掉硬壳等。

③播种量:草坪种子播种量越大,见效越快,播后管理越省工。种子有单播和2~3种混播的。单播时,一般用量为10~20 g/m^2。应根据草种、种子发芽率等而定。混播则是在依靠基本种子形成草坪以前的期间内,混种一些覆盖性快的其他种子。例如:早熟禾85%~90%与剪股颖15%~10%。草坪的播种量和播种期参考表6.2。

表 6.2　草坪的播种量和播种期

草　种	播种量/($g \cdot m^{-2}$)	播种期
狗牙根	10~15	春
羊茅	15~25	秋
剪股颖	5~10	秋
早熟禾	10~15	秋
黑麦草	20~30	春和秋

④播种时间:暖季型草种为春播,可在春末夏初播种;冷季型草种为秋播,北方最适合的播种时间是9月上旬。

⑤播种方法:有条播及撒播。条播有利于播后管理,撒播可及早达到草坪均匀的目的。条

播是在整好的场地上开沟,深 5~10 cm,沟距 15 cm,用等量的细土或砂与种子拌匀撒入沟内。不开沟为撒播,播种人应作回纹式或纵横向后退撒播(图 6.4)。播种后轻轻耙土镇压使种子入土 0.2~1 cm。播前灌水有利于种子的萌发。

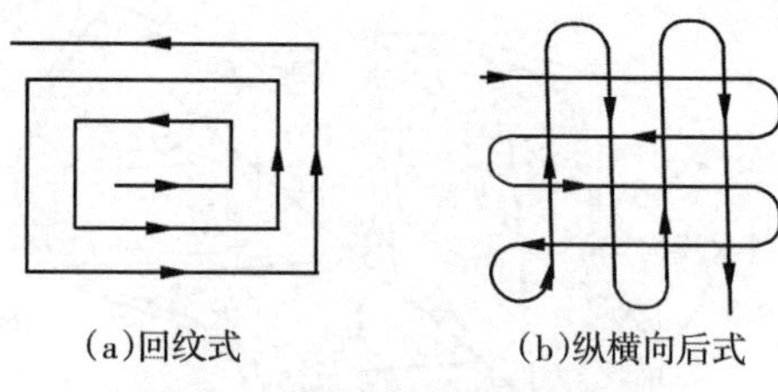

图 6.4　草坪播种顺序示意图

⑥播后管理:充分保持土壤湿度是保证出苗的主要条件。播种后根据天气情况每天或隔天喷水,幼苗长至 3~6 cm 时可停止喷水,但要经常保持土壤湿润,并要及时清除杂草。

(2)栽植法

用植株繁殖较简单,能大量节省草源,一般 1 m^2 的草块可以栽成 5~10 m^2 或更多一些。与播种法相比,此法管理比较方便,已成为我国北方地区种植匍匐性强的草种的主要方法。

①种植时间:全年的生长季均可进行。但种植时间过晚,当年就不能覆满地面。最佳的种植时间是生长季中期。

②种植方法:分条栽与穴栽。草源丰富时可以用条栽,在平整好的地面以 20~40 cm 为行距,开 5 cm 深的沟,把撕开的草块成排放入沟中,然后填土、踩实。同样,以 20~40 cm 为株行距穴栽也可以。

为了提高成活率,缩短缓苗期,移植过程中要注意两点:一是栽植的草要带适量的护根土(心土),二是尽可能缩短掘草到栽草的时间,最好是当天掘草当天栽。栽后要充分灌水,清除杂草。

(3)铺栽法

铺栽法的主要优点是形成草坪快,可以在任何时候(北方封冻期除外)进行,且栽后管理容易。缺点是成本高,并要求有丰富的草源。

①选定草源:要求草生长势强,密度高,而且有足够大的面积为草源。

②铲草皮:先把草皮切成平行条状,然后按需要横切成块,草块大小根据运输方法及操作是否方便而定,大致有以下几种:45 cm×30 cm、60 cm×30 cm、30 cm×12 cm 等。草块的厚度为 3~5 cm,国外大面积铺栽草坪时,亦常见采用圈毯式草皮。

③草皮的铺栽方法常见下列三种(图 6.5):

a.无缝铺栽:这是不留间隔全部铺栽的方法。草皮紧连,不留缝隙,相互错缝。要求快速建成草坪时常使用此方法。草皮的需要量和草坪面积相同(100%)。

b.有缝铺栽:各块草皮相互间留有一定宽度的缝进行铺栽。缝的宽度为 4~6 cm,当缝宽为 4 cm 时,草皮必须占草坪总面积的 70%。

c.方格型花纹铺栽:这种方法虽然建成草坪较慢,但草皮的需用量只需占草坪面积的 50%。

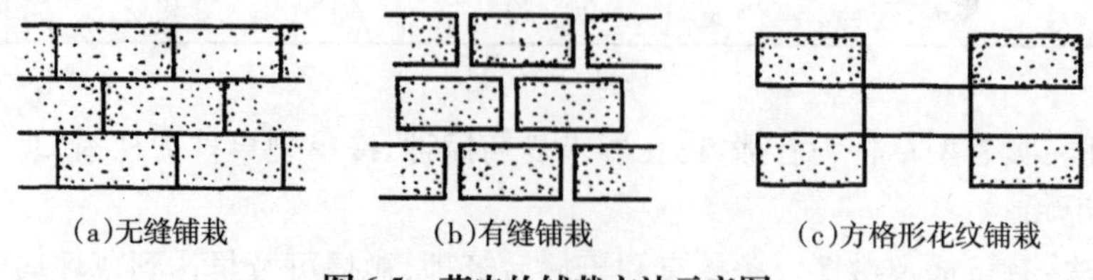

图 6.5　草皮的铺栽方法示意图

(4)植生带法

草坪植生带是用再生棉经一系列工艺加工制成的有一定拉力、透水性良好、极薄的无纺布,并选择适当的草种、肥料按一定的数量、比例通过机器撒在无纺布上,在上面再覆盖一层无纺布,经黏合滚压成卷制成。它可以在工厂中采用自动化的设备连续生产制造,成卷入库,每卷 50 m^2 或 100 m^2,幅宽 1 m 左右。

在经过整理的地面上满铺草坪植生带,覆盖 1 cm 筛过的生土或河沙,早晚各喷水 1 次,一般 10~15 d(有的草种 3~5 d)即可发芽,1~2 个月就可形成草坪,覆盖率 100%,成草迅速,无杂草。

(5)吹附法

近年来国内外也有用喷播草籽的方法培育草坪,即用草坪草种子加上泥炭(或纸浆)、肥料、高分子化合物和水混合浆,储存在容器中,借助机械力量喷到需育草的地面或斜坡上,经过精心养护育成草坪。

6.2.3 草坪的养护

1)日常养护

草坪日常养护管理工作主要包括:浇灌、施肥、修剪、除杂草、通气等环节。

(1)浇灌

草坪植物的含水量占鲜重的 75%~85%,叶面的蒸腾作用要耗水,根系吸收营养物质必须有水作媒介,营养物质在植物内的输导也离不开水,一旦缺水,草坪生长衰弱,覆盖度下降,甚至会枯黄而提前休眠。因此,建造草坪时必须考虑水源,草坪建成后必须合理灌溉。

①灌溉方法:没有被污染的井水、河水、湖水、水库存水、自来水等均可作灌溉水源。国内外目前试用城市“中水”作绿地灌溉用水。随着城市中绿地不断增加,用水量大幅度上升,给城市供水带来很大的压力。“中水”不失为一种可靠的水源。

灌溉方法有地面漫灌、喷灌和地下灌溉等。

a.地面漫灌:是最简单的方法,其优点是简便易行,缺点是耗水量大,水量不够均匀,坡度大的草坪不能使用。采用这种灌溉方法的草坪表面应相当平整,且具有一定的坡度,理想的坡度是 0.5%~1.5%。这样的坡度用水量最经济,但大面积草坪要达到以上要求较为困难,因而有一定局限性。

b.喷灌:是使用设备让水像雨水一样淋到草坪上。其优点是能在地形起伏变化大的地方或斜坡使用,灌溉量容易控制,用水经济,便于自动化作业。主要缺点是建造成本高。但此法仍为目前国内外采用最多的草坪灌水方法。

c.地下灌溉:灌溉水借土壤下毛细管作用自下而上湿润土壤,达到灌溉植物目的的灌溉方法,也称渗灌。此法可避免土壤紧实,并使蒸发量及地面流失量减到最低程度。节省水是此法最突出的优点。然而由于设备投资大,维修困难因而使用此法灌水的草坪甚少。

②灌水时间:在生长季节,根据不同时期的降雨量及不同的草坪适时灌水是极为重要的,一般可分为 3 个时期。

a.返青到雨季前:这一阶段气温逐渐上升,蒸腾量大,需水量大,是一年中最关键的灌水时期。根据土壤保水性能的强弱及雨季来临的时期可灌水 2~4 次。

b.雨季:基本停止灌水。这一时期空气湿度较大,草的蒸腾量下降,而土壤含水量已提高到足以满足草坪生长需要的水平。

c.雨季后至枯黄前:这一时期降水量少,蒸发量较大,而草坪仍处于生命活动较旺盛阶段,与前两个时期相比,这一阶段草坪需水量显著提高,如不能及时灌水,不但会影响草坪生长,还会引起提前休眠。在这一阶段,可根据情况灌水 4~5 次。此外,在返青时灌返青水,在北方封冻前灌封冻水。总之,草种不同,对水分的要求不同,不同地区的降水量也有差异。因而,必须根据气候条件与草坪植物的种类来确定灌水时期。

③灌水量:每次灌水的水量应根据土质、生长期、草种等因素而定。以湿透根系层,不发生地面径流为原则。如北京地区的野牛草草坪,每次灌水的用水量为 0.04~0.10 t/m^2。

(2)施肥

为保持草坪叶色嫩绿、生长繁密,必须施肥。因草坪植物主要是进行叶片生长,并无开花结果的要求,所以氮肥更为重要,施氮肥后的反应也最明显。在建造草坪时应施基肥,草坪建成后在生长季施追肥。冷季型草种的追肥时间最好在早春和秋季。第一次在返青后,可起促进生长的作用;第二次在仲春。天气转热后,应停止追肥。秋季施肥可于 9 月、10 月进行。暖季型草种的施肥时间是在晚春。在生长季每月应追一次肥,这样可增加枝叶密度,提高耐践性。最后一次施肥北方地区不能晚于 8 月中旬,而南方地区不应晚于 9 月中旬。

施肥量参考不同草种的草坪施肥量表 6.3。

表 6.3 不同草种的草坪施肥量

喜肥程度	施肥量(按纯氮计)/[$g\cdot(月\cdot m^2)^{-1}$]	草 种
最低	0~2	野牛草
低	1~3	紫羊茅、加拿大早熟禾
中等	2~5	结缕草、黑麦草、普通早熟禾
高	3~8	草地早熟禾、剪股颖、狗牙根

(3)修剪

修剪能控制草坪高度,促进分蘖,增加叶片密度,抑制杂草生长,使草坪平整美观。修剪草坪一般都用剪草机,多用汽油机或柴油机作动力,小面积草坪可用侧挂式割灌机,大面积草坪可用机动旋转式剪草机和其他大型剪草机。

①修剪方法:在同一地点连续沿着同一方向多次重复修剪,会造成草叶偏向同一方向生长,使草坪生长不均衡,坪草长势变弱。在修剪时应改变修剪方向,避免剪草机沿同一方向修剪而轧实土壤,还可以保证草坪草的直立生长,在修剪后保持比较一致的修剪面。最后,可以沿着与初剪方向成 45°或 90°的方向进行细剪,以保证修剪得更加均匀。

进行草坪养护时,机械可以穿梭方式来回行走进行作业,也可以环绕行走进行作业。考虑到在城市绿地条件下的草坪都设有护边石、乔灌木类植物构架、花坛或其他障碍物,机械掉头

困难，所以最好采用环绕行驶的路线进行作业（图 6.6）。

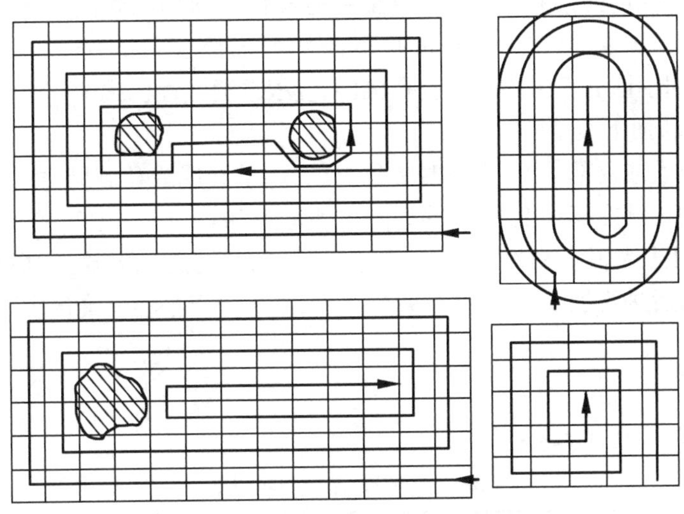

图 6.6 草坪养护机械作业路线图

②修剪次数：一般的草坪一年最少修剪 4～5 次，北京地区野牛草草坪每年修剪 3～5 次较为合适，而上海地区的结缕草草坪每年修剪 8～12 次较为合适。国外高尔夫球场内精细管理的草坪一年要经过上百次的修剪。据国外报道，多数栽培型草坪全年共需修剪 30～50 次，正常情况下 1 周 1 次，4～6 月常需 1 周剪两次。

③修剪高度：修剪的高度与修剪的次数是两个相互关联的因素。修剪时的高度要求越低，修剪次数就越多，这是进行养护草坪所需要的。草的叶片密度与覆盖度也随修剪次数的增加而增加。应根据草的剪留高度进行有规律的修剪，当草达到现定高度的 1.5 倍时就要修剪，最高不得越过规定高度的 2 倍，各种草的最适剪留高度（表 6.4）。

表 6.4 各种草的最适剪留高度

修剪高度	剪留度/cm	草 种
极低	0.5～1.3	匍匐剪股颖、绒毛剪股颖
低	1.3～2.5	狗牙根、细叶结缕、细弱剪股颖
中等	2.5～5.1	野牛草、紫羊茅、草地早熟禾、黑麦草、结缕草、假俭草
高	3.5～7.5	苇状羊茅、普通早熟禾
较高	7.5～10.2	加拿大早熟禾

④除杂草：防、除杂草的最根本方法是合理地施肥浇水，促进目的草的生长趋势，增强与杂草的竞争力，并通过多次修剪，抑制杂草的发生。一旦发生杂草侵害，可采用以下两种办法来处理。一种是人工方法除草，另一种是化学方法除草。化学方法除草一般用 2,4-D 类除草剂杀死双子叶杂草；用西马津、扑草净、敌草隆等起封闭土壤作用，抑制杂草的萌发或杀死刚萌发的杂草；用灭生性除草剂草甘膦、百草枯等作草坪建造前或草坪更新时除防杂草。

除草剂的使用比较复杂，效果好坏随很多因素而变，使用不正确会造成很大的损失，因此使用前应慎重做试验和准备，使用的浓度、工具应专人负责。

(4)通气

通气即在草坪上扎孔打洞,目的是改善根系通气状况,调节土壤水分含量,以有利于提高施肥效果。打孔一般要求 50 穴/m^2,穴间距 15 cm×15 cm,穴径 1.5~3.5 cm,穴深 80 cm 左右。可用中空铁钎人工扎孔,亦可采用草坪打孔机(恢复根系通气性机)。

(5)更新复壮和加土滚压

草坪若出现斑秃或局部枯死,需及时更新复壮,即早春或晚秋施肥时,将经过催芽的草籽和肥料混在一起均匀洒在草坪上,或用滚刀将草坪每隔 20 cm 切一道缝,施入堆肥,加强肥水管理,使草坪能很快生长复壮。对经常修剪、浇水、清理枯草层造成的缺土、根系外漏现象,要在草坪萌芽期或修剪后进行加土滚压,一般每年 1 次,滚压多于早春土壤解冻后进行。

2)草坪养护标准

草坪、草地养护标准见表 6.5。

表 6.5　草坪、草地养护标准

序号	级别/标准/项目	草坪		草地
		一级	二级	三级
1	景观	①草种纯,色泽均匀 ②成坪高度冷季型为 6~7 cm,暖季型为 4~5 cm,草坪面貌达到平坦整洁 ③修剪后无残留草屑,剪口无焦口、撕裂现象	①草种基本纯 ②成坪高度冷季型为 7~8 cm,暖季型为 5~6 cm,草坪面貌达到基本平整 ③修剪后无残留草屑堆,剪口无明显撕裂现象	成坪高度为 10~15 cm
2	生长	生长茂盛,无空秃	①生长良好 ②覆盖率应大于 90% ③集中空秃不得大于 0.5 m^2	①生长良好 ②覆盖率应大于 80% ③集中空秃不得大于 0.5 m^2
3	切边	①边缘清晰,线条流畅和顺 ②宽度和深度应小于等于 15 cm	①边缘清晰 ②宽度和深度应小于等于 15 cm	①边缘清晰 ②宽度和深度应小于等于 15 cm
4	排灌	①有完整的排水系统,排水通畅,暴雨后 1 小时内雨水必须排完 ②植株不得出现萎蔫现象	①有较完整排水系统,排水通畅,暴雨后 4 小时内雨水必须排完 ②植株基本无萎蔫现象	①有基本的排水系统,排水通畅,暴雨后 8 小时内雨水必须排完 ②植株基本无萎蔫现象
5	设施	护栏美观完好无损	护栏完好无损	护栏完好无损
6	有害生物控制	①基本无有害生物危害症状 ②草坪草受害率应小于 5% ③基本无杂草	①无明显有害生物危害症状 ②草坪草受害率应小于 10% ③杂草量应小于 10%	①无严重有害生物危害症状 ②植株受害率应小于 20% ③无影响景观面貌的杂草
7	清洁	10 m^2 范围内废弃物不得多于 3 个	10 m^2 范围内废弃物不得多于 5 个	10 m^2 范围内废弃物不得多于 7 个

6.3 地被植物

6.3.1 地被植物的分类

地被植物按生活习性分一、二年生草花地被植物、宿根观花地被植物、宿根观叶地被植物、水生耐湿地被植物、藤本地被植物、矮生灌木地被植物、矮生竹类地被植物。

1)一、二年生草花地被植物

一、二年生草花中有不少是植株低矮、株丛密集自然,团花似锦的种类,如紫茉莉、太阳花、雏菊、金盏菊、香雪球等。它们风格粗放,是地被植物组合中不可或缺的部分,在阳光充足的地方,一、二年生草花作地被植物,更显出其优势和活力。

2)宿根观花地被植物

花色丰富,品种繁多,种源广泛,作为地被不仅景观美丽,而且繁殖力强,养护管理粗放,如鸢尾、玉簪、萱草、马蔺等,被广泛应用于花坛、路边、假山及池畔等处,尤其是耐阴的观花地被植物更受欢迎。那些观赏价值高、颜色丰富、生长稳定、抗逆性强的宿根地被植物被广泛应用到绿化设计中,而花期长、节日盛花的种类如五一节开花的玲兰、山罂粟、铁扁豆等,国庆节开花的葱兰、小菊、矮种美人蕉等在节日期间被广泛应用。

3)宿根观叶地被植物

大多数植物低矮,叶丛茂密贴近地面而且多数是耐阴植物,如麦冬、石菖蒲、万年青等,在全国各大城市园林绿化中被大量应用,生态效果良好。而叶形优美、耐阴能力强的虎儿草、蕨类等植物以及经济价值高的薄荷、藿香等阔叶型观叶植物也越来越被人们所关注。

4)水生耐湿地被植物

在园林建设中,水池、溪流及水体沿边地带,需要选用适生的、耐湿性较强的覆盖植物,用来美化环境和点缀景观,同时能防止和控制杂草危害水体,如慈姑、菖蒲、泽泻等。

5)藤本地被植物

大部分藤本地被植物可以通过吸盘或卷须爬上墙面或缠绕攀附于树干、花架。凡是能攀援的藤本植物一般都可以在地面横向生长覆盖地面。而且藤本地被植物枝蔓很长,覆盖面积能超过一般矮生灌木几倍,具有其他地被植物所没有的优势。现有的藤本植物可以分为木本和草本两大类,草本藤蔓枝条纤细柔软,由它们组成的地被细腻漂亮,如草莓、细叶茑萝等;木本藤蔓枝条粗壮,但绝大部分都具有匍匐性,可以组成厚厚的地被层,如常春藤、扶芳藤、五叶地锦、山葡萄、金银花等。

6)矮生灌木地被植物

灌木在园林植物中是一个很大的类群,其中植株低矮、枝条开展、茎叶茂盛、匍匐性强、覆盖效果好的种类、变种、品种是组成植物群落下层不可缺少的类型,作为地被有其他地被植物所不及的优点,矮生灌木生长期长,不用年年更新,管理也比草本植物粗放,移植、调整方便,大部分品种可以通过修剪进行矮化定向培育;一般均具有木本植物的骨架,形成的群落比较稳定,如栀子、八仙花、棣棠、小檗等。

7)矮生竹类地被植物

低矮丛生的竹类适应性强,除东北、西北、内蒙古和西藏外,我国大部分地区都可栽植,且终年不枯,枝叶潇洒,景观独特,如箬竹、凤尾竹、鹅毛竹等。

6.3.2 地被植物的种植

1)地被植物在园林绿化中的功能

地被植物是园林绿化的重要组成部分,是园林造景的重要植物材料,在园林绿化中起着重要的作用。能增加植物层次,丰富园林景观,组成不同意境,给人一种舒适清新、绿荫覆盖、四季有花的环境,让游人有常来常新的感觉;由于叶面系数的增加,能够调节气候,减弱日光反射,降低风速,在减少尘埃与细菌的传播、净化空气、降低气温、改善空气湿度等方面具有不可替代的作用;覆盖裸露地面,防止雨水冲刷,能保持水土、护坡固堤,减少和抑制杂草生长。因可选用的植物品种繁多,有不少种类如麦冬、万年青、白芨、留兰香、金针菜等都是药用、香料的天然原料,在不妨碍园林功能的前提下,还可以增加经济收益。

2)园林地被植物的选择

(1)地被植物的选择标准

一般说来地被植物的筛选应符合以下标准:多年生,植株低矮、高度不超过 100 cm;全部生育期在露地栽培;繁殖容易,生长迅速,覆盖力强,耐修剪;花色丰富,持续时间长或枝叶观赏性好;具有一定的稳定性;抗性强、无毒、无异味;能够管理,即不会泛滥成灾。

(2)常见地被植物

①路缘地被植物:红花酢浆草、葱兰、鸢尾、沿阶草、金针菜、大花萱草等。

②林下及林缘地被植物:美女樱、芍药、金鸡菊、大金鸡菊、麦冬、吉祥草、金丝桃、金丝梅、石蒜、杜鹃、白三叶、马蹄金、蛇莓、兰花、铺地枇杷等。

③广场地被植物:草本植物、黄杨、金叶金贞、玫瑰、月季、匍地柏、美女樱、紫叶小檗、海桐、美人蕉、金鱼草、万寿菊、石竹、一串红、萱草、鸢尾等。

④缓坡、坡脚、堤岸地被植物：结缕草、狗牙根、假俭草、羊胡子草等草本植物；马蹄金、络石、薜荔、迎春、常春藤、云南黄馨、沿阶草、菊花、铺地柏、鸢尾、美女樱、箬竹等藤本及观花观叶植物。

6.3.3 地被植物的养护

1）地被植物日常养护

（1）浇水

地被植物一般为适应性较强的抗旱品种，当给予适当的水分供应时会表现得长势更好、更健壮，这种“适当”的程度需要经过相关的实验摸索总结，否则充足的水分供应会增加养护工作量，如增加修剪频次，甚至导致病虫害的发生。一般情况下地被植物应每周浇透水 2~4 次，以水渗入地下 10~15 cm 处为宜。浇水应在上午 10 时前和下午 4 时后进行。

（2）施肥

地被植物生长期内，应根据各类植物的需要，及时补充肥力。常用的施肥方法是喷施法，此法适合于大面积使用，可在植物生长期进行；亦可在早春、秋末或植物休眠期前后，结合加土进行撒施法，对植物越冬很有利；还可以因地制宜，充分利用各地的堆肥、厩肥、饼肥及其他有机肥源，施用时须充分腐熟、过筛，施肥前应将地被植物的叶片剪除，然后将肥料均匀撒施。

（3）防止水土流失

栽植地的土壤必须保持疏松、肥沃，排水一定要好。一般应每年检查 1~2 次，尤其暴雨后要仔细查看有无冲刷损坏。对水土流失情况严重的部分地区，应立即采取措施，堵塞漏洞，防止扩大蔓延。

（4）修剪

一般低矮类型品种，不需经常修剪，以粗放管理为主。但对开花地被植物，少数残花或花茎高的，须在开花后适当压低，或者结合种子采收适当整修。

（5）更新复苏

在地被植物养护管理中，常因各种不利因素，成片地出现过早衰老。此时应根据不同情况，对表土进行刺孔，使其根部土壤疏松透气，同时加强肥水。对一些观花类的球根或宿根地被，须每隔 3~5 年进行 1 次分根翻种，否则也会引起自然衰退。

（6）群落配置调整

地被植物栽培期长，但并非一次栽植后一成不变。除了有些品种能自行更新复壮外，均需从观赏效果、覆盖效果等方面考虑，人为进行调整与提高，实现最佳配置。首先注意花色协调，宜醒目，忌杂乱。如在道路或草坪边缘种上香雪球、太阳花，则显得高雅、醒目和华贵。其次注意绿叶期和观花期的交替衔接。如在成片的麦冬中，增添一些石蒜、忽地笑，则可达到互相补充的目的。如二月兰与紫茉莉混种，花期交替，效果显著。

2）地被植物养护标准

地被植物养护标准见表 6.6。

表 6.6 地被植物养护标准

序号	项目 \ 标准 \ 级别	单植地被		混植地被	
		一 级	二 级	一 级	二 级
1	景 观	①密度合理 ②植株规格一致 ③群体景观效果好，季相变化正常	①密度基本合理 ②植株规格基本一致 ③群体景观效果较好	①混植种类配置合理 ②叶色、叶型协调 ③无死株和残花	①混植种类种间协调 ②无死株和残存枯花
2	生 长	①生长茂盛 ②无死株 ③覆盖率应大于95% ④基本无空秃	①生长良好 ②基本无死株 ③覆盖率应大于90% ④集中空秃不得大于0.5 m^2	①生长茂盛，符合生态要求 ②覆盖率应大于95% ③无空秃	①生长良好，基本符合生态要求 ②覆盖率应大于90% ③集中空秃不得大于0.5 m^2
3	排 灌	①有完整的排水系统，排水畅通，暴雨后2 h内必须排完 ②植株不得出现萎蔫现象	①有较完整的排水系统，排水畅通，暴雨后10 h必须排完 ②植株基本无萎蔫现象	①有完整的排水系统，排水畅通，暴雨后2 h内必须排完 ②植株不得出现萎蔫现象	①有较完整的排水系统，排水畅通，暴雨后10 h必须排完 ②植株基本无萎蔫现象
4	有害生物控制	①基本无有害生物危害状 ②受害率应小于10% ③无影响景观面貌的杂草	①无明显有害生物危害状 ②受害率应小于20% ③基本无影响景观面貌的杂草	①无明显有害生物受害状 ②受害率应小于20% ③基本无影响景观面貌的杂草	①无严重有害生物危害状 ②受害率应小于25% ③无明显影响景观面貌的杂草
5	清 洁	10 m^2 范围内废弃物不得多于3个	10 m^2 范围内废弃物不得多于5个	10 m^2 范围内废弃物不得多于3个	10 m^2 范围内废弃物不得多于5个

思考题

1.简述地被植物和草坪植物的区别。
2.简述草坪草的一般特性。
3.简述草坪草的坪用特性。
4.简述草坪建植的方法。
5.简述草坪的日常养护管理。
6.地被植物按生活习性分为哪几类？
7.简述地被植物的筛选标准。

7 立体绿化的施工与养护

本章导读 本章主要介绍了立体绿化的类型、意义和影响因素；垂直绿化的形式、植物选择、施工与养护；屋顶绿化的形式、植物选择、施工与养护等内容。要求掌握垂直绿化和屋顶绿化的施工与养护；熟悉垂直绿化和屋顶绿化的植物的选择要求；了解立体绿化的类型、意义和影响因素。

7.1 立体绿化概述

立体绿化是指在不占用土地的情况下，用绿色植物科学装饰建筑体立面和平面，增加绿量和改善建筑景观环境的一种特殊绿化方式，是园林绿地的延伸和有机组成部分。其中具有代表性的几种绿化形式为垂直绿化、屋顶绿化、护坡绿化和棚架绿化等。

据记载，我国春秋时期吴王夫差建造的苏州城墙，就利用藤本植物进行了垂直绿化；在西方，古埃及的庭院、古希腊和古罗马的园林中，葡萄、蔷薇和常春藤等被布置成绿廊。近年来，随着世界各国在城市现代化进程上的加快，城市建设用地与绿化用地的矛盾日益突出，对绿化的需求越来越强烈，人们不得不开始关注城市绿化空间的发展，随之而来的是城市屋顶绿化的热潮，人们也渐渐地把目光投向了蕴藏着巨大绿化空间的城市建筑物垂直面上。

一些发达国家规定，城市不准建砖墙、水泥墙，必须营造“生态墙”，就是利用植物来“砌墙”，在美国各大超级市场的护栏、建筑物墙上等都植有绿木花草，有些别墅里也用植物墙把房间隔开。在巴西有一种“绿草墙”，它是采用空心砖砌成的，砖里面填了土壤和草籽，草长起来就成为了绿色的墙壁，不但美化环境，还能起到减少噪声、净化空气和隔热降温等作用。1927年，澳大利亚就以法律形式规定，如果要建筑墙的话，必须搞植物墙。90多年来，澳大利亚的机关、私邸等，如果需要墙的话，全部种合欢树、桉树、珊瑚树等，由这些树组成各种植物墙。在日本，栽植了草坪、花卉或灌木等的装置系统被安装在了围墙、护栏、坡壁、垂直的各种广告支架等上面，使混凝土变成了绿色森林；还有一种观赏墙壁上面的园林植物、栽培基质和固定装置形成一个完整的板块，这种绿色墙既可用于室外又可用于室内。随着植物和花草在空中花园中出现，在阳台或屋顶上种植绿色植物在欧洲十分普遍，有的城市机关、学校、商厦、居民住宅的屋顶花园随处可见。在我国,垂直绿化技术的相关研究正在逐步开展,新的垂直绿化技术也不断涌现。近年来在上海等地出现了在建筑墙体、围墙、桥柱、阳台种植绿化植物形成垂直的绿化墙面,以降低室内温度及外部杂音,同时也形成了一道道城市绿色景观。

2010年上海世博会上的植物墙和屋顶绿化夺人眼球,中国台湾以及大陆地区涌现出一大批优秀的立体绿化企业。它们成功引进国外先进技术,进行本土化的创新,开发出适合中国国情、具有自主知识产权的国际一流的立体绿化技术,具有代表性的技术有链模盆组技术、模块种植技术、植物袋种植技术,这些技术成功地在上海、武汉、广州、杭州等城市得到广泛的应用,并且得到广大市民一致认可。面对城市飞速发展带来寸土寸金的局面,面对绿化面积不达标,空气质量不理想,城市噪声无法隔离等难题,发展立体绿化将是绿化行业发展的大趋势。目前国内最为先进的垂直绿化技术要数上海海纳尔生态建筑公司的墙体垂直绿化系统。这套系统废弃了传统的植物攀爬以达到绿化的方法,采用更为科学的由墙体种植毯、种植袋、保温板及其他附属配件组成的垂直绿化技术。优点是:自动浇灌,无须骨架,集防水、超薄、长寿命、易施工于一身。

立体绿化要收到实效,必须两手抓,两手都要硬,既要有鼓励政策,又应有强制性政策。鼓励政策包括政府补贴和免费的技术支持等;强制性政策主要针对公共基础设施和商业开发,通过建筑设计和规划硬性要求,促使开发商向空中要绿地。

7.1.1 立体绿化的类型

立体绿化目前应用最多的是垂直绿化和屋顶绿化两种形式。

1)垂直绿化

垂直绿化是相对于平地绿化而言的,属于立体绿化的范畴。主要利用攀缘性、蔓性及藤本植物对各类建筑及构筑物的立面、篱、垣、棚架、柱、树干或其他设施进行绿化装饰,形成垂直面的绿化、美化。

设置篱垣、棚架或其他设施进行垂直绿化,可以丰富园林景观并为游人提供遮阴、休息的场所;对各种墙垣的绿化不仅具有美观作用,还可起到固土、防止水土流失的作用;对建筑墙面进行垂直绿化,可以降低辐射热,减少眩光,增加空气湿度和滞尘隔噪;垂直绿化还具有占地少、见效快、覆盖率高,使环境更加整洁美观,生动活泼的优点,因此是有效增加绿化面积,改善城市生态环境及景观质量的重要措施。

2)屋顶绿化

屋顶绿化国际上的通俗定义是一切脱离了地气的种植技术,它的涵盖面不单单是屋顶种植,还包括露台、天台、阳台、墙体、地下车库顶部、立交桥等一切不与地面、自然、土壤相连接的各类建筑物和构筑物的特殊空间的绿化。它是人们根据建筑屋顶结构特点、荷载和屋顶上的生态环境条件,选择生长习性与之相适应的植物材料,通过一定技艺,在建筑物顶部及一切特殊空间建造绿色景观的一种形式。

目前,中国在立体绿化领域还处于发展阶段,对于技术方面还有待提升,而管理机制方面更是处于极度欠缺的状态。立体绿化是一个新的行业,其与地面绿化同属城市园林范畴,是城市园林的一部分,但如同园林区别于林业一样,同属而又有别,它有诸多不同于地面绿化的特殊性和复杂性,是当代园林发展的新亮点、新阶段。

7.1.2 立体绿化的意义与作用

立体绿化是园林绿化的重要形式之一,可以丰富园林绿化的空间结构层次和立体景观艺术效果。发展立体绿化可增加绿地面积,提高绿量,改善日趋恶化的人类生存环境空间;改善城市高楼大厦林立,改善众多道路的硬质铺装而取代的自然土地和植物的现状;改善过度砍伐自然森林,各种废气污染而形成的城市热岛效应、沙尘暴等对人类的危害;开拓人类绿化空间,建造田园城市,改善人们的居住条件,提高生活质量;还对美化城市环境,改善生态效应有着极其重要的意义。

7.1.3 影响立体绿化的因素

1)植物种类匮乏,受环境影响较大

在立体绿化中,没有根据功能的需要选择适合功能的植物和栽植技术,不注重绿化方式与绿化材料的选择。尽管立体绿化可选择的攀缘植物很丰富,但实际应用只有 10 种左右,绿化效果欠佳,这是目前阻碍立体绿化发展的瓶颈。在立体绿化时,不同植物对环境要求不同,有时在应用时忽略植物的习性特点,也没有考虑建筑物的朝向、环境因子的季相变化和污染等问题导致绿化效果不佳或失败,造成一定的经济损失。

2)立体绿化养护管理不到位

立体绿化在现实中经常会有绿化不到位的现象,如抹灰墙面常有整片脱落现象,且墙面有风化产生时没有及时修补,植物无法贴到相应的墙面,造成难看的裸露斑块;另外不注重墙面材料的寿命与植物寿命的协调发展,这些都会影响墙面景观效果,如一些立交桥的立体绿化,由于攀缘网的寿命与藤本植物的寿命不一致,或对藤本植物的专项养护管理不到位,造成植被没办法持续覆盖构筑物立面,或攀爬网裸露在外的不良效果。

立体绿化的养护管理主要分两方面,植被的养护管理、攀援架与引导架的养护管理,有些养护措施受植株高度、栽培环境等因素的影响,不易操作,且具有一定的危险性,在一定程度上增加了养护成本。植被的养护管理主要是日常的灌溉、施肥、除草、修剪、病虫害防治等与一般园林绿化的养护管理相似方面,不同之处主要是对植物及时修剪、牵引,以巩固立体绿化的成果。立体绿化大部分采用攀援植物,需要经常人工辅助向上攀登,待攀登到棚架和围墙顶部,也要检查绕藤是否固定牢靠,对须搭攀援架和引导架的攀援植物,要经常把新长出的藤蔓绑扎在架上;有些藤本植物还需每年进行修剪,才能保障开花结果,如三角梅、藤本月季等。另一方

面是对攀援架和引导架及墙面的养护管理，为了保证立体绿化的持续性效果，需定期检查其是否固定，是否有毁坏、腐锈等情况，及时修理，还应注意墙体的检修和保养。

3）建设及维护成本过高

建造成本和维护成本高是不选择立体绿化的重要原因。屋顶绿化承重设计、防水处理、栽培基质的开发等都不同程度地增加了建植成本，再如建造一个带有微控系统的垂直绿化项目的成本已经高过玻璃幕墙等建筑材料的价格，尤其是维护成本的上升，会导致动态运营成本的增加，进而使得立体绿化夭折。

4）立体绿化技术的研究不够

不同材料表面的立体绿化方式不同，牵涉的绿化材料、技术和模式有别，要解决关键性的技术问题，以便推广应用。对立体绿化技术进行革新，开展多种立体绿化。除了传统的墙面、护坡、立交、花架、灯柱等立体绿化外，在其他场地上也要积极利用立体绿化，提高整体的绿量。如采用软性包囊种植技术，垂直面绿化构件种植技术，组合式直壁花盆种植技术，水泥防护墙种植技术和模块式立体绿化技术等，提高立体绿化种植技术，因地制宜地开展多种形式的立体绿化，创造更多适合的立体绿化新模式。模块式立体绿化技术主要包括预制绿化模块、构件设计、灌溉系统设计、生长基质配制、“绿墙”系统安装等，因其施工和后期的维护和保养最方便，简单；在植物选择和色块组成上可以更自由选择，且现场安装快、成活率高等特点，目前应用较广泛，绿化效果较好。随着立体绿化的发展，各项技术研究也要不断加强，从而为立体绿化提供可靠的技术保障。

5）管理机制不健全

针对立体绿化没有进入建筑规范的问题，园林绿化部门应抓紧制定立体绿化条例及规范，绿化行业间做好立体绿化的规划设计与施工的衔接等。比如相关部门在规划设计时就应把立体绿化考虑进去，作为一项设计内容，诸如桥体本身、立交桥、阳台、铁栏杆以及在墙体设计安装种植槽等。另外立体绿化是城市绿地的一部分，要纳入城市绿地系统规划的范畴之中，有目的、分层次地建设，并且应向厂矿、学校、医院等企事业单位，特别是房地产开发商积极宣传城市实施立体绿化的意义，协同有关部门因地制宜地推行立体绿化。同时立体绿化可借鉴园林设计中借景、障景等艺术处理手法精心营造优美的景观环境，以丰富立体绿化的景观层次，形成与周边绿地的协调、一致。

7.2 垂直绿化的施工与养护

7.2.1 垂直绿化的形式

垂直绿化的主要形式有墙面绿化、阳台绿化、室内绿化、花架与棚架绿化、栅栏绿化和坡面绿化等。

1)墙面绿化

泛指用攀援或者铺贴式方法用植物装饰建筑物内外墙和各种围墙的一种立体绿化形式。是立体绿化中占地面积最小,而绿化面积最大的一种形式。适于作墙面绿化的植物一般是茎节有气生根或吸盘的攀缘植物,其品种很多,如爬山虎、五叶地锦、扶芳藤、凌霄等。

墙面绿化的植物配置应注意三点:第一,墙面绿化的植物配置受墙面材料、朝向和墙面色彩等因素制约。粗糙墙面,如水泥混合砂浆和水刷石墙面,则攀附效果最好;墙面光滑的,如石灰粉墙和油漆涂料,攀附比较困难;墙面朝向不同,应选择生长习性不同的攀缘植物。第二,墙面绿化植物配置形式有两种:一是规则式,二是自然式。第三,墙面绿化种植形式大体分两种:一是地栽,一般沿墙面种植,带宽 50~100 cm,土层厚 50 cm,植物根系距墙体 15 cm 左右,苗稍向外倾斜;二是种植槽或容器栽植,一般种植槽或容器高度为 50~60 cm,宽 50 cm,长度视地点而定。

2)阳台绿化

阳台是建筑立面上的重要装饰部位,既是供人休息、纳凉的生活场所,也是室内与室外空间的链接通道。阳台绿化是利用各种植物材料,包括攀缘植物,把阳台装饰起来,在绿化美化建筑物的同时,美化城市。阳台绿化是建筑和街景绿化的组成部分,也是居住空间的扩大部分。既有绿化建筑,美化城市的效果,又有居住者的个体爱好以及阳台结构特色的体现。阳台的植物选择要注意三个方面:第一,要选择抗旱性强、管理粗放、水平根系发达的浅根性植物,以及一些中小型草木本攀缘植物或花木。第二,要根据建筑墙面和周围环境相协调的原则来布置阳台。除攀缘植物外,可选择居住者爱好的各种花木。第三,适于阳台栽植的植物材料有地锦、爬蔓月季、十姐妹、金银花等木本植物;牵牛花、丝瓜等草本植物;茑萝、牵牛花等耐瘠薄的植物。这样,不仅管理粗放,而且花期长,绿化美化效果较好。

3)室内绿化

室内绿化是利用植物与其他构件以立体的方式装饰室内空间,室内立体绿化的主要方式有:

(1)悬挂

可将盆钵、框架或具有装饰性的花篮悬挂在窗下、门厅、门侧、柜旁,并在篮中放置吊兰、常春藤及枝叶下垂的植物。

(2)运用花搁架

将花搁板镶嵌于墙上,上面可以放置一些枝叶下垂的花木,在沙发侧上方,门旁墙面,均可安放花搁架。

(3)运用高花架

高花架占地少,易搬动,灵活方便,并且可将花木升高,弥补空间绿化的不足,是室内立体绿化理想的器具。

(4)室内植物墙

主要选择多年生常绿草本及常绿灌木进行布置,依据光照条件适当选择开花类草木本搭配,需能保持四季常绿,花叶共赏。

4) 花架与棚架绿化

花架与棚架绿化是攀缘植物在一定空间范围内,借助于各种形式,由各种构件构成的,如花门、绿亭、花榭等,并组成景观的一种垂直绿化形式。棚架绿化的植物布置与棚架的功能和结构有关。

棚架从功能上可分为经济型和观赏型。经济型选择有经济价值的植物,如葡萄、丝瓜等。观赏型则选用开花、观叶、观果的植物。棚架的结构不同,选用的植物也应不同。砖石或混凝土结构的棚架,可种植大型藤本植物,如紫藤、凌霄等;竹、绳结构的棚架,可种植草本的攀缘植物,如牵牛花、啤酒花等;混合结构的棚架,可使用草、木本攀缘植物结合种植。

5) 栅栏绿化

栅栏绿化是攀缘植物借助于各种构件生长,用以划分空间地域的绿化形式,主要起到分隔庭院和防护的作用。一般选用开花和常绿的攀缘植物最好,如爬蔓月季、蔷薇类等,栽植的间距以 1~2 m 为宜。若是用于做围墙栏杆,栽植距离可适当加大。一般装饰性栏杆,高度在 50 cm以下,不用种攀缘植物;而保护性栏杆一般在 80~90 cm 以上,可选用常绿或观花的攀缘植物,如藤本月季、金银花等,也可以选用一年生藤本植物,如牵牛花、茑萝等。

6) 坡面绿化

坡面绿化指以环境保护和工程建设为目的,利用各种植物材料来保护具有一定落差的坡面绿化形式,包括大自然的悬崖峭壁、土坡岩面以及城市道路两旁的坡地、堤岸、桥梁护坡和绿地中的假山等。护坡绿化要注意色彩与高度要适当,花期要错开,要有丰富的季相变化,因坡地的种类不同而要求不同。河、湖护坡有一面临水、空间开阔的特点,应选择耐湿、抗风的,有气生根且叶片较大的攀缘植物,不仅能覆盖边坡,还可减少雨水的冲刷,防止水土流失。例如适应性强、性喜阴湿的爬山虎,较耐寒、抗性强的常春藤等。道路、桥梁两侧坡地绿化应选择吸尘、防噪、抗污染的植物,而且要求不得影响行人及车辆安全,并且姿态优美。如叶革质、油绿光亮、栽培变种较多的扶芳藤。

7.2.2 垂直绿化植物的选择

必须考虑不同习性的植物对环境条件的不同需要,应根据不同种类植物本身特有的习性,选择与创造满足其生长的条件,并根据植物的观赏效果和功能要求进行设计。

1) 攀缘植物的选择

(1)习性

垂直绿化植物材料的选择,必须考虑不同习性的攀缘植物对环境条件的不同需要,根据攀缘植物的观赏效果和功能要求进行设计。

①缠绕类:适用于栏杆、棚架等;如紫藤、金银花、菜豆、牵牛花等。

②攀援类:适用于篱墙、棚架和垂挂等;如葡萄、铁线莲、丝瓜、葫芦等。

③钩刺类:适用于栏杆、篱墙和棚架等;如蔷薇、爬蔓月季、木香等。

④攀附类:适用于墙面等;如爬山虎、扶芳藤、常春藤等。

(2)朝向

根据种植地的朝向选择攀缘植物。东南向的墙面或构筑物前,应以种植喜阳的攀缘植物为主;北向墙面或构筑物前,应以种植耐阴或半耐阴的攀缘植物;在高大建筑物北面或高大乔木下面,遮阴程度较大的地方种植耐阴的攀缘植物。

(3)高度

高度在 2 m 以上,可种植爬蔓月季、扶芳藤、铁线莲、常春藤、牵牛、茑萝、菜豆、猕猴桃等;高度在 5 m 左右,可种植葡萄、杠柳、葫芦、紫藤、丝瓜、瓜篓、金银花、木香等;高度在 5 m 以上,可种植中国地锦、美国地锦、美国凌霄、山葡萄、葛藤等。

2)垂直绿化的植物配置

(1)景观协调

应用攀缘植物造景,要考虑其周围的环境进行合理配置,在色彩和空间大小、形式上协调一致,并努力实现品种丰富、形式多样的综合景观效果。

(2)丰富观赏效果

草、木本混合播种,如地锦与牵牛、紫藤与茑萝。丰富季相变化、远近期结合。开花品种与常绿品种相结合。包括攀缘植物的叶、花、果、植株形态等合理搭配,尽量选用常绿攀缘植物,丰富观赏效果。

(3)配置形式多样

①点缀式:以观叶植物为主,点缀观花植物,实现色彩丰富。如地锦中点缀凌霄、紫藤中点缀牵牛等。

②花境式:几种植物错落配置,观花植物中穿插观叶植物,呈现植物株形、姿态、叶色、花期各异的观赏景致。如大片地锦中有几块爬蔓月季,杠柳中有茑萝、牵牛等。

③整齐式:体现有规则的重复韵律和同一的整体美,成线成片,但花期和花色不同。如红色与白色的爬蔓月季、紫牵牛与红花菜豆、铁线莲与蔷薇等。应力求在花色的布局上达到艺术化,创造美的效果。

④悬挂式:在攀缘植物覆盖的墙体上悬挂应季花木,丰富色彩,增加立体美的效果。需用钢筋焊铸花盆套架,用螺栓固定,托架形式应讲究艺术构图,花盆套圈负荷不宜过重,应选择适应性强、管理粗放、见效快、浅根性的观花、观叶品种。布置要简洁、灵活、多样、富有特色(如早小菊、紫叶草、红鸡冠、石竹等)。

⑤垂吊式:在立交桥顶、墙顶或平屋檐口处,放置种植槽(盆),种植花色艳丽或叶色多彩、飘逸的下垂植物,让枝蔓垂吊于外,既充分利用了空间,又美化了环境。材料可用单一品种,也可用季相不同的多种植物混栽。如凌霄、木香、蔷薇、紫藤、地锦、菜豆、牵牛等。容器底部应有排水孔,式样轻巧、牢固、不怕风雨侵袭。

7.2.3 垂直绿化的施工

1)垂直绿化栽植前的准备

(1)了解实地情况

垂直绿化施工前应实地了解水源、土质、攀援依附物等情况。若依附物表面光滑,应设牵引铁丝。在墙面上均匀地钉上水泥钉或膨胀螺钉,用铁丝贴着墙面拉成网供植物攀附,通常网状支架与墙面保持 5 cm 左右的间距,网眼最大不超过 15 cm×15 cm。

(2)选择优良种苗

木本攀缘植物宜栽植 1 年生以上的苗木,应选择生长健壮、根系丰满的植株。从外地引入的苗木应仔细检疫后再用。草本攀缘植物应备足优良种苗。

(3)土壤测定

栽植前应进行土壤测定,土壤应符合表 7.1 的规定。

表 7.1　垂直绿化栽植土重要理化性状要求

	pH 值	EC 值 /(mS·cm^{-1})	有机质 /(g·km^{-1})	容重 /(mg·m^{-3})	孔隙度 /%	有效土层 /cm	石灰反应 /(g·kg^{-1})	石砾	
								粒径 /cm	含量 /%(w/w)
地　栽	6.0~7.5	0.50~1.50	≥30	≤1.10	≥12	40~50	10	≥3	≤10
种植槽	6.0~7.5	0.5~1.50	≥30	≤1.10	≥12	20~30	10	≥2	≤5

(4)整地

一般地栽栽培基质要求疏松、透气、渗水性好的壤土。栽植地点有效土层下方若有不透气废基,应打碎,不能打碎的应钻穿,使上下贯通。翻地深度不得少于 40 cm,石块、砖头、瓦片、灰渣过多的土壤,应过筛后再补足种植土。如遇含灰渣量很大的土壤(如建筑垃圾等),筛后不能使用时,要清除 40~50 cm 深、50 cm 宽的原土,换成好土。地形起伏时,应分段整平,以利浇水。

(5)设种植池(槽)

在墙、围栏、桥体及其他构筑物或绿地边种植攀缘植物时,种植池宽度不得少于 40 cm。在人工叠砌的种植池(槽)种植攀缘植物时,种植带宽度一般为 50~150 cm,土层厚度在 50 cm 以上,池(槽)底铺 5~10 cm 厚度的排水层,在池(槽)底部和上边缘每间隔 2~2.5 m 设排水孔和溢水孔。

2)垂直绿化栽植

(1)栽植季节

大部分木本攀缘植物应在春季栽植,并在萌芽前栽完。落叶树种在春季解冻后、发芽前或秋季落叶后,冰冻前栽植。常绿植物栽植在春季解冻后,发芽前或在秋季新梢停止生长后,降霜前进行,应尽量避免在早春干旱(1—3 月份)季节施工。为特殊需要,雨季可以少量栽植,应

采取先装盆,或者强修剪;起土球、阴雨天栽植等措施。

(2)栽植间距

垂直绿化材料靠近建筑物的基部栽植。根据品种、大小及要求见效的时间长短,确定栽植间距。一般宜为40~50 cm。墙面贴植,间距宜为80~100 cm。

(3)栽植方法

栽植工序应紧密衔接,做到随挖、随运、随种、随灌,裸根苗不能长时间暴晒和长时间脱水。

①苗木准备:运苗前应先验收苗木,对太小、干枯、根部腐烂等植株不得验收装运。苗木运至施工现场,如不能立即栽植,应用湿土假植。假植超过两天,应浇水管护。对苗木的修剪程度视栽植时间的早晚来确定,栽植早宜留蔓长,栽植晚宜留蔓短。

②挖坑:按照种植设计所确定的坑(沟)位,定点、挖坑(沟坑)穴应四壁垂直、底平。栽植穴大小要根据苗木规格来定,一般为长(20~35)cm×宽(20~35)cm×深(30~40)cm。栽植前,可结合整地,向土壤中施基肥。肥料应腐熟,每穴施0.5~1.0 kg。将肥料与土拌匀,施入坑内。

③栽植:苗木摆放立面应将较多的分枝均匀地与墙面平行放置。栽植时的埋土深度应比原土痕深2 cm左右。埋土时应舒展植株根系,并分层踏实。栽植后应做树堰,树堰应坚固,用脚踏实土埂,以防跑水。

④浇水:苗木栽植后随即浇水,次日再复水一次,两次水均浇透。第二次浇水后要进行根际培土,做到土面平整、疏松。

(4)枝条固定

栽植无吸盘的绿化材料,应予牵引和固定。固定植株枝条应根据长势分散固定;固定点位置可以根据植物枝条的长度和硬度来定;紧靠墙面贴植,并剪去内向、外向的枝条,保存可填补空当的枝条,按主干、主枝、小枝的顺序进行固定,固定好后修剪平整。

7.2.4　垂直绿化的养护

1)垂直绿化的日常养护

(1)浇水

水是植物生长的关键,在春季干旱天气时,直接影响植株的成活。新植和近期移植的各类植物,应连续浇水,直至植株不灌水也能正常生长为止。

浇水要掌握好浇水量。由于植物根系浅,占地面积少,土壤保水力差,在天气干旱季节还应适当增加浇水次数和浇水量。3—7月份是植物生长关键时期,浇水要有充足保证。在冬季到来前,还要做好冬初冻水的浇灌,以利于植物防寒越冬。

(2)牵引

攀缘植物栽植后在生长季节应进行理藤、造型,以逐步达到均匀满铺的效果。牵引是使攀缘植物的枝条沿依附物不断伸长和生长。要特别注意栽植初期的牵引,新植苗木发芽后就要做好植株生长的引导工作,并进行固定,使其向指定方向生长。

对攀缘植物的牵引应设专人负责。从植株栽种后至植株本身能独立沿依附物攀援为止。应依攀缘植物种类不同、时期不同,使用不同的方法。

(3)施肥

①施基肥:施基肥在秋季植株落叶后,或春季发芽前进行,使用有机肥,用量为每延长一米施0.5~1.0 kg。

②追肥:在春季萌芽后至当年秋季都能进行追肥,特别是6—8月雨水密集或浇水足时,应及时补充肥力。追肥可分为根部追肥和叶面追肥两种。根部施肥可分为穴施和沟施两种。每两周一次,每次施混合肥,每延长一米100 g,施化肥为每延长一米50 g。叶面施肥时,对以观叶为主的攀缘植物,可以喷浓度为5%的尿素,对以观花为主的攀缘植物,喷浓度为1%的磷酸二氢钾。叶面喷肥宜每半月1次,一般每年喷4~5次。

③施肥:使用有机肥时必须经过腐熟,使用化肥必须粉碎、施匀;施用有机肥不应浅于40 cm,化肥不应浅于10 cm,施肥后应及时浇水。叶面喷肥宜在早晨或傍晚进行,也可结合喷药一并喷施。

(4)修剪

对攀缘植物修剪的目的是防止枝条脱离依附物,便于植株通风透光,防止病虫害以及形成整齐的造型。修剪可以在植株秋季落叶后和春季发芽前进行。剪掉多余枝条,减轻植株下垂的重量;为了整齐美观也可在任何季节随时修剪,但主要用于观花的种类,要在落花之后进行。

(5)中耕除草

中耕除草的目的是保持绿地整洁,减少病虫发生条件,保持土壤水分。除草应在夏、秋整个杂草生长季节内进行,以“除早、除小、除了”为原则,在中耕除草时不得伤及植物根系。

(6)病虫害防治

病虫害防治均应贯彻“预防为主,综合防治”的方针。栽植时应选择无病虫害的健壮苗,勿栽植过密,保持植株通风透光,防止或减少病虫发生。栽植后应加强攀缘植物的肥水管理,促使植株生长健壮,以增强抗病虫的能力。及时清理病虫落叶、杂草等,消灭病源虫源,防止病虫扩散、蔓延。加强病虫情况检查,发现主要病虫害应及时进行防治。在防治方法上要因地、因树、因虫制宜,采用人工防治、物理机械防治、生物防治、化学防治等各种有效方法。在化学防治时,要根据不同病虫对症下药。喷布药剂应均匀周到,应选用对天敌较安全,对环境污染轻的农药,既控制住主要病虫的危害,又注意保护天敌和环境。

2)垂直绿化养护质量标准

垂直绿化养护标准见表7.2。

表7.2　垂直绿化养护标准

序号	级别/标准/项目	一　级	二　级
1	景　观	①景观优美; ②枝叶分布均匀,疏密合理	①景观尚可; ②枝叶分布基本均匀,疏密基本合理
2	生　长	①生长健壮,藤蔓枝叶茂盛,花大色艳; ②无枯枝残花	①生长正常,适时开花; ②基本无枯枝残花

续表

序号	级别 标准 项目	一　级	二　级
3	排　灌	①排水通畅，严禁积水； ②不得有萎蔫现象	①排水通畅，无积水； ②基本无萎蔫现象
4	设　施	设施安全完好	设施安全，基本完好
5	有害生物控制	①基本无有害生物危害状； ②枝叶受害率应小于5%； ③无影响景观的杂草	①无明显有害生物危害状； ②枝叶受害率应小于10%； ③基本无影响景观的杂草
6	清　洁	无垃圾	无垃圾

7.3 屋顶绿化的施工与养护

7.3.1 屋顶绿化的形式

1) 花园式屋顶绿化

新建建筑原则上应采用花园式屋顶绿化，在建筑设计时统筹考虑，以满足不同绿化形式对于屋顶荷载和防水的不同要求。建筑静荷载应大于等于250 kg/m^2。乔木、园亭、花架、山石等较重的物体应设计在建筑承重墙、柱、梁的位置。以植物造景为主，应采用乔、灌、草结合的复层植物配植方式，产生较好的生态效益和景观效果。花园式屋顶绿化建议性指标，参见表7.3。

2) 简单式屋顶绿化

建筑受屋面本身荷载或其他因素的限制，不能进行花园式屋顶绿化时，可进行简单式屋顶绿化。建筑静荷载应大于等于100 kg/m^2，建议性指标参见表7.3。其主要绿化形式：

(1)覆盖式绿化

根据建筑荷载较小的特点，利用耐旱草坪、地被、灌木或可匍匐的攀缘植物进行屋顶覆盖绿化。

(2)固定种植池绿化

根据建筑周边圈梁位置荷载较大的特点，在屋顶周边女儿墙一侧固定种植池，利用植物直立、悬垂或匍匐的特性，种植低矮灌木或攀缘植物。

(3)可移动容器绿化

根据屋顶荷载和使用要求，以容器组合形式在屋顶上布置观赏植物，可根据季节不同随时变化组合。

表 7.3　屋顶绿化建议性指标

花园式屋顶绿化	绿化屋顶面积占屋顶总面积	≥60%
	绿化种植面积占绿化屋顶面积	≥85%
	铺装园路面积占绿化屋顶面积	≤12%
	园林小品面积占绿化屋顶面积	≤3%
简单式屋顶绿化	绿化屋顶面积占屋顶总面积	≥80%
	绿化种植面积占绿化屋顶面积	≥90%

7.3.2　屋顶绿化植物的选择

1)选择适合的屋顶绿化植物

屋顶绿化选择应遵循植物多样性和共生性原则,以生长特性和观赏价值相对稳定、滞尘控温能力较强的本地常用和引种成功的植物为主。屋顶一般位置较高,风力也较大,屋顶土层薄、光照时间长、昼夜温差大、湿度小、水分少,屋顶绿化植物的选择必须从屋顶的环境出发,首先考虑满足植物生长的基本要求,然后才能考虑植物配置艺术。

(1)耐旱性、抗寒性强的矮灌木和草本植物

由于屋顶绿化夏季气温高、风大、土层保湿性能差,应以选择耐旱性、抗寒性强的植物为主。同时,考虑屋顶的特殊地理环境和承重的要求,应注意多选择矮小的灌木和草本植物,小乔木 2.0~2.5 m,大灌木 1.5~2.0 m,小灌木 0.6~0.8 m,草本地被 0.2~0.4 m。以利于植物的运输、栽种和管理。

(2)喜光、耐瘠薄的浅根性植物

屋顶绿化大部分地方受到全日照直射,光照强度大,植物应尽量选用喜光植物,但在某些特定的小环境中,如花架下面或靠墙边的地方,日照时间较短,可适当选用一些中性植物,以丰富屋顶绿化的植物品种。屋顶的种植层较薄,为了防止根系对屋顶建筑结构的侵蚀,应选择以浅根系的植物为主。屋顶绿化多处于居民住宅楼的顶层或附近,施用肥料会影响附近居民区的环境卫生状况,故屋顶绿化应尽量种植耐瘠薄的植物。

(3)抗风、耐短时潮湿积水的植物

在屋顶上一般风较地面大,特别是风雨交加对植物的生存危害最大,加上屋顶种植层较薄,土壤的蓄水性能差,一旦下暴雨,易造成短时积水。选择植物时多用一些抗风、不易倒伏,同时又能忍耐短时积水的植物。

(4)常绿或色叶植物

屋顶绿化的目的是增加绿化面积,美化立体景观。用于屋顶绿化的植物尽可能以常绿为主,宜用叶形和株形秀丽的品种。为了使屋顶花园更加绚丽多彩,体现花园的季相变化,还可适当配植一些色叶树种;在管理条件许可的情况下,用盆栽放置一些时令花卉,做到四季有花。

(5)选用乡土植物

乡土植物对当地的气候有高度的适应性。在环境相对恶劣的屋顶进行绿化,选用乡土植

物易于成功。同时考虑屋顶绿化的面积一般不大,在这样一个特殊的小环境中,为增加人们对屋顶绿化的新鲜感,提高屋顶绿化的档次,可以适量引种一些当地植物精品,使人感受到屋顶绿化的精巧和雅致。

2)常见屋顶绿化植物

常见屋顶绿化植物见表7.4。

表7.4 常见屋顶绿化植物

植物类别	植物名称
小乔木	红枫、木芙蓉、桂花、棕榈、玉兰、紫薇、樱花、罗汉松、垂丝海棠、苏铁、天竺桂、紫叶李、结香、蒲葵、龙爪槐、西府海棠等
灌　木	南天竹、迎春、金叶女贞、栀子花、杜鹃、八仙花、牡丹、冬青、蜡梅、石楠、玫瑰、月季、六月雪、金丝桃、火棘、四季桂、红檵木、茶梅、连翘、花石榴、大叶黄杨、山茶花、洒金珊瑚、贴梗海棠、八角金盘等
藤　本	金银花、常春藤、七里香、三角梅、蔷薇、爬山虎、牵牛花、凌霄、地锦类、油麻藤、茑萝、木香、扶芳藤、葛藤、紫藤等
草本地被	结缕草、佛甲草、垂盆草、三叶草、马蹄金、混播草类、扁竹根、麦冬、肾蕨、天鹅绒草、虎耳草、酢浆草等
草本花卉	天竺葵、鸡冠花、大丽花、美人蕉、千日红、芍药、金鱼草、一串红、金盏菊、郁金香、石竹、风信子、紫茉莉、虞美人、雏菊、凤仙花、含羞草、鸢尾、球根秋海棠、葱兰等

7.3.3 屋顶绿化的施工

1)屋顶绿化栽培前的准备

(1)编制施工方案

屋顶绿化施工应严格按照总体设计要求及屋面种植作业标准工序进行施工。施工前应通过图纸会审,明确细部构造和技术要求,并编制施工方案。施工操作应做到工序合理,采取必要的安全防护措施。施工不得损坏原有的建筑屋面及屋面上的设施,禁止在防水层、排水层上方凿孔、打洞或重物冲击。

(2)具体施工

①屋顶绿化施工流程示意图:简单式屋顶绿化施工流程示意图(图7.1)

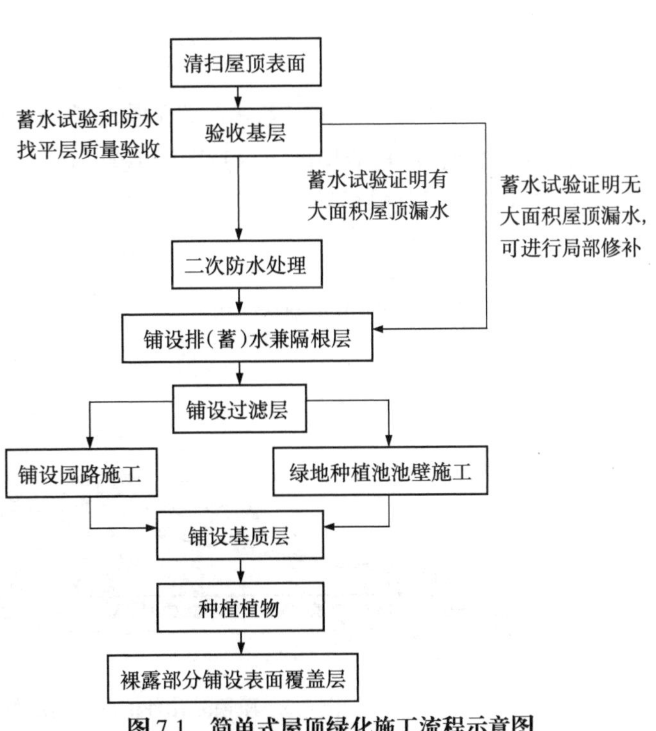

图7.1 简单式屋顶绿化施工流程示意图

和花园式屋顶绿化施工流程示意图(图 7.2)。

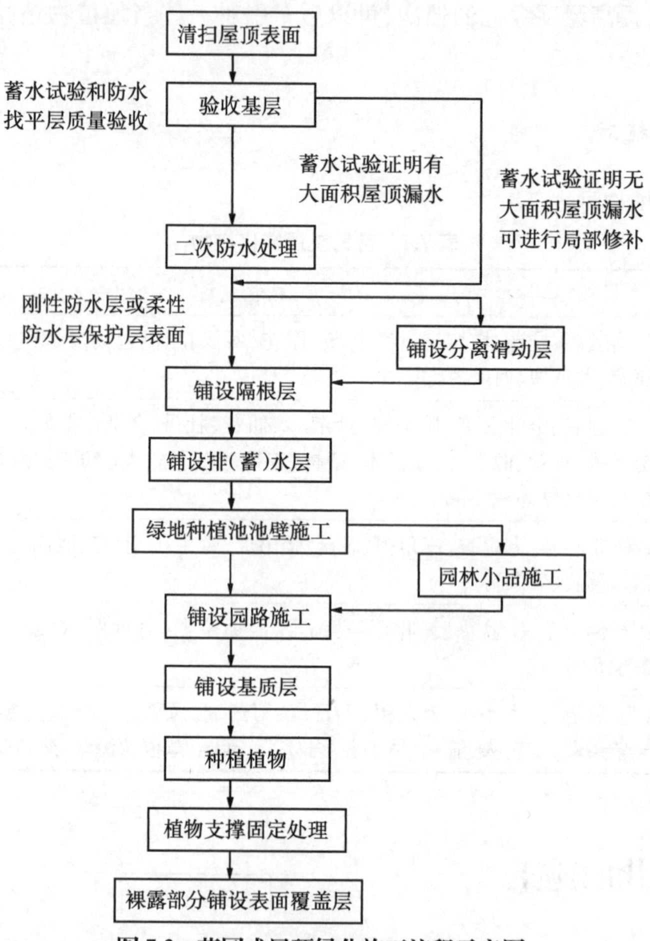

图 7.2　花园式屋顶绿化施工流程示意图

②屋顶绿化种植区构造层剖面示意图:种植区构造层由上至下分别由植被层、基质层、隔离过滤层、排(蓄)水层、隔根层、分离滑动层等组成。其构造层剖面示意图如图 7.3 所示。

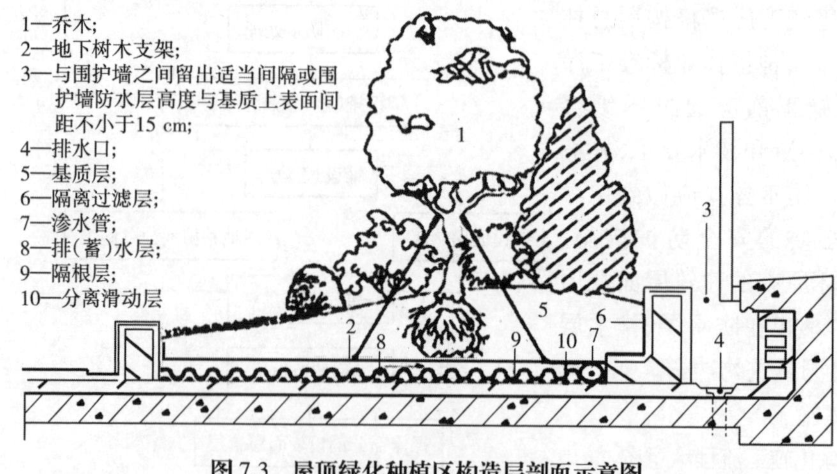

图 7.3　屋顶绿化种植区构造层剖面示意图

③屋顶绿化植物种植池示意图：通过移栽、铺设植生带和播种等形式种植的各种植物，包括小型乔木、灌木、草坪、地被植物、攀缘植物等。屋顶绿化植物种植方法如图 7.4 所示。

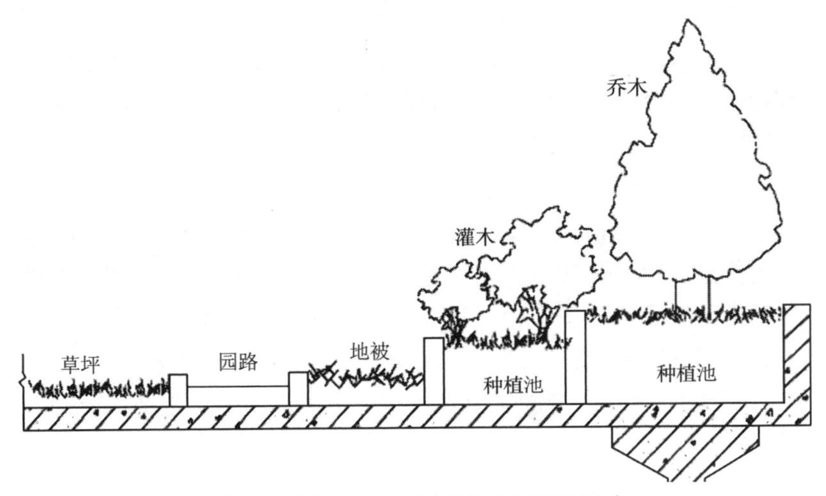

图 7.4 屋顶绿化植物种植池处理示意图

④屋顶绿化植物种植微地形处理方法示意图如图 7.5 所示。

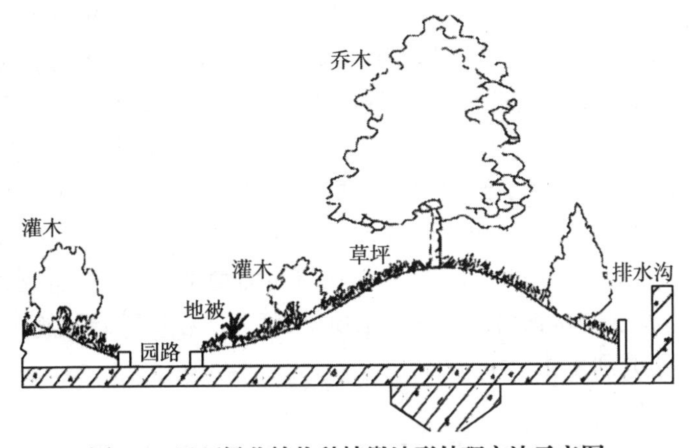

图 7.5 屋顶绿化植物种植微地形处理方法示意图

2) 确定屋顶绿化的荷载等级

(1) 植物荷重和种植荷载参考标准(表 7.5)

表 7.5 植物荷重和种植荷载参考表

植物类型	规格/m	植物荷重/kg	种植荷载/(kg · m^{-2})
乔木(带土球)	H=2.0~2.5	80~120	250~300
大灌木	H=1.5~2.0	60~80	150~250
小灌木	H=1.0~1.5	30~60	100~150
地被植物	H=0.2~1.0	15~30	50~100
草　坪	1 m^2	10~15	50~100

(2)屋顶绿化的荷载等级划分

均布活荷载标准值在 3.0 kg/m^2 以上的屋面可做地被式绿化,均布活荷载标准值在 5.0 kg/m^{2}的屋面可做复层绿化。对大灌木、乔木绿化应根据实际情况,采用相应的荷载标准值;设计荷载大于 350 kg/m^2 的屋顶,根据荷载大小,除种植地被、花灌木外,可以适当选择种植小乔木;设计荷载在 200~350 kg/m^2 以内的屋顶,根据荷载大小,栽植植物以草坪,地被植物和小灌木为主;设计荷载 200 kg/m^2 以下的屋顶不宜进行屋顶栽植绿化。

(3)屋面荷载合理分布的基本要求

屋顶绿化布局应与屋面结构相适应,宜将亭、花坛、树池、水池等荷载较大的部位设在承重结构或跨度较小的位置上;采用结构找坡,分散荷载,控制栽植槽高度和蓄水层深度;宜采用人造土、泥炭土、腐殖土等轻型栽培基质;复层栽植时,要提高乔灌木的基质厚度;栽植较高乔木的部位,结构应采取特殊的加强措施,满足承载力的要求;屋面面层材料所受荷载超过其承受强度时,应设置压力分配层。压力分配层应直接作用在建筑物的承重结构上,并在压力分配层周围做防水处理。

3)屋面处理

(1)防水层

①一般原则:防水层应防止雨水和浇灌用水渗入屋面结构层;原有建筑防水层不能满足绿化要求时,应进行屋面防水改造;倒置式屋面必须另加防水层;屋面防水等级宜在Ⅱ级以上,二道防水设防;屋面防水层侧面应高出屋面种植层 10~15 cm;应选择防水性能良好、轻质强韧的防水材料。卷材防水应搭接完整,接缝均匀一致,黏结牢靠,密封性好;防水层建成后应做防水性能检测;加砌花台、水池,安装水、电管线等施工时,不得打开或破坏屋面防水层。

②防水处理:在进行屋顶绿化施工时,首先在原屋面增加一层柔性防水层,且按相关技术规范操作。屋面进行两次闭水试验以确保防水质量,第一次在屋顶绿化施工前进行,第二次在绿化种植前,每次闭水时间不小于 72 h。

(2)隔根层

铺设在排(蓄)水层下,搭接宽度不小于 100 cm,并向建筑侧墙面延伸 15~20 cm。一般用合金、橡胶、PE(聚乙烯)和 HDPE(高密度聚乙烯)等轻质耐腐材料,并设置防止移位的加固措施,用于防止植物根系穿透防水层。

(3)蓄排水层

隔根层上必须设置蓄排水层。蓄排水层可用粗碳渣、砾石或其他物质组成,厚度 5 cm 为宜,也可用塑料排水板等其他新型排水材料。蓄排水材料的粒径宜在 4~16 mm。蓄排水材料蓄水不宜超过其体积的 50%。屋面面积较大时,蓄排水层宜分区设置。每区不宜大于 1.0 m×1.2 m,且至少应有一个排水孔,排水孔处应铺设粗骨料或加格篦。屋面排水口一般应设置两个,有条件的可增设一个溢水口。排水口敞露,做好定期的清洁和疏通,严禁覆盖,周围严禁种植植物。根据屋面坡度方向、植物配置、布局,采取隐蔽式集水管、集水口、内排水和外排水,组成排水系统。砌筑花台不能利用女儿墙为其边,应根据排水槽宽度间隔一定距离,一般间隔距离大于 20 cm,材料应选用轻质材料。蓄排水层铺设在过滤层下。应向建筑侧墙面延伸至基质表层下方 5 cm 处。铺设方法如图 7.6 所示。

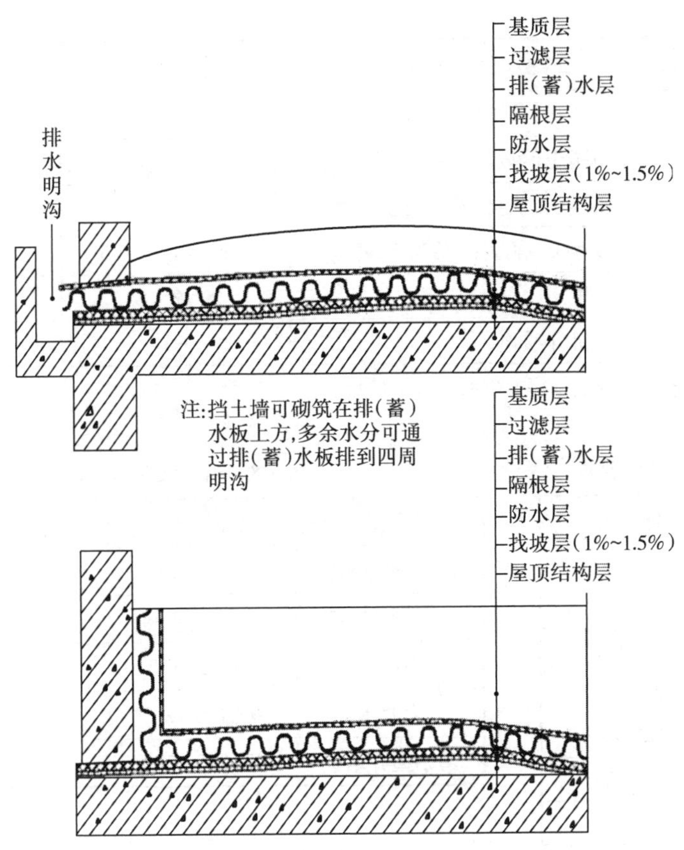

图 7.6　屋顶绿化排(蓄)水板铺设方法示意图

(4)过滤层

蓄排水层上应设置过滤层。过滤层的总孔隙度不宜小于65%,且应有一定的坚固性。过滤材料接缝搭接不宜小于20 cm,可用无纺布(200 g/m^2 以下)或者其他不易腐烂又能起到过滤作用的材料。

4)基质层

基质优先选用质量轻、持水量大、通透性好、养分适度、清洁无毒的专用基质(轻质改良土、无机复合种植土等),常见基质配合比可参考表7.6,有机复合机质中有机物的含量不宜超过20%,无机机质需提供专业机构出具的检测报告。基质理化性状要求见表7.7,进行地形设计时应结合荷载要求、排水条件、景观布局和不同植物对基层厚度的要求统一考虑。植物栽植基质的最小厚度应符合表7.8的要求。

表 7.6　常用基质类型和配制比例

基质类型	主要配比材料	配制比例	湿容重/(kg · m^{-3})
改良土	田园土,轻质骨料	1 : 1	1 200
	腐叶土,蛭石,沙土	7 : 2 : 1	780~1 000

续表

基质类型	主要配比材料	配制比例	湿容重/(kg·m^{-3})
改良土	田园土,草炭(蛭石和肥)	4:3:1	1 100~1 300
	田园土,草炭,松针土,珍珠岩	1:1:1:1	780~1 100
	田园土,草炭,松针土	3:4:3	780~950
	砂壤土,腐殖土,珍珠岩,蛭石	2.5:5:2:0.5	1 100
	砂壤土,腐殖土,蛭石	5:3:2	1 100~1 300
超轻量基质	无机介质	—	450~650

注:基质湿容重一般为干容重的 1.2~1.5 倍。

表 7.7 基质理化性状要求

理化性状	要 求
湿容重	450~1 300 kg/m^3
非毛管孔隙度	>10%
pH 值	7.0~8.5
含盐量	<0.12%
全氮量	>1.0 g/kg
全磷量	>0.6 g/kg
全钾量	>17 g/kg

表 7.8 植物栽植基质的最小厚度

植物类型	规格/cm	基质厚度/mm
草本、地被植物	H=5~20	≥100
草本、地被植物	H=20~100	100~300
小灌木	H=50~150	300~500
大灌木	H=150~200	500~600
小型乔木	H=200~300	≥600

5)灌溉设施

应充分利用自然降水,做到人工浇灌与自然降水相结合,且必须有灌溉设施。给水的方式分为土下给水和土上表面给水两种。一般草坪和较矮的花草可用土下管道给水,利用水位调节装置把水面控制在一定位置,利用毛细管原理保证花草水分的需要;土上给水可用人工喷浇,也可用自动喷水器,依土壤湿度的大小决定给水的多少。要特别注意土下排水必须流畅,绝不能在土下局部积水,以免植物受涝。喷灌水不超过种植边界,不超过屋面防水层在墙上的高度。

7.3.4 屋顶绿化的养护

屋顶绿化建成后的日常养护管理关系到其能否正常生存。屋顶绿化由于更新和换栽比地面上要困难得多,植物的立地条件比其原生长之处也要恶劣许多,所以要求管理上更加精心、细致。

1)屋顶绿化的日常养护

(1)浇水

简单式屋顶绿化一般基质较薄,应根据植物种类和季节不同,适当增加灌溉次数。夏季高温干燥时期一般在上午 9 时以前浇 1 次水,下午 4 时以后再喷 1 次水,有条件的应安装滴灌、微

喷或喷灌等设施。花园式屋顶绿化灌溉间隔时间一般控制在 5~10 天。

(2)施肥

多年生的植物,在较浅的土层中生长,施肥是保证植物生长的必要手段。目前,多采用基肥与追肥结合的办法。当植物生长较差时,可在植物生长期内按照 30~50 g/m^2 的比例,每年施 1~2 次长效 N、P、K 复合肥。观花植物应适当补充肥料。

(3)修剪

修剪可控制植物生长过大、过密、过高,以保持植物的优美外形,减少养分的消耗,且有利于根系的生长。攀缘植物修剪要注意与被攀附建筑物间的攀附和植物造型关系。

(4)中耕除草

发现杂草,应及时拔除,以免杂草与植物争夺营养和空间,影响屋顶绿化的美观。

(5)补充人造种植土

由于经常不断地浇水和雨水的冲淋,使人造种植土流失,体积日渐减少,导致种植土厚度不足,一段时期后应添加种植土。另外,要注意定期测定种植土的值,不使其超过种植物所能适应的范围,超出范围时要施加相应的化学物质予以调节。

(6)防寒

冬季屋顶风大,气温低,加上栽植层浅,有些在地面能安全越冬的植物,在屋顶可能受冻害。对易受冻害的植物种类,可搭风障、支防寒罩和稻草包裹树干防寒,盆栽可搬入温室越冬。

(7)防风

为了防止栽种的乔灌木被风吹倒,可以在树木根部土层增设塑料网,以扩大根系的固土作用;或结合自然地形置石,在树木根部,堆置一定数量的石体,以压固根系;或将树木主干绑扎支撑。种植高于 2 m 的植物应采用防风固定技术。植物的防风固定方法主要包括地上支撑法和地下固定法,如图 7.7 和图 7.8 所示。

1—带有土球的木本植物;
2—圆木直径为60~80 mm,呈三角形支撑架;
3—将圆木与三角形钢板(5 mm × 25 mm × 120 mm),用螺栓拧紧固定;
4—基质层;
5—隔离过滤层;
6—排(蓄)水层;
7—隔根层;
8—屋面顶板

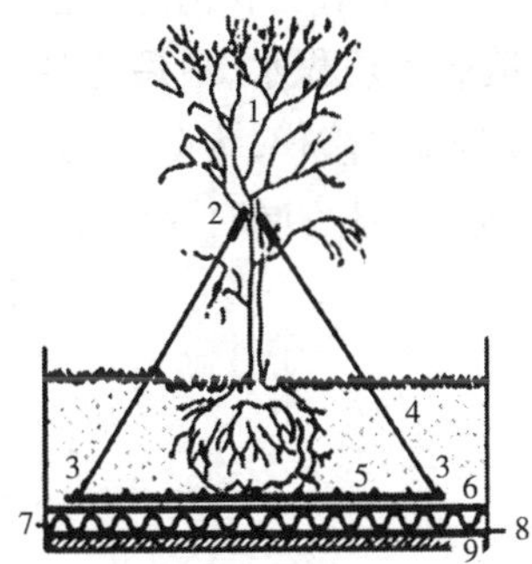

1—带有土球的木本植物;
2—三角形支撑架与主分支点用橡胶缓冲垫固定;
3—将三角形支撑架与钢板用螺栓拧紧固定;
4—基质层;
5—底层固定钢板;
6—隔离过滤层;
7—排(蓄)水层;
8—隔根层;
9—屋面顶板

图 7.7 植物地上支撑法示意图

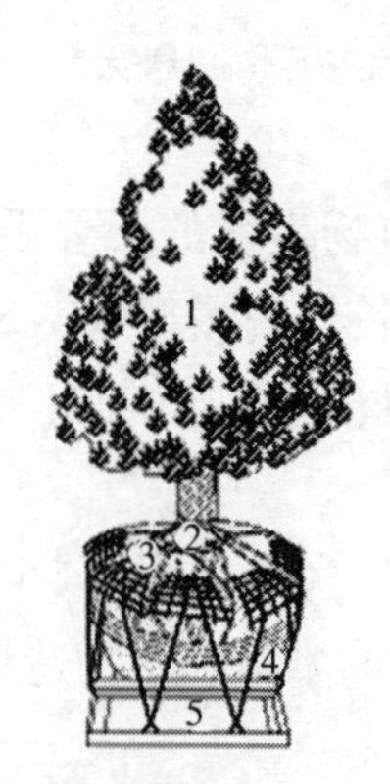

1—带有土球的树木;
2—钢板、ϕ=3螺栓固定;
3—扁铁网固定土球;
4—固定弹簧绳;
5—固定钢架(依土球大小而定)

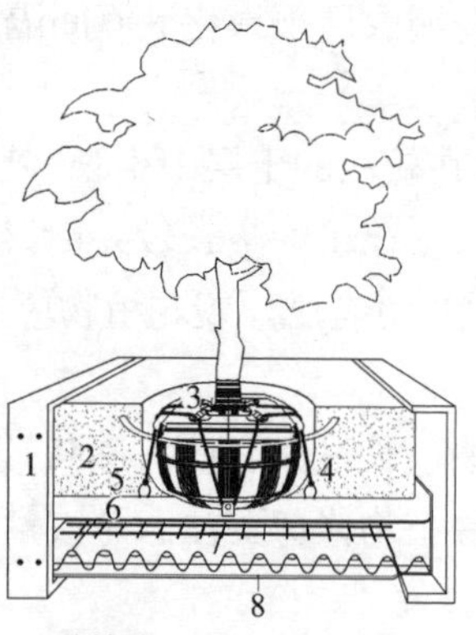

1—种植池;
2—基质层;
3—钢丝牵索,用螺栓拧紧固定;
4—弹性绳索;
5—螺栓与底层钢丝网固定;
6—隔离过滤层;
7—排(蓄)水层;
8—隔根层

图 7.8 植物地下固定法示意图

2)屋顶绿化施工注意事项

应根据习性及物候期在适宜季节栽植乔灌木,草本植物、宿根花卉应在生长季节进行栽植。复层绿化时先栽植乔灌木,后栽植草本植物。大灌木和乔木应采取加固措施,施工过程中应避免对周围环境造成污染,且必须加设安全防护设施,保证施工安全。不得任意在屋顶花园中增设超出原设计范围的大型景物,以免造成屋顶超载;在更改原暗装水电设备和系统时应特别注意不得破坏原屋顶防水层和构造;应保持屋顶园路及环境的清洁,防止枝叶等杂物堵塞排水通道及下水口,造成屋顶积水,最后导致屋顶漏水;屋顶绿化应设置独立出入口和安全通道,必要时应设置专门的疏散楼梯;为防止高空物体坠落和保证游人安全,还应在屋顶周边设置高度在 80 cm 以上的防护围栏;同时要注重植物和设施的固定安全。

思考题

1.简述立体绿化的概念及类型。

2.简述影响立体绿化的因素。

3.简述垂直绿化的施工与养护措施。

4.简述屋顶绿化的施工与养护措施。

8 大树移植与古树名木的保护

本章导读 本章详细阐述了大树移植前的准备工作、移植方法、技术措施及植后的养护管理；古树名木衰老的原因、复壮与养护管理等内容。要求掌握大树移植的技术规程，熟悉促进大树移植成活的技术措施；了解保护古树名木的意义及其衰老的原因，掌握古树名木的复壮技术和养护管理方法，熟练掌握衰老、濒危古树名木的挽救技术。

园林绿化工程中，将胸径在 15 cm 以上，或树高在 4 m 以上，或树龄在 20 年以上的树木称为“大树”。大树移植最初应用于对现有树木的保护性移植，以及对种植密度过高的绿地进行结构调整。随着城市建设步伐的加快，有一些工程常常需要快速呈现绿化、美化的效果，单靠栽植小规格苗木难以满足快速营造优美园林景观的需求。因此，在绿化工程施工技术水平不断提高的今天，科学地进行大树移植，采取合理的栽培养护措施，力保大树成活已经成为现代城市绿化必不可少的关键技术。

古树名木是自然界和前人留给我们的无价之宝，保护古树名木具有重要的意义。因此，分析古树名木衰老的原因，并采取合理的复壮技术，进一步完善养护管理措施，做好古树名木的挽救工作，是当前园林工作者必须完成的艰巨任务。

8.1 大树移植

虽然大树移植有它的好处，但同时也存在不易成活、对移植技术的要求较高、移植周期长、限制因子多、投入大、风险高、不利于环境保护等很多弊病。鉴于上述弊端，大树移植不宜大量使用，更不能成为城市绿地建设的主要方向，在移植数量和大树的来源上都要严格控制。大树的移植数量最好控制在绿地树木种植总量的 5%～10%，并且不能破坏大树原生长地的生态环境，移植前要作好充分的考虑，并制订移植工作计划。

8.1.1 大树移植前的准备工作

大树移植的基本要求与常规的苗木移植相同,但是操作的难度更大一些,因此每个环节都要密切配合,每一个步骤都要格外注意。

1)移植前做好规划

大树移植之前必须作好缜密的规划,包括造景要求的大树树形、树种、规格、数量、产地;对移植的时间也要有明确的计划,以便提前进行断根缩坨处理,以提高移植的成活率。

2)选择大树

(1)选择大树的程序

①选定大树:对可供移植的大树要进行实地调查,首先要了解树木的所有权,在可以购买的前提下,对树木的来源、种类、树龄、干高、树高、胸径、冠幅、树形等进行详细的调查、测量和记录。选择的树木应具有必需的观赏性并符合设计要求,树木选定后应根据有关规定办好所有权的转移及必要的手续。

②编号定向:选定移植树木后,要对树木进行编号(可把种植穴与移栽的大树编上相对应的号码,移植时可对号入座,以减少现场混乱,使施工有计划地顺利进行)。同时要用油漆在树干上作出明显标记,标明树木在原生长地的南北朝向,以指导栽植时大树入穴的方位,使其在移植后仍能保持原生长方位,以满足它对庇荫及阳光的要求。

③建立登记卡:登记卡的内容包括树木编号、树种、规格(植株高度、最低分枝点高度、分枝点干径、冠幅)、树龄、生长状况、树木所在地、拟移植的地点、最佳观赏面等。如有需要还可以保留照片或录像。

(2)大树选择时应注意的问题

①要与立地生态条件相适应:选择大树时,应考虑到定植地立地条件与树木原生长条件的相似性。否则移植的效果就不好。如在近水的地方,柳树、乌桕等都能生长良好,而若移植合欢,则可能会很快死去;又如背阴地方移植云杉生长良好,而若移植油松,则树的长势非常衰弱。

②要符合绿化功能要求:应该选择合乎绿化要求的树种。树种不同,形态各异,因而它们在绿化上的用途也不同。如行道树,应选择干直、冠大、分枝点高、有良好的庇荫效果的树种,而庭院观赏树中的孤立树就应讲究树姿造型;从地面开始分枝的常绿树种适合做观花灌木的背景,因而应根据要求来选择所要移植的树种。

③选择合适壮龄树木:应选择壮龄的树木,因为移植大树需要很多人力、物力,若树龄太大,移植后不久就会衰老,很不经济;而树龄太小,绿化效果又较差,所以既要考虑能马上起到良好的绿化效果,又要考虑移植后有较长时期的保留价值。一般慢生树种选20~30年生,速生树种则选用10~20年生,中生树种可选15年生,果树、花灌木可选5~7年生,一般乔木树高在4 m以上,胸径15~25 cm的树木则最合适。

④考虑施工条件难易:选树时应对树木原生长地的情况进行详细考察,如土壤条件和地形是否利于土球的挖掘;周围是否有无法清除的障碍物或地下设施(如水管、煤气管道、电信电缆等);是否有足够的机械工作空间;运输通道是否畅通,应在便于各方面施工操作的地方选择苗木;如有必要应在施工前请交通、市政、电讯等有关部门到现场,配合排除施工障碍并办理必要手续。

3)多次移植

多次移植适用于专门培养大树的苗圃。速生树种的苗木可以在头几年每隔 1~2 年移植 1 次,待胸径达 6 cm 以上时,可以每隔 3~4 年移植 1 次;慢生树种待其胸径达 3 cm 以上时,每隔 3~4 年移植 1 次,长到 6 cm 以上时,每隔 5~6 年移植 1 次。树苗经过多次移植,大部分的须根都聚集在离根颈不远的范围之内,移植时可缩小土球的尺寸和减少对根部的损伤。

4)断根缩坨

断根缩坨也称为回根法或切根处理。大树移植是否能成活,与挖掘时土球所带的吸收根的数量和质量有很大关系。断根缩坨的目的就是使近主根处多发新吸收根,缩小根围,便于起运,利于成活,缩短恢复期。对于容易生根的树木也可不进行此项工作。

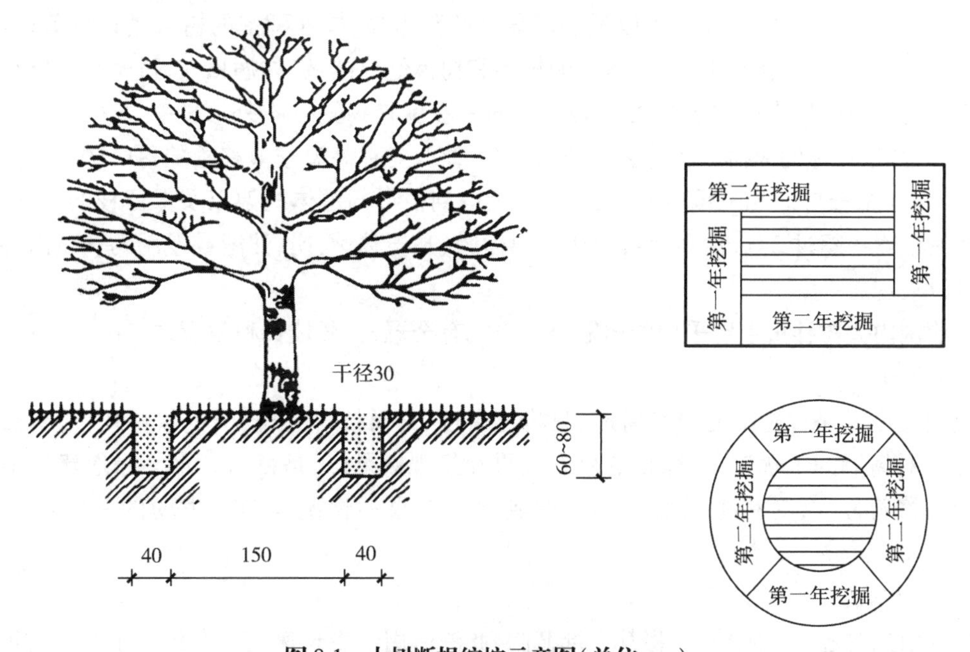

图 8.1 大树断根缩坨示意图(单位:cm)

在有条件的情况下,最好对所要移植的大树提前 1~3 年进行断根缩坨处理。如图 8.1 所示,操作方法是:在秋季或春季以树干为圆心,以胸径的 3~4 倍为半径或稍小于移植时土球尺寸画圆或方形,将其周长分成 4 等份(或 6 等份),第一年取圆形或方形上相对的两份(若分 6 份,则可以相间取 3 份),在其外侧挖 30~40 cm 宽的沟,深度视树种根系深度而定,一般为 60~80 cm。挖掘时,如遇到较粗的根,应用锋利的手锯或修枝剪切断,使之与沟的内壁齐平,且伤

口要平整光滑，大的伤口应涂抹防腐剂；如遇到直径 5 cm 以上的粗根，为防止大树倒伏一般不予切断，而于土球外壁处进行环状剥皮，剥皮的宽度为 10 cm 左右，并在伤口处涂抹生长素（α-萘乙酸或 2,4-D），以利于促发新根。然后用掺着肥料的沙壤土或壤土分层回填并踩实（为进一步促进生根，也可将生根粉与土壤充分拌匀后回填），填至接近原土面时，浇一次透水，或用生根粉溶液浇灌根部。待水分完全下渗后再覆盖一层稍高于地面的松土，以后定期浇水。第二年的春季或秋季，再用同样的方法处理剩余的部分。到第三年时，在四周的沟中均长满了须根，这时便可以移植了。挖掘时应注意土球大小要大于断根缩坨的范围，以保留新长出的吸收根。当时间紧迫时，为了应急，也可以在一年中的早春和晚秋分两次完成断根缩坨。在气温较高的南方，有时为突击移植，在第一次断根数月后，即起挖移植。断根缩坨的方法可以使断根的切口附近产生大量的新根，分两次进行截根，避免了对根系的集中损伤，有利于成活。

5）树冠修剪

大树移植时树木的根系损伤严重，树冠修剪的目的主要是增大根冠比，减少枝叶蒸腾，保持树木地下和地上部分的水分代谢平衡，是提高大树移植成活率的关键措施之一。

修剪的强度和手法应根据树种、栽植时间、天气情况、树体规格、立地条件及移植后采取的养护措施来确定，树冠大、树龄大、根系老、裸根苗或须根少、生根难、季节和天气不适宜、湿度低时均应加大修剪的强度；反之可以适当轻剪。萌芽力强、枝叶稠密的树可进行重剪；常绿树移植前可不修剪，或只作轻剪，只剪除影响树形和树体健康的枝，如病虫枝、过密枝、枯死枝等；落叶树在萌芽前移植修剪强度也可以轻些。通常在保持树冠基本外形的基础上，修剪掉 1/3 的枝叶；对裸根移植的大树一般剪去枝条的 1/2～2/3；对在高温季节移植的落叶阔叶树木则修剪 50%～70%的枝叶。无论重剪或轻剪，皆应考虑到树形的整体框架以及保留枝的错落有致。修剪后对于直径超过 2 cm 的剪口可以用塑料薄膜、凡士林、石蜡、油漆或专用的伤口涂补剂对剪口进行处理。

目前国内大树移植主要采用的树冠修剪方式有全冠式、截枝式和截干式三种。

（1）全冠式

原则上尽量保持树木的原有树形，只将过密枝、交叉枝、徒长枝、弱枝、枯死枝、病虫枝剪除。此法对树冠的干扰较小，绿化的生态效果和景观效果好，是目前高水平绿地建植中所推崇使用的修剪方式，对移植后要求马上起到绿化效果的情况及萌芽力弱的常绿树种尤为适用。

（2）截枝式

只保留到树冠的一级分枝，将其上部截除，此法适用于生长速度和发枝力中等的树种。修剪时选留 3～5 个方向合适、分布均匀的主枝，从主干分枝处开始留 30～40 cm 进行重截，多余枝全部从基部疏除。这种方式虽可以提高移植成活率，但对树形破坏严重，应有选择的使用。

（3）截干式

将整个树冠截除，只保留一定高度的主干，多用于生长速率快、发枝力强、树冠恢复容易的树种，如悬铃木、杨、柳等。这种方法虽然可以有效提高移植成活率，但在景观上和生理上都会带来一些不良的后果，因此在园林绿化工程中应根据实际情况控制使用。

6)种植穴的准备

种植穴要尽量提早挖好,一般地说,至少在大树移植前 3 个月就应将种植穴挖好,以使穴中的土壤能较好地风化。挖掘前应首先了解地上和地下管线及隐蔽物的埋设情况,以便挖掘时合理地避让。挖穴时要将表土和心土分开放置(若能将土摊开晾晒则更好),去除土中的杂质。种植穴的规格应根据根系、土球(或木箱)规格的大小而定:裸根和带土球树木的种植穴多为圆形,其直径应比根系或土球的直径加大 60~80 cm,深度要加深 20~30 cm,种植穴的上、下直径要基本一致,侧壁应平滑垂直,以避免根系不能舒展或土球不能放到穴底,影响树木成活和日后的生长发育;种植穴挖好后在穴的底部做一个 20~30 cm 的土堆。带木箱移植的树木种植穴为方形,规格应比木箱的尺寸大 80~100 cm,深度应比木箱加深 20~30 cm。挖出的坏土和多余土壤应运走。另外,种植穴的地下水位过高时,应埋设排水管道或抬高栽植点。

8.1.2 大树移植的方法及技术要求

1)起苗与包装

起苗是大树移植中的重要环节,应做好起苗前的准备工作:将大树周围的障碍物清理干净,将地面大致整平,为顺利起挖提供条件。起苗前 2~3 天,应根据土壤的墒情适当浇水,以避免挖掘时因土壤过干而导致根系损伤和土球松散,同时也可给树皮和叶面喷水或喷施植物抗蒸腾剂。适当地拢冠,以缩小树冠伸展面积,便于挖掘和防止枝条折损。对移植过程中将用到的人力、机械设备(如吊车、平板运输车、卡车、洒水车等)、工具及辅助材料(如铁锹、镐、钳子、钢丝绳、草绳、木棒、木板、铁丝)等也要有充分的准备。

(1)裸根起挖

当大树的生长地土壤沙性较强,不利于挖掘土球,且运输距离较短的情况下,可以采用裸根起苗的方法,移植时间必须在大树落叶后至萌芽前当地最适季节进行,有些树种仅适宜在春季移植。此方法仅适用于移植容易成活、胸径在 10~20 cm 的落叶乔木,如杨、柳、槐、刺槐等。挖掘时应以胸径的 4~6 倍为半径画圆,如果事先做过断根缩坨处理,则应在断根沟外侧再放宽 20~30 cm,在圆的外侧垂直向下挖掘,深度应比根系的主要分布范围略深,一般为 80~120 cm。挖至规定深度后,再从底部向树干底下掏挖,遇粗根应用锯锯断,伤口要平滑不得劈裂,细根可用利铲截断。从所留根系深度 1/2 处以下,可逐渐向内部掏挖,切断所有主侧根后,即可打碎土台,保留护心土,清除余土,推倒树木,如有特殊要求可包扎根部。其他要求与常规的裸根苗挖掘相同。也可以用起重机吊住树干或主枝(吊绳与树皮接触的地方要用软布或胶皮等物衬垫),同时进行挖掘,顺着根系

图 8.2 大树裸根起挖

将土敲落,注意保护好细根,如图 8.2 所示。挖掘结束后,要立即对根系进行保湿,如喷洒保湿剂或涂泥浆,然后用湿的草袋、草帘等材料进行包装,大根分散可以分别包装,根系密集可以整体包装成球。为了促进大树快速萌发新根,可以向根系喷洒配好的生根剂溶液或涂抹掺有生长素或生根粉的泥浆。

(2)裸根软材包装

裸根软材包装适用条件,起挖方法同上。不同点是大树起出后,在裸露的根系空隙中填入湿苔藓、海绵等保湿材料,再用湿的草袋、草帘等材料将根系包装起来。此方法因对根系的保护效果好于裸根起苗,因此移植成活率也略高。

无论是裸根起苗还是裸根软材包装,都应该对树冠进行重剪。移植时期一定要选在枝条萌发前进行,并加强栽植后的养护管理,以确保成活。

(3)带土球软材包装

常绿树和落叶树非休眠期移植或需较长时间假植的树木均应采用此方法,树木的胸径一般在 15~20 cm,且原生长地的土壤条件应便于起挖土球。土球直径一般以大树胸径的 7~10 倍为宜,通常在 1.5~1.8 m,土球高度为土球直径的 2/3 左右。对事先进行过断根处理的大树,挖掘时应沿断根沟外侧再放宽 20~30 cm。土球多用草绳、麻袋、蒲包、塑料布等软材包装,如图 8.3 所示。

图 8.3 大树带土球软材包装

挖掘高大乔木或冠幅较大的树木前应立好支柱,支稳树木。挖掘时,可适量铲去表层浮土,减轻土球质量,注意不能伤根。挖掘深度视情况而定,通常深达 60~90 cm。先按规定的土球尺寸划出圆圈,在圈外挖 60~80 cm 宽的操作沟至规定深度,以便于操作。当挖掘至土球厚度的 1/2 时,用湿草绳在土球中部打腰箍(操作方法见第 3 章),以防止土球松散,然后再逐步下挖,当挖至要求的深度时,再向土球底部中心掏挖。土球直径在 50 cm 以上的,应留中心土柱,以便打花箍时兜绕底沿,草绳不易松脱。土球挖好后,可以直接扎花箍,也可以用蒲包、麻袋片等包装物将土球包严后再扎花箍,花箍的形式有井字式、五星式或橘子式(具体操作方法参见第 3 章),以橘子式包扎方法效果最好,应用最广。花箍应采用双股双轴的方式,第二层与第一层交叉压花。草绳间隔一般 8~10 cm,绕草绳时双股绳应排好理顺。打好包装后在土球腰部用草绳横绕 20~30 cm 的外腰箍。需要注意的是,在开挖过程中,应由专人对树况进行观察,以防止树身倾倒,确保人身安全。

(4)带土台方箱包装

此方法适于移植胸径 20~30 cm 或更大胸径的大树,土球直径通常在 1.8~3 m,以及沙性土

质且不适合裸根起苗的情况。

①土台方箱包装的准备：土台的上面和下面均为正方形，但一般下部比上部小 1/10 左右，土台的 4 个侧面是上宽下窄的倒梯形。按照土台规格准备合适的盖板、边板和底板，底板应分成若干条，在使用前应事先在两端各钉一块铁皮，并空出一半，以便使用时将另一半钉在侧面的边板上。挖掘前应先用 3～4 根支柱将树支稳，支柱的支点要在分枝点以上，与树皮接触的部分必须垫软物，以防磨破树皮。

②土台方箱包装的操作方法：以树干为中心，选好树冠观赏面，划出比规定尺寸（通常以树木胸径的 7～10 倍为边长）大 5～10 cm 的正方形土台范围。然后在土台范围外 80～100 cm 再划出一正方形范围，为操作沟范围。铲除正方形内的浮土，在操作沟范围内下挖，沟壁应规整平滑，不得向内洼陷。挖至规定深度，修整土台，随时用边板进行校正，修平的土台尺寸应比边板大出 5 cm，土台侧面要平滑，以便绞紧后边板与土台紧密靠实。土台修好后应立即上边板。先将土台四角用蒲包片垫好，再将边板围在土台的四面，用木棒等物在边板与坑壁之间顶牢，经检查校正，使边板上下左右对好，其上缘应低于土台 1～2 cm，再将钢丝绳分上下两道围在边板外面，两道钢丝绳距边板的上下边缘各 15～20 cm，用两个紧线器同时操作，将两道钢丝绳收紧，如图 8.4 所示。在两块边板交接处钉铁皮，每个接缝处的最上和最下一道铁皮距边板的上、下边各 5 cm，中间根据具体情况钉若干道铁皮。四周的边板钉紧后可以取下钢丝绳。接着开始掏土台下面的底土。将操作沟继续向下挖深 30～40 cm，用小镐和小平铲向土台下部掏挖（土台两侧可同时进行），并使底面稍向外凸，以利于收紧底板，如图 8.5 的左图所示。掏好一条底板的宽度应立即安装底板，先借助短木墩和千斤顶将底板支起，再钉铁皮固定，然后继续向中心掏，直至上完所有底板为止。

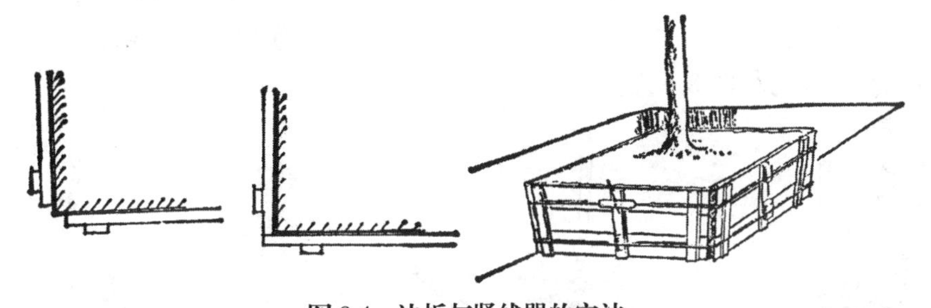

图 8.4　边板与紧线器的安法

（注：左图是正确的，中图是错误的，右图为紧线器的安法）

图 8.5　土台的掏底与包装

③注意事项:在最后掏土台中央底土之前,应先用结实的方木墩将土台四角支好,再向里掏挖。在挖掘过程中,如遇粗根,可用手锯锯断,并使锯口留在土台内。若土质松散,应先用蒲包托好,再上底板。向内掏底时,操作人员的头部、身体严禁进入土台底部,掏底时风速达 4 级以上应停止操作。底板装好后,可装盖板。先将表土平整,中间略高 1~2 cm,盖板长度应与边板外沿相等,不得超出或不足。上盖板前先垫蒲包片,盖板放置的方向应与底板交叉,盖板间距应均匀,一般 15~20 cm,如图 8.5 的右图所示。

(5)冻土球挖掘

此法适用于冬季冻土层较深的北方地区,挖掘方法参见第 3 章。冻土球挖出后可以不包装或只进行简单包装。

2)起吊与运输

(1)起吊

大树装运前,应先计算土球质量,计算公式为: $W = D^2 h\beta$。其中,W 为土球质量;D 为土球直径;h 为土球高度;β 为土壤容重。

要选择起吊和装载能力大于树重的机械设备,操作人员必须技术熟练,并严格按安全规定作业。吊运过程中要注意避免树皮受伤,所有与树干接触的部位必须用软物将树皮包裹好。裸根树木,应特别注意保护好根部,减少根部劈裂、折断,并盖上湿草袋或苫布等加以保护。带土球树木应注意避免土球松散,装卸时应用粗麻绳围于土球下部约 3/5 处,在绳与土球间,垫上木板等物,也可以采用尼龙绳网或帆布、橡胶带兜好吊运。装卸木箱树木,应首先用钢丝绳在木箱下端约 1/3 处拦腰围住,绳头套入吊钩内。再用另一根钢丝绳或麻绳按合适的角度一头垫上软物拴在树干恰当的位置,另一头也套入吊钩内,缓缓使树冠向上翘起后,找好重心,保护树身,则可起吊装车,如图 8.6 左图所示。

图 8.6 起吊与入穴

(2)运输

装车时树梢朝向车尾,根部朝向车头。装好后应用绳索将树体牢牢固定在车厢中,以防其滚动,树冠的超高部分应尽量围拢。树冠不要拖地,可在车厢尾部设交叉支棍,用以支撑树干,并注意事先在支棍与树皮接触的部位垫上软物(如蒲包、草袋等)。运输过程中的要求参见第 3 章。

3) 种植

大树移植要做到“随挖、随包、随运、随栽”，移植前应根据设计要求定点、定树。大树入穴时，应选好最佳观赏面的方向，并兼顾考虑树木在原生长地的南北朝向，树要栽正扶植，树冠主尖与根在一垂直线上。树木栽植入穴后，裸根树木要使根系充分舒展，并剪去劈裂断根，有条件可施入生根剂。带土球树木应将土球放稳，尽量将草绳、蒲包等包装材料拆除并取出，如土球松散，腰绳以下可不拆除，以上部分则应解开取出。填土时应先填表土，再填心土。回填土中应加入腐殖土，可以将种植土与腐殖土按 7 : 3 的比例混合均匀后使用，注意肥分必须充分腐熟。填土时要分层进行，每填 20~30 cm 即夯实一次，但应注意不得损伤土球。

对于裸根大树或带土球移植中土体破坏脱落的树木，可用“坐浆”栽植的方法提高成活率。在挖好的穴内填入 1/2 左右的栽培细土，加水搅拌至可以挤压流动为止。然后将树木根系垂直放入泥浆中，再按常规方法填土踩实，完成栽植。这种栽植方法由于树木的重量使根系的孔隙都充满了“泥浆”，使根系与土壤接合紧密，有利于成活。需要注意的是：拌浆不能太稀，不要搅拌过度使土壤板结。

种植木箱树木，先在坑内用土堆一个高 20 cm 左右，宽 30~80 cm 的长方形土台，长边与箱底板方向一致。将树木直立（若土质不易松散，可在入穴前先拆去中间 2~3 块底板），用两根钢丝绳兜住底板，绳的两头扣在吊钩上，起吊入坑，置于坑中的土台上，如图 8.6 右图所示。注意树木起吊入坑时，树下、吊臂下严禁站人。木箱入坑后，为了校正位置，操作人员应在坑上部作业，不得立于坑内，以免挤伤。树木落稳后，撤出钢丝绳，拆除底板填土。将树木支稳，即可拆除木箱上板及蒲包。坑内填土至 1/3 处，再将四周的边板拆除并取出，分层填土夯实。种植的深浅应合适，一般与原土痕相平或略高于地面 5~10 cm 左右。

4) 筑土堰

栽植完毕后，在树穴外缘筑土堰。裸根和带土球栽植的树木筑圆形土堰，土堰内径与坑沿相同，堰高 20~30 cm，开堰时注意不应过深，以免挖坏树根或土球。带方箱树木，应开双层方堰，内堰里边在土台边沿处，外堰边在方坑边沿处，堰高 25 cm 左右。土堰应用细土拍实，不得漏水。灌水时，内外堰同时灌水。

5) 支撑

立支撑的方法与第 3 章相同，其中以三支式和四支式最常用。

6) 灌水

新植大树要灌三遍水，第一遍水要在栽植之后立即浇灌，水流要缓慢，使土下沉，栽后 2~3 d灌第二遍水，一周后再灌第三遍水，水量要充足。第三遍水完全下渗以后要撤除土堰，并将土壤在树下堆积成小丘状，以防根际积水。

裹干、遮阳等的操作方法参见第 3 章。

8.1.3 大树移植成活期的养护

大树移植成活期的养护管理工作特别重要，栽后第一年是关键，应以提高树木成活率为中心开展全面养护管理工作。

1)水分管理

新植大树浇过头三遍水后，以后可以根据天气情况和土壤的墒情浇水，总的来说要本着“不干不浇，浇则浇透”的原则，切忌连续浇大水。灌水后应注意封堰，并且要经常疏松树盘的土壤，改善土壤的通透性，以利于生根。

当空气干燥时，可人工对树干、树冠、裹干材料于每天早晚各喷雾 1 次。常绿树或生长季的大树移植还要注意叶面喷水。喷雾要求细而均匀，为树体提供湿润的小环境。雨季时还应注意排涝，树堰内不得有积水，以防烂根。

2)地面覆盖

地面覆盖的目的是减少地面蒸发、防止土壤板结，以利于土壤通气。一般用草或树皮等物对树干基部的土壤进行覆盖，也可以在根际周围种植豆科植物，或铺上一层卵石子，既可以有效地保持土壤水分，还可以显著改善土壤的物理性状。冬季也可用薄膜覆盖后再盖草。

3)植后修剪

移植前未做修剪的大树，可以在移植后根据树形及树种特性，及时去除树干及主枝上一些不必要的萌芽、细小弱枝、移植过程中的折断枝、过密枝、重叠枝、徒长枝、病虫枝等。大树移植初期，特别是移植时进行重修剪的大树所萌发的芽要特别注意加以保护，让其抽枝发叶，待树体真正成活生长以后再逐步培养树形。在生长期一般不作疏除处理，而在休眠期可以适当整理树形。

4)防高温日灼

除了搭建遮阳棚以外，还可以对树干涂白、树体喷雾、在树干基部种植高秆豆科植物或遮盖湿草等方法，防止树体遭受高温日灼的危害。

5)防寒

新植大树的组织发育不充实，容易受到低温侵袭，应做好防寒工作。用草绳或厚稻草帘将树干及大枝缠绕包裹，以起到保暖的作用。在冬季风力较大的地区应搭设防风障。

寒冷的北方地区应在土壤上冻前(掌握在土壤白天开化、夜晚冻结的时期)灌封冻水，并结合封堰在树干基部培土 30 cm 左右，保护根颈免受低温危害。在晚秋进行树干涂白，涂白高度为 1~1.5 m。涂白不仅有防寒的作用，还具有杀菌、杀虫的作用。

6) 病虫害防治

大树移植后的缓苗期,树势较弱,同时新生的嫩枝,由于组织幼嫩,容易遭受病虫害的侵袭,因此在养护中要多巡视,勤检查,一旦发生病虫害,要根据树种特性和病虫害发生发展规律,对症下药,及时防治。

8.1.4　促进大树移植成活的技术措施

1) 枝干输液

利用树木的木质部能够吸收水分和养分的原理,在大树移植后,用特定的器械把水分、养分或促进成活的物质直接输送到树体的木质部,再通过木质部运输到树体的各个部位,可以促进新移植大树的成活。

但营养液不是万能剂,目前有些施工单位不分树种,不分析导致树木栽植后迟迟不发芽,或发芽后枝叶干枯及树势衰弱的原因而盲目使用,往往收不到理想的效果。

(1) 营养液种类及配制

目前市场上销售的专业用产品很多,如上海丽景、四川国光、名木成森、神润等公司生产的产品等,使用时要注意严格按照使用说明进行稀释后方可使用。也可自行配置营养液,配方为磷酸二氢钾：ABT3 号：水=15：1：50。先将生根粉用酒精溶解,然后加入磷酸二氢钾均匀搅拌,确保无杂质。加水稀释至 800 倍,灌入输液袋或输液瓶内待用。如果只是为了补充水分的话,也可以直接用纯净水给大树输液。

(2) 树干打孔

在树干基部离地面 20~30 cm 处,或一级分枝处的上、下方,用木工钻(钻头直径 5 mm 左右)斜向下与地面呈 45°左右的夹角钻 1~4 个输液孔,钻入树干的深度大约 5 cm。一般胸径 10~20 cm 钻 2 个孔,胸径 20 cm 以上的大树,可钻孔 2~4 个孔。如果钻孔数量在 2 个或 2 个以上,应注意孔与孔之间要错开,不要在同一水平线上。钻孔时,要来回拖动钻头,将木屑抽出,清除钻孔内的木屑。

(3) 输液方法

根据树体胸径大小,确定用药量。成品型输液袋的使用方法:打开封口盖,将输液管接于输液袋的出口并拧紧,提高输液袋使输液管内的空气排出,把针管塞入钻孔内插紧,以营养液不外流为准,将输液袋固定在树干上,即开始输液,如图 8.7 所示。如果使用大树吊针原液,稀释前需将原液摇匀,用纯净水按说明要求将原液稀释,打开空输液袋出口的盖子,把稀释好的营养液灌入袋中,再将输液管接于输液袋的出口,其他操作同上。

输液插瓶的使用方法:将输液插瓶直接插入钻孔,挤压瓶体排出孔内空气,再在瓶底打一个针眼孔,以利于液体流入孔内,如图 8.8 所示。

图 8.7 枝干输液——输液袋

图 8.8 枝干输液——输液插瓶

输液的次数应视树木的胸径、冠幅、树高、发根量和移栽季节而定，一般 2~4 次。营养液输完后，将输液袋(或瓶)内及时灌入洁净水继续输水，每天 1 瓶，至苗木完全恢复长势为止。

(4)输液注意事项

枝干胸径小于 10 cm 的乔木树种，尽量不输营养液；营养液必须用洁净水稀释，且现配现用；钻孔深度不得超过主干直径的 2/3，但也不可过浅，过浅则药液难以输入；输送营养液速度不可过快，以 24~30 h/500 mL 为宜，以免造成营养液大量外溢流失；严禁超浓度、超剂量使用营养液；输液瓶或输液袋尽量挂在树干北侧，高温季节输液时，输液瓶或输液袋应用遮阳网遮盖，避免瓶内液体温度上升，对树体造成不利影响，另外冰冻天气不宜输液；输液期间，应加强巡视，发现液量不足时要及时补充，不能出现空瓶、空袋现象；出现输液管或通水道堵塞、营养液外渗时，要及时拔掉输液管进行清理，用细管注水孔内排出空气，然后将通畅的输液管插好，恢复输液。注意输液管不得脱离输液瓶、输液袋和输液孔；输液结束后，立即撤除全部输液装置，向孔内注入 600 倍液多菌灵、甲基托布津等内吸式杀菌剂，选择与孔大小相等的本树种枝条，沾果腐康原液插入孔内，枝端与树皮平齐并用油漆封堵。雪松、白皮松、华山松等苗木的伤口，必须涂抹保护剂。输液瓶等输液装置应注意及时回收，可再次利用。

2)使用促进生根的药剂

大树移植后能够快速的发生新根，恢复根系的吸收功能是大树移植成活的关键。目前市售的促进生根的产品较多，如 ABT 生根粉、大树移栽生根液、成活液等，可以按照规定浓度稀释后采用蘸根、根系喷涂、喷洒土球等方法使用，也可以将药剂与土壤均匀混合后回填到种植穴，或者栽植后用配制好的药剂进行根部浇灌。

3)喷施植物抗蒸腾剂

植物抗蒸腾剂喷洒到植物表面后，能够形成一层保护膜，降低枝叶蒸腾速率、减少因叶面过分蒸腾而引起的枝叶萎蔫。在大树起挖后、运输途中或栽植后，用高压喷雾器向树冠喷施配制好的植物抗蒸腾剂，可以有效减少地上部分的水分散失，显著提高移植成活率。全株喷洒 300~500 倍液的抗蒸腾剂，7~10 d 再喷一次。喷施抗蒸腾剂应避开中午高温时，24 h 后方可喷水。

4）使用保水剂

保水剂是吸水功能很强的高分子聚合物，具有保水、保肥、保温和改善土壤结构的作用，为根系生长提供适宜的土壤环境。使用时可以将保水剂颗粒按比例与回填土均匀混合，然后填入种植穴，填至距地表 10 cm 以下，再用心土封满树穴，然后浇透水。用量根据树木规格而定，一般胸径 10~25 cm 的植株，用 150 g/株；胸径 25~35 cm 的植株，用 200 g/株；胸径 35 cm 以上的植株，用 300 g/株，具体用量还应参照保水剂的使用说明。

8.1.5　大树移植成活后的养护

1）水肥管理

（1）旱季的管理

6—9 月，大部分时间气温在 28 ℃以上，且湿度小，是最难管理的时期。如管理不当造成根干缺水、树皮龟裂，会导致树木死亡。这时的管理要特别注意：一是遮阳防晒，可以在树冠外围东西方向呈“几”字形，盖遮阳网，这样能较好地挡住太阳的直射光，使树叶免遭灼伤；二是根部灌水，往预埋的塑料管或竹筒内灌水，此方法可避免浇“半截水”，能一次浇透，平常能使土壤见干见湿，也可往树冠外的洞穴灌水，增加树木周围土壤的湿度；三是树南面架设三脚支架，安装一个高于树 1 m 的喷灌装置，尽量调成雾状水，因为夏、秋季大多吹南风，安装在南面可经常给树冠喷水，使树干树叶保持湿润，也增加了树周围的湿度，并降低了温度，减少了树木体内有限水分、养分的消耗。没条件时可采用“滴灌法”，即在树旁搭一个三脚架，上面吊一只储水桶，在桶下部打若干孔，用硅胶将塑料管粘在孔上，另一端用火烧后封死，将管螺旋状绕在树干和树枝上，按需要从不同方向在管上打孔至滴水，同样可起到湿润树干树枝、减少水分养分消耗的作用。

（2）雨季的管理

南方春季雨水多，空气湿度大，这时主要应排涝。由于树木初生芽叶，根部伤口未愈合，往往会造成树木死亡。雨季用潜水泵逐个抽干穴内水，避免树木被水浸泡。

（3）寒冷季节的管理

要加强抗寒、保暖措施。一要用草绳绕干，包裹保暖，这样能有效地抵御低温和寒风的侵害；二是搭建简易的塑料薄膜温室，提高树木的温、湿度；三是选择一天中温度相对较高的中午浇水或叶面喷水。

（4）移栽后的施肥

由于树木损伤大，第一年不能施肥，第二年根据树的生长情况施农家肥或采取叶面喷肥。

2）病虫害防治

树木通过锯截，伤口多，萌芽的树叶嫩，树体的抵抗力弱，容易遭受病害、虫害，如不注意防范，造成虫灾或树木染病后可能会迅速死亡，所以要加强预防。可用多菌灵或托布津、敌杀死等农药混合喷施。分4月、7月、9月三个阶段，每个阶段连续喷数次药，每星期一次，正常情况下可达到防治的目的。

大树移植后，一定要加强养护管理。俗话说得好，"三分种，七分管"，由此可见，养护管理环节在绿化建设中的重要性。当然，要切实提高大树移栽后的成活率，还要在绿地规划设计、树种选择等方面动动脑筋，下点功夫。

8.2 古树名木

8.2.1 古树名木的含义

古树是指树龄在100年以上的树木，其中树龄在300年(含300年)以上的古树为一级古树；树龄在100年(含100年)以上、300年以下的为二级古树。

名木是指稀有、名贵的或具有历史价值、纪念意义以及重要科研价值的树木，常与历史事件和名人相联系。名木的外延较广，如国家主要领导人亲手种植并且有纪念意义的树木；外国元首栽植或外国元首赠送的"礼品树""友谊树"；在著名风景区起衬托点缀作用，并与某个历史典故有联系的树木以及稀有珍贵或濒危树种都在名木的范畴之内。因此，古树名木并不是总能体现在同一棵树上，经常有名木不古或古树不名的情况出现。

8.2.2 保护古树名木的意义

根据建设部初步统计，我国百年以上的古树约20万株，大多分布在城区、城郊及风景名胜区，其中约有20%树龄在千年以上。古树是中华民族悠久历史与文化的象征，也是森林资源中的瑰宝，它是一种不可再生的自然遗产和文化遗产，不仅起着改善生态环境的作用，也是重要的旅游资源，具有极高的科学、历史、人文和景观价值。

1)古树名木的分级保护管理

为了做好古树名木的保护和管理工作，各地应组织专人进行系统调查，摸清我国的古树资源。城市和风景名胜区范围内的古树名木，由各地城建、园林部门和风景名胜区管理机构组织调查鉴定，进行登记造册，建立档案；对散生于各单位管界及个人住宅庭院范围内的古树名木，由单位和个人所在地城建、园林部门组织调查鉴定，并进行登记造册，建立档案，相关单位和个人要积极配合工作。

在调查、鉴定的基础上，根据古树名木的树龄、价值、作用和意义等进行分级，实行分级养护管理。根据国家颁发的古树名木保护办法规定：一级古树名木由省、自治区、直辖市人民政府确认，报国务院建设行政主管部门备案；二级古树名木由城市人民政府确认，直辖市以外的城市报省、自治区建设行政主管部门备案，其档案也应作相应处理。

古树名木保护管理工作实行专业养护部门保护管理和单位、个人保护管理相结合的原则。

城市人民政府园林绿化行政主管部门应当对城市古树名木按实际情况分株制订养护、管理方案，落实养护责任单位、责任人，并进行检查指导。生长在城市园林绿化专业养护管理部门管理的绿地、公园等的古树名木，由城市园林绿化专业养护管理部门保护管理；生长在铁路、公路、河道用地范围内的古树名木，由铁路、公路、河道管理部门保护管理；生长在风景名胜区内的古树名木，由风景名胜区管理部门保护管理；散生在各单位管界内及个人庭院中的古树名木，由所在单位和个人保护管理。变更古树名木养护单位或者个人，应当到城市园林绿化行政主管部门办理养护责任转移手续。

城市人民政府应当每年从城市维护管理经费、城市园林绿化专项资金中划出一定比例的资金用于城市古树名木的保护管理。古树名木养护责任单位或者责任人，应按照城市园林绿化行政主管部门规定的养护管理措施实施保护管理。古树名木受到损害或者长势衰弱，养护单位和个人应当立即报告城市园林绿化行政主管部门，由该部门组织治理复壮。对已死亡的古树名木，应当经城市园林绿化行政主管部门确认，查明原因，明确责任并予以注销登记后，方可进行处理。处理结果应及时上报省、自治区建设行政部门或者直辖市园林绿化行政主管部门。

在古树名木的保护管理过程中，各地城建、园林部门和风景名胜区管理机构要根据调查鉴定的结果，对本地区所有古树名木进行挂牌，标明树种、学名、科属、管理单位等。同时，要研究制定出具体的养护管理办法和技术措施，如复壮、松土、施肥、防治病虫害、补洞、围栏以及大风和雨雪季节的安全措施等。遇有特殊维护问题，如发现有危及古树名木安全的因素存在时，园林部门应及时向上级汇报并与有关部门共同协作，采取有效保护措施；在城市和风景名胜区内的建设项目，在规划设计和施工过程中都要严格保护古树名木，避免对其正常生长产生不良影响，更不准任意砍伐和迁移。对于一些有特殊历史价值和纪念意义的古树名木，还应立牌说明，采取特殊保护措施。

2)古树名木的价值

(1)古树名木是历史的见证

我国的许多古树跨越多个时代，经历世事变迁，留下了历史的烙印，是活的文物。如我国传说中的周柏、秦松、汉槐、隋梅、唐杏(银杏)、唐樟、宋柳，接受了沧桑岁月的洗礼，均可作为历史的见证。

(2)古树名木是名胜古迹的重要景观

古树名木姿态奇特，苍劲挺拔，具有极高的观赏价值。如黄山的“迎客松”、北京天坛的“九龙柏”、享有“世界柏树之父”美誉的陕西黄陵“轩辕柏”、被列入世界遗产保护名录的山东泰安“汉柏”等，已成为名胜古迹的重要组成部分，吸引着无数中外游客前往观赏。

(3)古树是研究自然史的重要资料

古树是诠释地球气候变化的信息库，它复杂的年轮结构能反映过去气候的变化情况，就像一部自然史书，记录了古代的自然变迁，是研究古代气象水文的珍贵材料。我国的科技工作者，通过研究祁连山圆柏从公元 1059—1975 年的 917 个年轮，推断出了近千年气候的变迁情况。

(4)古树对研究树木生理具有特殊意义

树木的生命周期很长,以人的生理年限,很难对树木的生长、发育、衰老及死亡的规律进行跟踪研究,而古树的存在就把树木生长、发育在时间上的顺序展现为空间上的排列,使我们能够把处于不同年龄阶段的树木作为研究对象,从中发现该树种从生到死的总规律。

(5)古树对树种规划具有重要的参考价值

古树多为乡土树种,对当地气候和土壤条件的适应性很强,因此,树种规划要以当地的古树种类为依据,以避免因盲目引种而造成无法弥补的损失。

(6)古树是优良的种质资源库

古树经历漫长的岁月而能顽强地生存下来,其中往往携带着某些优良的基因,是宝贵的种质材料。植物育种中可以以这些古树为亲本,培育寿命长且抗逆性强的杂交种,或者通过基因工程来获得性状优良的个体。在条件允许的情况下,还可以用古树培育无性系,以使古树的优点得以充分的发挥。

8.2.3 古树名木衰老的原因

随着树龄的增长,树木由幼年阶段到成年阶段、再进入衰老阶段,生理机能逐渐下降,生命力减弱,根系吸收水分和养分的能力降低,难以满足地上部分的需要,从而导致内部生理失去平衡,部分树枝逐渐枯死,表现出衰老的迹象,这是一种不可抗拒的客观规律,也是树木衰老的内因。但是在人类活动对自然干扰日渐频繁的今天,古树名木衰老的原因已不再是单纯的树体机理性衰弱,环境污染、生长条件恶化以及人为的破坏等因素,使许多古树名木长期处在生长弱势边缘,严重者甚至死亡。为了延迟古树名木的衰老与死亡,使其能最大限度地为人类服务,就必须摸清古树名木衰老的原因,以便对古树名木进行更好的保护和管理,使其衰老以致死亡的阶段延迟。

1)自然因素

(1)土壤养分不足,土层变薄

古树长年生长在同一个地方,消耗了土壤中大量的营养物质,而养分循环利用较差,造成土壤的有机质含量低。另外,根系不断从土壤中选择性地吸收某些营养元素,造成某些必需元素缺乏,而另一些元素可能过多而产生危害,长此以往,使古树的生长势逐渐衰弱。

古树经过千百年的生长,周围的土壤由于长期受到雨水或其他自然力量的侵蚀,导致水土流失严重,土层变薄,表层根系易受到高温和干旱的伤害,甚至会出现根系外露的情况;特别是一些分布在丘陵、山坡、悬崖等处的古树,本来营养面积就很有限,当土壤条件逐渐变差,根系摄取的养分不能维持树体的正常生长,就很容易造成严重的营养不良,甚至衰弱、死亡。

(2)极端天气与自然灾害

古树名木历经沧桑,曾多次遭受狂风、暴雨、干旱、水涝、严寒、酷暑、大雪、冰雹、雾凇等极端天气的侵袭,恶劣的天气容易造成树皮冻伤、灼伤、机械伤、树皮开裂、根系腐烂、大枝断裂、枯枝甚至造成树体倾倒,这些都会导致树势衰弱甚至死亡。

自然灾害也是引起古树名木衰老死亡的重要因子。古树的树高和冠幅通常较大,容易遭

受雷击，轻则树体烧伤、断枝、折干，造成树体严重损坏；重则将使古树名木化为灰烬，造成无法弥补的损失，可以通过设避雷针加以防治。如遭雷击，应立即将伤口刮平，涂上保护剂，并堵好树洞。

地震、泥石流和山体滑坡等严重自然灾害也会给古树造成致命的伤害。地震虽不是经常发生，但是一旦发生5级以上的地震，对于腐朽、空洞、树皮开裂、树势倾斜的古树来说，往往会造成树体倾倒或干皮进一步开裂；泥石流对古树的危害也不容忽视，如2009年浙江温州的文成县发生泥石流滑坡，造成2株古树被毁。

(3)病虫危害

古树虽然先天抗病虫害能力较强，但当其由于各种原因出现破皮、孔洞等伤口或古树进入衰老阶段，树势减弱，抵抗能力下降时，就很容易遭受病虫的侵害。此外，随着植物材料跨地区交流日益频繁，给病虫害的传播创造了良好的条件。如红蜘蛛、蚜虫、松毛虫、介壳虫、天牛、白蚁、小蠹虫、腐烂病、炭疽病、褐斑病、叶枯病等对古树的侵害较重，这些害虫和病原菌常常危害树势严重衰弱的古树，一旦侵染就会加速古树的衰老、死亡。因此在古树保护工作中，要及时有效地控制主要病虫害的发生。

(4)野生动物危害

许多野生动物以古树的树根、树皮、叶片、花和果为食；许多兽类和鸟类凿树洞作为它们的巢穴；乌鸦等鸟类践踏枝杈造成叶量减少；还有鼠类等啮齿动物啃咬树根、树皮等，日积月累，最终导致树体残缺不全，生长势衰弱。

(5)其他植物竞争

有许多古树都生长在人迹罕至的地方，与各种植物共处一地，这些植物与古树之间可能是互惠互利的关系，也可能是竞争的关系。当古树进入衰老阶段，竞争力下降时，原来的竞争对手就会逐渐占领优势地位，争夺古树地上和地下的生存空间，使古树无法得到良好的生长环境而日渐衰弱。

(6)地下水位改变

由于各种原因引起树木周围地下水位的上升或降低，使树木根系长期处于水中或湿度过大的土壤中，导致根系缺氧、腐烂；或长期干涸，导致枯萎。

2)人为因素

(1)土壤紧实度过高，通气不良

大多数古树在生长之初立地条件都较好，土壤深厚疏松，排水良好，小气候条件适宜。但随着人民生活水平的提高，许多古树名木所在地被开发成了旅游点，吸引众多游人慕名而来，甚至还有人在公园古树林中举办群体活动、商业集会，人的踩踏和车的碾压使古树名木下的土壤紧实度过高，通气性降低，气体交换减少，限制了根系的发展，甚至造成根系窒息乃至吸收根的大量死亡，极大地影响了古树根系的生长。同时，土壤通气不良也制约了土壤中微生物的活动，从而影响了土壤中有机质的分解，更加重了古树名木周围土壤中有效养分的贫乏。

(2)树下地面铺装不合理

很多城市和旅游景点出于地面美观、减少扬尘、便于清理、方便行人等目的，在古树名木树干的周围用水泥、大理石等硬质材料进行铺装，仅留很小的树池，甚至不留树池，使土壤与大气之间的气体交换大大减弱，也阻断了枯枝落叶回归土壤的途径，大大减少了雨水的下渗面积，使土壤理化性质逐渐恶化。古树长期处于透气和透水性极差且养分贫乏的土壤环境中，衰老速度加快。

(3)生长空间缩小，环境污染严重

城市的发展、基础设施的改善、游乐空间的扩大等因素使古树名木的生存空间不断被侵占。近年来，随着工业生产的快速发展，古树名木周围的环境也受到了严重的污染，生长在城市中的古树名木通常受害最严重，如生产过程中排放出的废气、废液，不仅污染了空气及河流，也污染了土壤和地下水体；工业废弃物在古树名木根际土壤中的掩埋，水泥、石灰等建筑材料在古树名木附近的堆放，使树体周围土壤的酸碱度改变，重金属离子及其他有毒物质的含量增加，使根系受到或轻或重的伤害；飘浮在空气中的有害物质会抑制叶片的呼吸，破坏光合作用。这些地上和地下环境的污染使古树名木逐年衰败枯死。

(4)工程建设的影响

城区改造、修路、架桥、建水库等各类工程建设常常会对古树名木根际的土壤进行干扰，如填方工程增加了根际土层的厚度，容易造成根系缺氧窒息；挖方工程会使土层变薄，并且容易造成伤根、断根、断枝等机械损伤，这些因素会造成古树名木的衰败，甚至死亡。

(5)人为损害

人为损害是指人为造成的直接损害。如许多富有传奇色彩的古树往往是部分人进香朝拜的对象，成年累月的烟熏、火烤，易伤及树体；有些人保护意识不强，在树体上乱画乱刻、钉钉子、缠绕绳索、架线，或为了锻炼身体对大树进行撞击、攀拉，更有迷信者将古树的叶、枝、皮采回入药，这些行为都直接导致了树体受损，影响古树名木的生长。

(6)管理不当

如对古树名木修剪过重，用药浓度过大造成药害，施肥浓度把握不当造成烧根等，也会造成古树名木的生长衰退。

8.2.4 古树名木的复壮技术

复壮是指在正确分析古树名木衰老原因的基础之上，采用科学合理的技术手段，改善其生长环境条件，使衰弱的树体重新恢复正常生长，增强树势，延缓其生命的衰老进程。

古树名木在复壮前，应根据其生长状况和生长环境进行综合诊断分析，如地上、地下是否有妨碍古树名木正常生长的因子；检测根区土壤板结、干旱、水涝、营养状况及污染等情况；查阅档案，了解以往的管护情况和生长状况。综合现场诊断和测试分析结果，制订具体的保护复壮方案，方案应经专家组论证同意后，方可实施。常用的复壮技术有以下几种：

1)树盘处理

首先应将树下的杂物清理干净，特别是对土壤理化性质有严重影响的物质。对于树下硬铺装面积过大的，应拆除古树名木吸收根分布区内的铺装，扩大树盘面积，直径一般在 5 m 左右，以改善根际土壤的通气透水情况。在树盘内可以铺倒梯形砖(上大下小的特制梯形砖)、透气砖、植草砖、树箅子、树皮、卵石或种植浅根系且有改土作用的地被植物，以减少根际土壤受

人为踩踏的影响，如图 8.9 所示。铺砖前应平整地形，注重排水，熟土上加沙垫层，然后再铺砖，砖与砖之间的缝隙用细砂填满，不得用水泥、石灰勾缝，以留出透气和渗水的通道。

图 8.9　树盘处理

（左上与右上：铺树箅子　左下：铺树皮　右下：铺卵石）

2）地面打孔或挖穴

先将古树名木吸收根主要分布区内的硬铺装拆除，在露出的原土面上均匀布点 3～6 个，钻孔或挖土穴。钻孔直径以 10～12 cm 为宜，深度以 80～100 cm 为宜，孔内填满草炭土和腐熟有机肥。土穴的长、宽各以 50～60 cm 为宜，深度以 80～100 cm 为宜，土穴内从底往上并排铺两块中空透水砖，砖垒至略高于原土面，土穴内其他空处填入掺有腐熟有机肥的熟土，填至原土面。然后在整个原土面铺上合适厚度的掺有草炭土的湿沙并压实，最后直接铺透气砖并与周边硬铺装地面找平。

3）埋设通气管

除了在地面进行树盘处理外，也可以采用在树冠垂直投影外侧设置通气管的方法来改善古树名木根系土壤的通气状况。通气管可以用直径 10～15 cm 的硬塑料管打孔包棕做成，也可以用外径 15 cm 的塑笼式通气管外包无纺布做成，管高 80～100 cm，从地表层到地下竖埋，管口加带孔的铁盖，如图 8.10 所示。通过通气管还可以对古树名木进行浇水、灌肥和病虫害防治。一般 1 株古树设 3～5 个通气管。通气管可以单独埋设，也可以埋设在复壮沟的两端。

图 8.10　通气管

4)挖复壮沟

复壮沟的位置在树冠垂直投影外侧,深度以 80~100 cm 为宜,宽度以 60~80 cm 为宜,长度和形状可因具体环境而定,多为弧状或放射状。单株古树可挖 4~6 条复壮沟,群株古树可在古树之间设置 2~3 条复壮沟。复壮沟内可根据土壤状况和树木特性添加复壮基质,补充营养元素。复壮基质常采用壳斗科树木的自然落叶,取 60%腐熟落叶和 40%半腐熟落叶混合而成,再掺入适量含氮、磷、铁、锌等矿质元素的肥料。

复壮沟的一端或中间常设渗水井,深 1.2~1.5 m,直径 1.2 m,井底掏 3~4 个小洞,内填树枝、腐叶土、微量元素等,井内壁用砖垒砌成坛子形,下部不用水泥勾缝,以保证可以向四周渗水,井口加铁盖。渗水井要比复壮沟深 30~50 cm。其作用主要是透水存水,改善根系的生长条件。雨季如果渗水井不能将多余的水渗走,可用泵将水抽出。

5)埋条促根

可以在上述复壮沟内埋入适量的紫穗槐、苹果等的健康枝条,也可以按下述方法操作:在树冠投影外侧挖放射状沟 4~12 条,每条沟长 120 cm 左右,宽为 40~70 cm,深 80 cm。将苹果、海棠、紫穗槐等的树枝剪成 40 cm 左右的枝段,捆成直径 20 cm 左右的捆。沟内先铺 10 cm 厚的松土,上面平铺一层成捆的枝段,上撒少量松土,每沟施麻酱渣 1 kg、尿素 50 g,为了补充磷肥也可放入少量动物骨头、贝壳或脱脂骨粉,覆土 10 cm 后放第二层成捆的枝段,最后覆土踏平。回填的基质也可以采用上文“4)”中的复壮基质。挖复壮沟和埋条促根的方法可以有效促进土壤微生物活动,促进古树名木的根系生长。有机物逐年分解后与土壤形成团粒结构,其中固定的多种元素可逐年释放出来,有效改善了土壤的性状。应注意的是,埋条的地方不能低,以免积水。

6)更换营养土

由于土壤养分不足而引起的古树名木生长不良,可以采用更换营养土的方法进行复壮。在树冠投影范围内,对主根部位的土壤进行挖掘,注意不要损伤根系,暴露出来的根要及时用浸湿的稻草、海绵等物覆盖,或用含有生长素的泥浆保护,挖土深度 50 cm 左右,将挖出的旧土与沙土、腐叶土、锯末、粪肥、少量化肥混合均匀之后再填埋回去。这种方法不仅可以增加土壤肥力,还可以改善根际土壤板结、透气和透水力差的问题。对根际土层变薄、根系外露的情况,

也应以营养土填埋,对生长于坡地且树根周围出现水土流失的古树名木,应砌石墙护坡,填土护根厚度以达到原土层厚度为宜。换土要分次进行,每次换土面积不超过整个改良面积的1/4,两次换土的间隔时间为一个生长季。

7)树洞修补

树体填补施工宜在树木休眠期天气干燥时进行。防腐材料要安全可靠,对树体活组织无害,且防腐效果持久稳定。填充材料应能充满树洞,并与内壁紧密结合。外表的封堵修补材料应具有防水性和抗冷、抗热稳定性,不开裂,防止雨水渗入。

对树体稳固性影响小的树洞可以不做填充,有积水时可以在适当位置设导流管(孔),使积水易于流出。如果古树名木出现皮层或木质部腐朽腐烂,造成主干、主枝形成空洞或轮廓缺失,应及时进行防腐处理并进行填充。首先清除腐朽的木质碎末等杂物,对于需要填充的部位,除了要清理填充部分的朽木,还要对其边缘做相应的清理,以利于封堵,裸露的木质层用5%的季铵铜(ACQ)溶液或与杀菌剂混合喷雾两遍,防腐消毒,杀虫杀菌。填充部位的表面经消毒风干后,可填充聚氨酯。填充体积较大时,常先填充经消毒、干燥处理的同类树种木条,木条间隙再填充聚氨酯。树洞太大或主干缺损太多,影响树体稳定时,可以先用钢筋做稳固支撑龙骨,外罩铁丝网造型,然后再填充。填充好的外表面,随树形用利刀削平整,然后在聚氨酯的表面喷一层阻燃剂,留出与树体表皮适当距离,罩铁丝网,外再贴一层无纺布,在上面涂抹硅胶或玻璃胶,厚度不小于2 cm 至树皮形成层,封口外面要平整严实,洞口边缘也作相应处理,用环氧树脂、紫胶脂或蜂胶等进行封缝。封堵完成后,最外层可作仿真树皮处理。

8)施用菌根菌

菌根是土壤中某些真菌与特定植物的根系之间建立的互惠共生体系,植物利用真菌的根外菌丝可以扩大根系的吸收面积,从土壤中吸收更多的养分和水分。松类、栎类、桤木等树种的根部都有菌根菌与其共生。对于这些古树采用人工施入菌根菌的方法,可以弥补其自身菌根菌的不足,提高古树的吸收能力,促进其正常生长,增强其抗逆性,从而达到复壮的目的。

9)施用生长调节物质

科学使用细胞分裂素、激动素、活力素、生根粉等生长调节物质,可以促进枝叶和根系的生长,延缓衰老,有助于古树的复壮。施用方法有叶面喷施和根部浇灌。

8.2.5 古树名木的养护管理

各地的城建、园林部门和风景名胜区管理机构应对各地的古树名木资源进行调查鉴定,并建立档案,统一挂牌编号,建立分级管理制度,明确养护管理任务。相关责任部门每年应对古树名木的生长情况和养护管理情况进行调查和记录,发现生长异常的情况应进行原因分析,及时采取措施。

1)清除古树名木周围的障碍物

保持古树名木周围环境的清洁。拆除古树名木周边影响其正常生长的违章建筑和设施。伐除古树名木周围对其生长有不良影响的植物,修剪影响古树名木光照的周边树木枝条,以保证其地上有充足的光照条件和生长空间,在地下有充足的营养空间,促进根系的伸展。可适当种植有益于古树名木生长的植物。

2)树体支撑和加固

树体明显倾斜或树冠大、枝叶密集、主枝中空、易遭风折的古树名木,可以采用硬支撑、拉纤等方法进行支撑和加固;树体上有劈裂或树冠上有断裂隐患的大分枝可采用螺纹杆加固、铁箍加固等方法进行加固。支撑和加固材料应经过防腐蚀保护处理。

(1)硬支撑

硬支撑是指从地面至古树斜体支撑点用硬质柱体支撑的方法,如图 8.11 所示。

图 8.11　硬支撑

支柱常采用结实的钢管、原木等材料。在要支撑的树干、大枝上及地面选择受力稳固、支撑效果最好的支撑点。支柱顶端的托板与树体支撑点的接触面要大,托板和树皮间要垫有弹性的橡胶垫,支柱下端应埋入地下水泥浇筑的基座里,基座要确保稳固安全。

(2)拉纤

拉纤是指在主干或大侧枝上选择一牵引点,在附着体上选择另一牵引点,两点之间用弹性材料牵引的方法。

①硬拉纤:常使用直径约 6 cm,壁厚约 3 mm 的钢管,将钢管两端压扁并打孔套丝口。用宽约 12 cm、厚为 0.5~1 cm 的扁钢制作铁箍(可制成圆形的或两个半圆形的铁箍),对接处打孔套丝口。钢管与铁箍外先涂防锈漆,再涂色漆。安装时将钢管的两端与铁箍对接处插在一起,插上螺栓固定,铁箍与树皮间加橡胶垫,如图 8.12(a)所示。

(a)硬拉纤

(b)软拉纤

图 8.12　拉纤

图 8.13　铁箍加固

②软拉纤:用直径 8~12 mm 的钢丝,在被拉树枝或主干的重心以上选好牵引点,钢丝通过铁箍或螺纹杆与被拉树体连接,并加橡胶垫固定,系上钢丝绳,安装紧线器与另一端附着体套上。通过紧线器调节钢丝绳松紧度,使被拉树枝(干)可在一定范围内摇动,如图 8.12(b)所示。以后随着古树名木的生长,要适当调节铁箍大小和钢丝的松紧度。

(3)加固

①螺纹杆加固:在树体劈裂处打孔,将直径 10~20 mm 的螺纹杆穿过树体,两头垫胶圈,拧紧螺母,将树木裂缝封闭,伤口要消毒,并涂抹保护剂。

②铁箍加固:在树体劈裂处打铁箍,铁箍下垫橡胶垫,如图 8.13 所示。

3)水肥管理

早春应根据当年气候特点、树种特性和土壤含水量状况,适时浇灌返青水。冬季寒冷地区,在土壤上冻之前要灌封冻水。土壤干旱缺水时,应及时进行根部缓流浇水,不得使用喷灌,不得使用再生水。浇水后应松土,不仅可以保墒,同时也增加土壤的通透性。当土壤含水量大,影响根系正常生长时,则应采取措施排涝。

古树施肥要慎重,要严格控制肥料的用量,绝不能造成古树生长过旺,加重根系的负担,造成地上与地下部分的平衡失调。应依据土壤肥力状况和古树名木生长需要,适量施肥,平衡土壤中矿质营养,以腐熟的有机肥为宜。施肥可结合复壮沟和地面打孔、挖穴等技术进行。

4)枝条整理

常绿树枝条整理通常在休眠期进行;落叶树枝条整理通常在落叶后与新梢萌动之前进行;易伤流、易流胶的树种枝条整理应避开生长季和落叶后伤流盛期;有安全隐患的枯死枝、断枝、劈裂枝应在发现时及时整理。

大枝通常采用“三锯下枝法”,注意不要伤及古树干皮,锯口断面平滑,不劈裂,利于排水。锯口直径超过 5 cm 时,应使锯口的上下延伸面呈椭圆形,以便伤口更好愈合。折断残留的枝杈上若尚有活枝,应在距离断口 2~3 cm 处修剪;若无活枝直径 5 cm 以下的枝杈应尽量靠近主干或枝干修剪,直径 5 cm 以上的枝杈应在保留树形的基础上在伤口附近适当处理。所有锯口、劈裂伤口须首先均匀涂抹消毒剂,如 5%硫酸铜、季铵铜消毒液等。消毒剂风干后再均匀涂抹伤口保护剂或愈合敷料,如羊毛脂混合物等。

5)防治病虫害

根据古树名木周围环境特点,加强有害生物日常监测。提倡以生物防治、物理防治为主,如采取人工捉、挖、刷、刮、剪等办法,清除古树名木树上及地下土壤和周围隐蔽缝隙处的幼虫、蛹、成虫、茧、卵块等;整理清除古树名木枯死枝叶、病虫枝,加强树冠通风透光;清除树下杂物和带有病原物的落叶,减少病虫源。

(1)虫害治理

虫害的防治应使用低毒无公害的农药,如吡虫啉、苯氧威、灭幼脲、菊酯类药物等。常见的施用方法有以下几种:

①喷施:根据使用说明,将杀虫剂配制成规定浓度的药液,用高压喷雾器进行喷施。

②枝干注射:用内吸性杀虫剂进行枝干注射,经过树木的输导组织将药物运输至树木全身,起到杀虫的作用。注射后要将孔口封严。

③根部浇灌:在树冠垂直投影边缘(吸收根分布区)挖3~5个弧形沟,深20~30 cm,宽50 cm,长60 cm,将液态的内吸性杀虫剂倒入沟内,待药液渗完后覆土。根系吸收杀虫剂后输送到树体各个部位,达到杀虫的目的。

④土壤埋施:开沟方法同上,在沟内埋施固态的内吸性杀虫剂,覆土后浇足水。此方法可以在较长时间内保持药效。

⑤综合措施:在使用杀虫剂的同时,建议配合使用人工捕杀、灯光诱杀、性信息素诱杀、生物防治等方法。

(2)病害治理

对于叶斑病、白粉病、锈病、叶枯病、松落针病等叶部病害在发病初期,可以喷石硫合剂等进行防治,发病期可以用多菌灵、甲基托布津、扑海因、粉锈宁等杀菌剂喷药防治。对于腐烂病、木腐病、松枯梢病、枣疯病等枝干病害可以在早春对树干涂抹石硫合剂或喷施波尔多液进行预防,石硫合剂和波尔多液在同一株树上使用,应间隔15~20 d。发病期内可选用适当的杀菌剂喷药防治。枣疯病可采取人工剪除病枝、根部浇灌和枝干注射药物等方法进行治理。对于烂根病等根部病害可以根据病情适量挖除病根,发病期内使用立枯灵等杀菌剂浇灌根区土壤。

6)预防自然灾害

(1)防范雷电

有雷击隐患的古树名木,应及时安装防雷电保护装置。防雷电工程应由具有防雷工程专业设计资质和施工资质的单位进行设计、施工。管护责任单位(人)每年应在雨季前检查古树名木防雷电设施,必要时请专业部门进行检测、维修。对已遭受雷击的古树名木应及时进行损伤部位的保护处理。

(2)防除雪灾

冬季降雪时,应及时去除古树名木树冠上覆盖的积雪。不要在古树名木保护范围内堆放积雪。

(3)防范强风

根据当地气候特点和天气预报,适时做好强风防范工作,防止古树名木整体倒伏或枝干劈裂。有劈裂、倒伏隐患的古树名木应及时进行树体支撑、拉纤、加固;应及时维护、更新已有的支撑、加固设施。

(4)防寒与防晒

要做好生长势衰弱的古树名木的防冻防寒工作,如设风障、主干缠麻或缠草绳等。天气炎热时,应根据实际情况,保护古树名木的树干,防止日灼,可以在主干西晒侧捆绑草绳、麻袋片或临时涂白等。

7) 设围栏

为防止过度践踏和人为破坏，古树名木周围应设置保护围栏，围栏与树干的距离应不小于3 m，也可以将围栏设在树冠的投影范围之外。特殊立地条件无法达到3 m的，以人摸不到树干为最低要求。围栏的地面高度通常在1.2 m以上，如图8.14所示。

图8.14　古树围栏

8) 立标示牌

古树名木应配有明显的标示牌，标明其树种、树龄、等级、编号、管护责任单位等信息，如图8.15所示。同时应设立宣传板，介绍古树名木的来历与重大意义，不仅可以起到科普宣传的作用，还能激发民众的保护意识。

图8.15　古树标示牌

8.2.6　古树名木的挽救技术

1) 挖排水沟

当古树名木因地下水位升高或其他原因导致根部积水，濒临死亡时，应在根际挖深3~4 m的排水沟，下层垫大卵石，中层以碎石和粗沙填充，再盖上无纺布，上面以细沙和园土覆平，以利于排水。排水沟也可以结合换土进行挖掘。

2) 嫁接更新

对于树势衰弱的古树，可以采用桥接法进行挽救。在古树周围均匀种植2~3株同种幼树，当幼树生长旺盛后，将树干适当高度处的树皮切开，将幼树树枝削成楔形插入古树皮部，用绳

子扎紧，适当遮阴、保湿，促使其愈合。嫁接成活后，由于幼树根系的吸收能力强，在一定程度上改善了古树体内的水分和养分状况，对恢复古树的长势有较好的效果。

如果树体有较大的伤口或成环状受损，难以愈合，可以通过桥接嫩枝来输送水分和养分。另外，根部受损生长不良的古树，可在其树干基部采用靠接法嫁接新根，以增强古树的吸收能力。

3）更新修剪

对于生长衰弱、濒临死亡的树木，可利用其衰老期向心更新的特点进行更新。对于萌芽力和成枝力强且潜伏芽寿命长的树种，当树冠外围枝条衰老枯死时，可及时回缩修剪，截去枯弱枝，修剪后应加强水肥管理，勤施淡肥，使之促发新壮枝，重新形成茂盛的树冠。萌蘖能力强的树种，当地上部分死亡后，根颈处仍能萌发出健壮的根蘖，对死亡或濒临死亡而无法抢救的古树干应截除，以促使根蘖形成新植株。

思考题

1.大树移植包括哪些主要环节？
2.如何提高大树移植的成活率？
3.简述导致古树名木衰老的原因。
4.简述古树名木的复壮技术。

9 园林绿地有害生物及其综合防治

本章导读 本章介绍了园林绿地有害生物的类型，常见的病虫害、草害以及鼠害的综合防治，重点介绍了园林绿地主要病虫草害及其防治措施。要求了解园林绿地有害生物的类型，掌握园林绿地常见的病虫害、草害以及鼠害的综合防治；熟悉园林绿地主要病虫草害及其防治等。

9.1 园林绿地有害生物概述

园林植物种类繁多，应用形式复杂，加之人为的干扰，园林绿地常常受到有害生物的危害。研究、了解园林植物有害生物的生物学特性、发生发展规律，有针对性地进行综合防治是保护绿化成果的重要保证。

9.1.1 园林绿地病虫害

1）病害种类及其特点

根据是否有侵染性，病害一般可以分为侵染性病害和非侵染性病害。

侵染性病害指由病毒、细菌、真菌、线虫、寄生性种子植物等寄生所引发的病害，有传染性，如病毒病、猝倒病、白粉病、锈病、软腐病、线虫病、菟丝子等。

根据病原不同，侵染性病害大体上可分为真菌性病害、病毒性病害、细菌性病害和线虫病害四大类。

真菌性病害由病原真菌引起，具有传染性。发生时由一个发病中心逐渐向四周扩展。在病症上一般表现为粉状物、霉状物、点状物、锈状物和颗粒状物。病征的出现与寄主的品种、器官、部位、生育时期、外界环境有密切关系。如叶斑病菌常在寄主生育后期才产生病征，甚至在落叶上才形成小黑点；有的菌核病要在寄主某一特定部位才形成颗粒状的菌核；银叶病要在寄主的死亡部分才长出蘑菇状的产孢结构；根肿病要在肿瘤很深的位置才能观察到病原菌。许多真菌病害在环境条件不适宜时完全不表现病征。真菌病害的症状与病原真菌的分类有密切关系,如白绢病菌在许多不同作物上均造成症状相似的白绢病,霜霉菌产生霜霉状物,黑粉菌产生黑粉状物等。真菌病害的侵染循环复杂,许多病菌可形成特殊的组织或孢子越冬、越夏,部分病菌终年有危害性。大多数病菌的有性孢子在侵染循环中起初侵染作用,其无性孢子起不断再侵染的作用。真菌性病害的传播主要媒介有气流、水流、雨、昆虫。

病毒性病害由植物病毒引起。植物病毒必须在寄主细胞内营寄生生活,一般专一性较强。一般植物病毒只有在寄主活体内才具有活性;少数植物病毒可在病株残体中保持活性几天、几个月,甚至几年;部分植物病毒可在昆虫活体内存活或增殖。植物病毒在寄主细胞中进行核酸复制和蛋白质外壳的组装,组成新的病毒粒体。植物病毒粒体或病毒核酸在植物细胞间转移速度很慢,而在维管束中则可随植物的营养流动方向而迅速转移,使植物周身发病。病毒性病害常表现为变色(黄化、花叶)、畸形(小叶、丛枝)、坏死。蚜虫是植物病毒的主要传播者。另外,植株长势弱、重茬、机械损伤、嫁接等也容易引起病毒病传播。

细菌性病害由病原细菌引起。侵害植物的细菌都是杆状菌,大多数具有一至数根鞭毛,可通过自然孔口(气孔、皮孔、水孔等)和伤口侵入,借流水、雨水、昆虫等传播,在病残体、种子、土壤中过冬,在高温、高湿条件下容易发病。在病症上一般表现为脓状物、水渍状,并往往伴有臭味。

线虫性病害由线虫引起,常见的线虫如针刺线虫、锥线虫、螺旋线虫、根结线虫等。线虫主要以幼虫取食造成危害。随地表水的径流、病土、病草皮、病种子进行远距离传播。受线虫危害的植株通常表现为叶片上均匀的出现轻微至严重褪色,根系生长受到抑制,根短、毛根多或根上有病斑、肿大或结节。整株生长减慢,植株矮小、瘦弱,甚至全株萎蔫、死亡。当天气炎热、干旱、缺肥和其他逆境时,症状更明显。

非侵染性病害又叫生理性病害,主要由水分、温度、光照、营养元素等过多或不足引发,无传染性。一般在相同栽培条件下,非侵染性病害发生具有普遍性、均一性。

2)虫害种类及其特点

植物虫害主要指由昆虫、螨类以及其他节肢动物和软体动物对植物造成的危害。一般来说,在同一地区相同植物上有些害虫虽然有危害,但一般不造成明显经济损失,这些害虫被称为次要害虫;有些仅是偶尔造成经济危害,被称为偶发性害虫;而有一些是经常造成经济危害,被称为常发性害虫;还有一些虽然偶尔发生,但一旦发生就暴发成灾,这一类被称为间歇爆发性害虫。

根据危害方式不同,植物害虫可以分为食叶类害虫、刺吸类害虫、蛀干类害虫以及地下害虫4类。

(1)食叶类害虫

食叶害虫主要在幼虫期危害植物的叶片、嫩茎,造成缺刻。有些种类取食叶肉,仅留下叶脉。常见的食叶类害虫有鳞翅目的刺蛾、蓑蛾、卷叶蛾、毒蛾、天蛾、美国白蛾,鞘翅目的金龟子、象甲、叶甲,膜翅目的叶蜂,双翅目的潜叶蝇以及直翅目的蝗虫等。另外蛞蝓、蜗牛、鼠妇等也会啃食植物叶片、嫩茎,造成危害。

(2)刺吸类害虫

刺吸式害虫是园林植物害虫中较大的一个类群。它们个体小,发生初期往往受害状不明显,易被人们忽视。但数量极多,常群居于嫩枝、叶、芽、花蕾、果上,汲取植物汁液,掠夺其营养,造成枝叶及花卷曲,诱发煤污病,甚至整株枯萎或死亡。同时,有些害虫本身还是病毒病的传播媒介。常见的种类有蚜虫、螨类、介壳虫、蓟马、椿象等。

(3)蛀干类害虫

蛀干类害虫绝大多数危害林木和木本的观赏植物。一般于幼虫期在树干、主枝、侧枝蛀食成孔洞、隧道危害林木。常见的蛀干类害虫主要有天牛、木蠹蛾、吉丁虫、蠹虫等。

(4)地下害虫

地下害虫指成虫或生活史中某一阶段生活在土中危害花木种子、幼苗地下部分或根茎部的害虫。常见的有蛴螬、蝼蛄、地老虎、金针虫等。

9.1.2 园林绿地草害

杂草与园林植物争夺光照、水分、营养、生长空间,严重影响园林植物的观赏价值,尤其在草坪建植和维护过程中,杂草不仅影响草坪的外观,还会传染病原菌,引发病害的发生,最终导致草坪退化。有效地控制杂草是绿地管理养护的重要环节。

危害绿地的杂草种类繁多,据报道,仅我国草坪常见的杂草就有 45 个科,近 450 种。其中以禾本科和菊科杂草种类和数量最多,危害也最为严重;其次是莎草科、苋科、大戟科、蓼科、豆科和石竹科。常见的有狗尾草、马唐、蟋蟀草、香附子、空心莲子草、车前草、铜锤草、繁缕、天胡须、稗草等。

作为伴生植物,杂草的发生与危害程度取决于绿地所处地理位置、绿地类型、养护水平、种植方式、植物种类、生长环境以及除草剂的使用等几方面。

9.1.3 园林绿地鼠害

鼠类啃食植物地上韧皮部,咬断苗木顶芽和嫩枝。同时在地下打洞筑巢,伤及植物根系,影响植物的正常生长。对于刚刚种植的植物,鼠害会造成植物的死亡;洞穴塌陷以及地表堆土会导致地表高低不平,严重影响绿地的整洁、美观。在草坪中还会影响割草机的正常使用。个别种类还会在雪覆盖下的草坪表面啮噬枯草层,雪化后留下开放穴道。

9.2 园林绿地有害生物综合防治概述

根据“预防为主,综合防治”的植物保护方针,为了加强园林植物保护技术工作的管理,提高技术工作的效益和水平,使园林植物有害生物防治工作走上规范化、科学化、法律化的轨道,并同国际同行业接轨,贯彻预防为主,采取以生物、生化防治为主的综合治理措施,向无农药污染的绿色城市园林发展,以达到既能有效、安全、经济地控制住有害生物的危害,保护园林植物

的正常生长和绿化美化功能的正常发挥,又能维护和促进园林生态和有害生物防治的良性发展,为城市人民创造清洁优美环境。

园林植物的有害生物防治对象分为重点对象和一般对象两类。重点对象指发生较普遍、极易造成严重灾害和影响的病、虫、螨害等;一般对象指重点对象以外的一些有害生物,这类生物平时一般危害不明显,但如果发展起来,也会对植物、市容、市民生活造成明显影响,如一般的蚜虫、卷叶虫、天蛾、蝶类、蝉、叶斑病等。在实际工作中,应做到狠抓重点对象的防治,避免造成有影响的危害;控制好一般对象,使其不能发展和造成明显的危害。力求做到勤调查、多试验,采取一种或几种确有实效的方法,高度重视对人、环境、天敌和植物的安全,不断研究、改进、提高防治效益。

需要指出的是,园林绿地养护管理工作中的有害生物的防治不是消灭或根绝某一种有害生物,而是把它控制在景观效果和经济阈值允许的范围之内,将有害生物引起经济损失时的种群密度控制在经济损害允许水平以下,以获得最佳的经济、生态和社会效益。

9.2.1 园林绿地病虫害综合防治

1)综合防治方法

园林植物病虫害的发生会严重影响植物的生长发育,引发病害,降低景观效果。防治病虫害,应遵循“治早、治小和治了”的原则。

(1)加强检疫严把苗木质量

植物检疫是一项防止危险性病、虫、杂草传入尚未发生地区的重要措施,国家已颁布植物检疫法规,从国内外引进或输出动植物时,必须遵照执行。在从国内外引进树木、花卉、草等园林植物及其繁殖材料时,应事先调查了解引进对象在当地的病虫害情况,提出检疫要求,办理检疫手续,方能引进,防止尚未发生过、危险性大、又能在该地区生存的一些病、虫、杂草等如松干蚧、松突圆蚧、松材线虫病、美国白蛾、杨干象甲等传入。一旦发现应及时处理,一旦发现危险性病虫害开始传入应积极防治、彻底消灭。

对于生产单位、苗圃等繁殖园林植物的场所,对一些主要随苗木传播,经常在树木、木本花卉上繁殖和危害的、危害性又较大的如介壳虫、蛀食枝、干害虫、根部线虫、根癌肿病等病虫害,应在苗圃彻底进行防治,严把随苗外出关。

(2)提高植物生长质量,增强抗逆性

在采用播种、扦插、分根等方法繁殖树木、花卉、草坪小苗时,应调查繁殖用地内地下病、虫种类、数量、分布等情况,根据不同病、虫,采取相应的土壤消毒处理,防止地下病、虫损坏幼苗;并从幼苗起加强科学施肥、浇水等养护管理,培育壮苗。每次小苗移植直至出圃掘苗,均必须严格进行苗木检查。对携带严重病虫害的苗木进行处理或淘汰。

遵循适地适树的原则,在种植时,通过不同树种混栽、控制种植密度、注意转主寄生的病害寄主回避、选择栽植的最佳地点进行病虫害的预防等。种植后根据不同植物和病、虫的不同习性和对环境条件的要求,从防病虫害的角度出发有针对性地采取浇水、施肥、病虫害防治、修剪、创面的保护、防旱、排涝、间移或间伐、土壤改良、小环境的改造和维护等养护管理措施,重

点解决土壤、水分、养分、光线、通风等问题。同时避免因建筑施工、运输等对树木地上及地下部分的人为损坏,创造有利于植物健壮生长,增强抗病、虫能力,而不利于一些病、虫害滋生、发展的环境条件,防止或减少病虫害的发生。

(3)耕作防治

通过轮作、中耕除草、改变种植期等方式可以破坏病虫害传播的世代交替链,进而有效地对病虫害的发生加以控制。

(4)物理机械防治

指通过物理的手段和简单的工具进行病虫害防治的方法。此方法行之有效,简便易行,安全性好。在种植以及日常养护管理工作中,可作为控制一些病虫害发展的主要措施之一。主要包括饵料诱杀、灯光诱杀、潜所诱杀、热处理、人工捕捉、挖蛹或虫、采摘卵块虫包、刷除虫或卵、刺杀蛀干害虫、摘除病叶病梢、刮除病斑、结合修剪剪除病虫枝、干处理等。如通过人工捕杀地老虎幼虫、黑光灯诱杀夜蛾、摘除病叶、紫外线、高温杀菌等。

(5)化学防治

化学防治指使用农药防治动植物病虫害的方法,具有高效、速效、使用方便、经济、效益高等优点,是目前应用最为广泛的一种防治方法。在公共绿地使用时要考虑环境卫生和安全,选用高效、无毒、无污染、对害虫的天敌也较安全的药剂。控制对人毒性较大、污染较重、对天敌影响较大的化学农药的喷洒。用药时,对不同的防治对象,抓准用药的最有利时机对症下药。按规定浓度和方法准确配药,不得随意加大浓度。喷药时做到均匀周到,提高防效,减少不必要的喷药次数,同时必须注意行人、居民、饮食等的安全,施用时要设置警戒线,喷药人员戴口罩以防中毒。防治病虫害的喷雾器和药箱不得与喷除草剂混用。注意不同药剂的交替使用,减缓防治对象抗药性的产生。尽量选择毒性小、残留低的种类。

(6)生物防治

利用有益生物消灭病虫是目前大力提倡的病虫害防治方式。通过“以菌制菌”“以菌治虫”“以虫治虫”“以鸟治虫”以及生物工程技术来控制病虫害发生,是目前以及将来的重点研究课题。目前,生物防治主要途径是保护和发展现有天敌、开发和利用新的天敌。如苏云金杆菌制剂(Bt 乳剂等)、灭幼脲类(除虫脲等)、抗生素类(爱福丁、浏阳霉素等)等生物、生化农药可作为防治螨类等的主要用药;利用肿腿蜂防治双条杉天牛;利用土耳其扁谷盗防治柏小蠹、利用性诱激素防治国槐叶柄小蛾等。生物防治是一种无环境污染,有利于城市园林生态良性发展的防治方法,应大力发展。

2)园林植物病虫害防治技术操作质量标准

(1)喷药质量标准和要求

应按规定浓度准确配、用;矮树喷药要求成雾状,雾点直径不应大于 80 μm,喷粉粉粒直径不应大于 20 μm,根据不同病、虫分布的部位,有的放矢地喷洒均匀周到;高树用高射程喷药车喷药时,必须下车绕树周围喷药,并尽量摆动喷枪,击散水柱,使其成雾状,做到应喷部位喷洒均匀周到。

(2)根施内吸杀虫杀螨颗粒剂质量标准和要求

必须按规定用药量准确使用;应施在吸收根最多处;施药面积应占有效吸收根分布总面积

的1/3以上;埋土后必须浇透水,保持土壤经常湿润;药剂系高毒,不得入口、接触皮肤和吸收药粒的粉尘。

(3)浇灌内吸杀虫杀螨药液质量标准和要求

必须按规定用药量准确配置和使用;必须匀称地浇在植物周围吸收根最多处;药液渗完后封堰;药剂系高毒,配、用药人员注意安全防护,防止入口、眼和接触皮肤。

(4)打针(高压注射内吸杀虫杀螨剂)法质量标准和要求

必须按规定用药量和浓度准确配置和使用;打针部位应在树干基部周围各大主根上,实无条件的可在主干基部,但各针位在主干基部周围应分布均称,并上下错开成“品”字形排列,上、下两针位之垂直距离不应小于20 cm;加压勿过急过大,防止胀裂树皮及针孔附近发生药害;起针后封死针孔。

(5)树木刮皮涂内吸杀虫杀螨剂质量标准和要求

必须严格按规定用药量准确使用;不得在树干上刮成整个环状,应在树干的上下不同部位刮成两个半圆环或三个1/3环,半环与半环之间距不应小于20 cm;只能刮去死皮(已木栓化的),使稍露出活皮,严禁刮掉过多的活皮。

(6)药剂注射质量标准和要求

常用药剂的使用浓度一般不应低于50倍;注射部位须在排出有新鲜虫粪和木屑的蛀食排粪孔口,注射时,所有虫孔、排粪孔均应注满药液,直至溢出药液为止,不得遗漏;注完用湿泥封死各孔口;一虫多孔的应先堵死注射孔以上或以下的排粪孔,然后再注射。

(7)活树熏杀蛀干害虫质量标准和要求

单位体积内用药量必须按规定准确使用;熏杀部位必须包封严密;熏杀时间必须根据不同季节按规定要求进行;用药过程按规定要求注意安全防护。

(8)人工捉(摘)病、虫质量标准和要求

人工捕捉害虫、摘除虫包、虫巢、卵块或病叶、病梢时,其范围只限于被害部位,不得损坏植物的健康部分;捉、摘的虫体、病部应及时收集,集中处理,防止继续扩散为害。

(9)诱杀的质量标准和要求

必须根据诱杀对象的生活习性,在外出活动期进行;性诱剂诱杀、灯光诱杀、饵料诱杀等,均应按其诱杀的有效面积确定使用数量,必须按要求挂放的位置挂放,并放好、放平、放牢,诱芯与虫胶的距离、灯光与毒杀剂的距离等,必须按要求摆放;黏虫胶或杀虫药液已黏(或漂)螨虫体或效力过期时,应及时更换或清除;配置饵料选药应根据诱杀对象确定,诱集取食的害虫。主要用胃毒剂且对害虫没有忌避作用的美曲膦酯(敌百虫,以下称敌百虫)等,诱集产卵的害虫主要用强触杀剂且对害虫没有忌避作用的敌杀死等,配药比例应按规定准确配置。

(10)人工挖除病、虫质量标准和要求

挖除地下虫、蛹时,事先应进行调查,根据不同防治对象,主要在树木附近约大于树冠直径一倍的范围内潮湿松土里,深度一般5~20 cm处,挖出的虫、蛹要及时进行处理,在近树根挖时,勿损伤树根,挖后恢复地面平整;挖除树体内的病、虫,工具要锋利,不应留下虫体或病变组织;伤口要平整,并及时进行伤口消毒和涂抹防腐剂;挖下的病、虫体要及时收集进行处理,不得随意乱丢乱放。

(11)人工刮刷病、虫质量标准和要求

刮除时,应不损伤树干树枝的内皮(活皮)或过多损伤树体(易流脂树种不能刮);刮除枝、干上的皮部病斑时,应尽量刮成纵菱形,将已变色的病变组织刮除干净,遇有活皮尽量保留。并及时进行伤口消毒和涂抹防腐防水剂,刮下的病体应及时收集处理;刷除树体或附近建筑物上的害虫时,应先调查、了解和认清害虫的栖息地点及死虫和活虫的特征后再进行,并尽量刷干净。

(12)土壤药剂处理质量标准和要求

应按规定用药量准确用药配药,药剂与细土要混拌均匀,并均匀周到地撒在单位面积害虫、病菌活动为害的深度内;撒(或喷)在土面上的药剂,应立即翻入 20 cm 左右深度的土层中,并耙拌均匀。

3)防治效果考核

(1)考核主要指标

①一级:叶色、叶片形状正常,不因病虫害而黄叶、焦叶、卷叶、落叶,叶片上无虫尿和虫网以及由虫尿和虫网引起的霉病和灰尘等。被啃咬的叶片率最严重的植株不超过 5%。无蛀干害虫的活虫活卵。介壳虫最严重处主枝主干上 100 cm^2 面积上 1 头活虫,较细枝条每 30 cm 长一段上 5 头活虫,平均被害株率 2%。

②二级:叶色、叶片形状较正常,因病虫害而出现较明显的黄叶、焦叶、卷叶、落叶,叶片上带有明显的虫尿和虫网以及由其所引起的霉病和灰尘的植株不超过 2%。啃咬的叶片率最严重的植株不超过 10%。有蛀干害虫活虫活卵的,平均被害株率 2%。介壳虫最严重处主枝主干上 100 cm^2 面积上 2 头活虫,较细枝条每 30 厘米长一段上 10 头活虫,平均被害株率 4%。

③三级:叶色、叶片形状基本正常,因病虫害而出现较严重的黄叶、焦叶、卷叶、落叶,带虫尿虫网及其所引起的霉病、灰尘等的植株数不超过 10%。被啃咬叶片率最严重的植株不超过 20%。有蛀干害虫活虫活卵的,平均被害株率 10%。介壳虫最严重处主枝主干上 100 cm^2 面积上 3 头活虫,较细枝条每 30 cm 长一段上 15 头活虫,平均被害株率 6%。

(2)考核方法

经常检查与定期考核相结合,除经常结合管理进行检查记录外,还必须定期进行防治情况、效果、问题等的考核。考核应组织有代表性的考评小组,采取逐项打分的方法进行评定。

4)植物保护工作人员的安全管理和操作

植保工作人员在管理和使用药、械等方面,必须注意本身和周围环境中的人和物(特别是食物和饮水等)的安全和防护;有毒药剂必须遵照农药储存保管的有关规定管理,应设专库(或专室)储存,专人负责,注明品名、数量,分门别类存放,应放在阴凉、通风、干燥处,并注意防火、防盗、防冻等;建立药剂领发制度,领用药剂须经主管人员批准,凭证发放;药剂的盛装材料用完应一律收回,集中处理,防止丢失和被误用;作业班操作人员对领出的药剂,要根据领药凭证检验,并指定人员负责保管,防止领错、丢失、乱扔。用完的盛药材料及时收集一起交库,不得乱放和丢失;配药和用药人员必须遵照安全使用农药的有关规定进行安全防护。特别是对于高毒药剂,一定要防止接触皮肤,进入眼、口、鼻中等;配药时,必须按规定的使用浓度或用药量准确配制和使用;喷洒时,必须有的放矢,喷洒均匀周到,并按有关规定注意安全防护;上树操作时,必须系安全带、穿防滑鞋等进行安全防护。

9.2.2 园林绿地草害综合防治

进行杂草防治应本着综合治理的原则,因地制宜,利用一切有利条件,选用经济、安全、有效、对人健康和环境影响小的方法,综合运用农业、生物、化学、物理等方法进行。

1)加强检疫,防患于未然

对国际或国内各地区间所调运的种子、苗木等进行检查、处理,防止新的外来杂草远距离传播。

2)农业防治

杂草传播的重要途径之一是伴随所播种子传播。通过播种前的精选、剔除混杂的杂草种子,可以有效地减少杂草的传播。选择优质、竞争力强的品种,适地适草,适地适树。通过中耕除草、合理密植,培育优质绿地,提高与杂草的竞争力。

3)物理防治

当杂草数量不多时,可组织进行人工拔除。适时的修剪草坪,合理控制草坪高度,有利于增强草坪草的竞争能力。

4)化学防治

化学除草具有省时省工、经济高效的优点,目前国内外竞相采用。如在草坪建植前5个月,选用10%草甘膦水剂200倍液或20%百草枯水剂800倍液于杂草4~6叶期进行喷施,可以获得较好的除草效果。需要引起注意的是常用除草剂大量使用会对生态环境造成一定的影响,在使用中应尽量选择低剂量、低残留的种类,尽量减少除草剂的使用次数和用药量。

5)生物除草

和病虫害防治相同,在杂草的防治过程中亦可利用天敌将杂草种群密度控制在允许的范围内,以菌治草、以虫治草、以草治草。目前,杂草的生物防治还处于研究阶段,但是其巨大的经济效益和生态效益使得生物治草备受青睐。

9.2.3 园林绿地鼠害综合防治

针对鼠类繁殖速度快、活动隐蔽、警惕性高、危害范围广等特点,目前防止鼠类的方法有物理灭鼠、化学灭鼠、生物灭鼠以及生态防鼠四类。

1)物理灭鼠

物理灭鼠主要利用捕鼠器械灭鼠。现有的灭鼠器械有二三百种,大致可以分为夹类、笼类、压板类、刺杀类、套扣类、水淹类、扣捕类等。另外,现代灭鼠法中又有超声波、电流击鼠、电子捕鼠器和粘鼠板等方法。物理灭鼠具有对环境不留毒素、鼠尸容易消除、灭鼠效果明显等优点。缺点是费工、成本高、投资大。

2)化学灭鼠

化学灭鼠法又称药物灭鼠法,是指使用有毒化合物杀灭鼠类的方法。化学灭鼠剂包括胃毒剂、熏杀剂、驱避剂和绝育剂等。其中胃毒剂的使用最为广泛,见效快,用量大,缺点是一些剧毒农药能引起二次甚至三次中毒,导致鼠类天敌日益减少,生态平衡遭到破坏;在使用不当时还会污染环境,危及家畜、家禽和人的健康。常用药物中的肠道毒物有磷化锌、杀鼠灵、敌鼠钠盐等。近年来,植物提取物、抗菌物以及人用镇静类药物也被用于灭鼠。熏蒸灭鼠在野外使用较多,主要使用各种化学熏蒸剂和烟雾剂,如熏蒸毒物有氯化苦、氰化氢、磷化氢等。目前,驱避剂和绝育剂开始在较大面积的灭鼠中试用。采用化学灭鼠法时要注意安全性。尽量采用毒性小、选择性强、适口性好、稳定性强、残留少的药物。在使用时,尽量在远离人活动的区域进行,并张布警示牌。

3)生物灭鼠

生物灭鼠主要是保护和利用天敌灭鼠。常见的鼠类天敌中,哺乳类有黄鼬(黄鼠狼)、艾虎(艾鼬)、香鼬(香鼠)、狐狸、兔狲、猞猁、野狸和家猫等,鸟类有长耳鸮、短耳鸮、纵纹腹小鸮等猫头鹰类,爬行类动物主要是各种蛇类等。现在,对人畜无害而仅对鼠类有致命危险的致病病原微生物也开始用于灭鼠中。

4)生态灭鼠

生态灭鼠主要是破坏和改变鼠类的适宜生活条件和环境,使之不利于鼠类的栖息和繁殖,并增加其死亡率。结合园林绿地建设与养护,开展耕翻土地,修整沟渠,铲除杂草,使害鼠难以隐藏、栖息;截断害鼠食料来源,达到减轻鼠害的目的。

在实际灭鼠工作中,根据几种灭鼠方法的特点以及具体鼠害,采取有针对性的措施综合治理,才能收到预期的效果。

9.3 园林绿地病虫草害及其防治

9.3.1 园林绿地主要病虫害及其防治

1) 园林绿地主要病害及其防治

(1)白粉病

①病原:白粉病是由子囊菌门白粉菌引起的一类病害,引起白粉病的主要有白粉菌属、单囊壳属、叉丝壳属、叉丝单囊壳属、球真壳属、布氏白粉菌属和钩丝壳属等。它们均是专性寄生菌,可产生吸器在寄主细胞内吸收养分。

②症状:白粉病发生在叶、嫩茎、花柄及花蕾、花瓣等部位,初期为黄绿色不规则小斑,边缘不明显。随后病斑不断扩大,表面生出白粉斑,最后该处长出无数黑点。染病部位变成灰色,连片覆盖其表面,边缘不清晰,呈污白色或淡灰白色。受害严重时叶片皱缩变小,嫩梢扭曲畸形,花芽不开,严重影响园林植物观赏性。

③分布与危害:除针叶树外,几乎在各类园林植物上都有白粉病的发生。白粉病危害严重的有瓜叶菊、金鸡菊、百日草、菊花、凤仙花、芍药、早熟禾等。

④发病规律:病菌以菌丝体和闭囊壳在病叶等病残体上越冬,在温室内可周年发生。借风雨传播,通过表皮直接侵入。白粉病病菌对温度要求不严格,分生孢子萌发温度在10~30 ℃,最适温度为20~25 ℃,对湿度的适应范围也较广,空气相对湿度25%~100%时都可萌发,以80%~90%最适宜。白粉病田间流行温度16~24 ℃,相对湿度45%~75%。棚室郁闭,通风不良,光照不足,昼夜温差大,干湿交替,或遇阴雨天气,最易诱发白粉病。在栽培管理中,如密度过大,氮肥过多,灌水过量,植株徒长柔嫩,发病加重。土壤缺水,植株抗病性降低,也有利于发病。

⑤防治方法:选择抗白粉病品种,加强栽培管理;通过栽植抗性强的品种、调整种植密度、增施磷钾肥、改善通风透光等措施减少病害发生;及时摘除病叶,清除病残体,减少病原扩大;在发病前和发病初期,可喷施硫黄、百菌清、代森锰锌等保护剂进行防治。病害盛发时,可喷15%粉锈宁1 000倍液、2%抗霉菌素水剂200倍液、10%多抗霉素1 000~1 500倍液。传统药物因反复使用使病菌产生抗体,效果锐减,故提倡交替使用。

(2)锈病

①病原:锈病由担子菌门锈菌寄生引起。侵染花木常见的锈菌有柄锈菌属、单孢锈菌属、多孢锈菌属、胶锈菌属和层锈菌属。锈菌作为活体寄生菌,以吸器伸入寄主细胞内吸取养分。生活史较复杂,许多锈菌有多型性和转主寄生现象。

②症状:病株大量出现锈色孢子堆而得名。主要危害叶、茎等部位,引起叶枯及叶片早落,削弱树势,降低观赏性。在病部产生的锈孢子器和夏孢子堆一般为黄色,冬孢子堆呈褐色。

③分布与危害:锈病可发生在多种园林植物上,其中受害较严重的有菊花、香石竹、鸢尾、

唐菖蒲、天竺葵、龟背竹、金鱼草、翠菊、美人蕉、多种草坪草等。

④发病规律:锈菌的侵染循环较复杂,不同锈菌差别很大。有的以菌丝体或冬孢子在植物的芽、枝叶、留种母株等病组织内越冬,菌丝体可存活多年。孢子主要靠风传播,也有借雨水滴下溅传。孢子萌发后,一般从气孔侵入寄主。转主寄生锈菌,只有存在转主植物时,才能完成侵染循环引起发病。

⑤防治方法:园林规划时尽量避开梨、苹果为主的种植区,避免柏类树种与海棠等锈菌寄主搭配种植,两类寄主相隔至少 5 km 以上。若无法避免,应选择抗病性强的种类以减轻发病。秋末到次年萌芽前,在清扫田园剪病枝后再施药预防,可喷 2~5 度石硫合剂、45%结晶石硫合剂 100~150 倍液、五氯酚钠 200~300 倍液、五氯酚钠加石硫合剂混合液。配置时先将五氯酚钠加 200~300 倍水稀释,再慢慢倒入石硫合剂液,边倒边充分搅拌,调成波美度 2~3 度药液,不能将五氯酚钠粉不加水稀释就加入石硫合剂中,以免产生沉淀。防治转主寄生柏树上的锈病,应在早春三月上中旬喷 1~2 次,杀死越冬菌源冬孢子。在花木发病初期喷波美度 0.2~0.3 度石硫合剂、45%结晶石硫合剂 300~500 倍液、70%代森锰锌可湿性粉剂 500 倍液、62 .25%仙生 600 倍液、500 倍 80%大生 M-45、70%甲基托布津1 000倍液、25%三唑酮1 500倍液。防治锈病较新的药剂还有 12.5%烯唑醇3 000~4 000倍液、43%好力克4 000~5 000倍液、25%富力库1 000~1 500倍液、25%敌力脱1 000~4 000倍液、25%邻酰胺1 000倍液、30%爱苗3 000倍液、50%翠贝3 000~5 000倍液、10%世高3 000~5 000倍液、25%福星 5 000~8 000倍液、50%雷能灵1 000~2 000倍液。

(3)灰霉病

①病原:灰霉病是由葡萄孢属真菌侵染所造成的一类病害的总称。主要病菌是灰葡萄孢。

②症状:叶片发病从叶尖开始,沿叶脉间成"V"形向内扩展,灰褐色,边有深浅相间的纹状线,病健交界分明。随后表现为叶片、叶柄发病呈灰白色,水渍状,组织软化至腐烂,高湿时表面生有灰霉。幼茎多在叶柄基部初生不规则水浸斑,很快变软腐烂,缢缩或折倒,最后病苗腐烂枯萎病死。

③分布与危害:灰霉病可危害多种园林植物,在保护地栽培中危害尤为严重。主要危害的种类有仙客来、香石竹、瓜叶菊、大丽花、卡特兰、四季秋海棠、风信子、大岩桐等。

④发病规律:灰霉病以菌丝体、分生孢子或菌核在土壤或病残体上越冬越夏。借气流、雨水灌溉及农事操作从伤口、衰老器官侵入。在保护地中,如遇连阴雨或寒流大风天气,放风不及时、密度过大、幼苗徒长,分苗移栽时伤根、伤叶,都会加重病情。

⑤防治方法:农业防治、化学防治和生物防治。

a.农业防治:在育苗下籽前,用臭氧水浸泡种子 40~60 min;在幼苗移栽前,关闭放风口,用大剂量臭氧气体对空棚进行灭菌处理;选用良种,严把育苗关;根据具体情况和品种形态特性,合理密植。同时,施用以腐熟农家肥为主的基肥,增施磷钾肥,防止偏施氮肥,植株过密而徒长,影响通风透光,降低抗性;定植前清洁田园,清除温室内残茬及枯枝败叶,然后深耕翻地;保护地注意通风,降低温室内湿度,高垄栽培,采用滴灌供水,避免大水漫灌。

b.化学防治:以早期预防为主,掌握好用药的 3 个关键时期,即苗期、初花期、果实膨大期。喷施腐霉利、甲基硫菌灵、异菌脲等进行防治;于发病初期使用 50%异菌脲按1 000~1 500倍液稀释喷施,5 d 用药 1 次;连续用药 2 次,即能有效控制病情;发病中后期,可采用 40%嘧霉胺悬浮剂或碧秀丹或丙环唑或40%腐霉利可湿性粉剂或乙霉多菌灵,兑水15 kg,5 d用药1次。

c.生物防治:灰霉病为低温高湿时常发病害,除做好相应的农业措施外(白天保持通风干燥),也要结合使用生物药剂进行防治。于发病前或初期使用3亿CFU/g哈茨木霉菌300喷雾,兑水喷雾,每隔5~7 d喷施一次,发病严重时缩短用药间隔,同时可结合有机硅增加附着性,效果更明显。

(4)炭疽病

①病原:炭疽病是园林植物的一类常见病害,主要由炭疽菌属真菌引起。

②症状:炭疽病主要危害叶片。受害叶片上产生坏死病斑,开始较小,后迅速扩展,浅褐色至暗褐色,形状大多不规则,有时能使叶片大部或全部枯死。病斑上有时出现不明显轮纹,黑色子实体顺轮纹形成,高湿度下出现淡红色至橘红色分生孢子堆。

③分布与危害:受炭疽病危害较严重的园林植物有兰花、一叶兰、芍药、百合、马蹄莲、常春藤、鸡冠花、君子兰、龙舌兰、玉簪、萱草等。

④发病规律:炭疽菌以菌丝体和分生孢子盘在病残体或鳞茎上越冬,借助风雨、昆虫传播。部分种类能侵入种子或附着在种子表面,它们可能成为苗木炭疽病的侵染源。炭疽菌有潜伏侵染的特性,可在寄主器官成熟前或幼嫩时进行侵染,以附着胞固定在寄主体表蜡质层中潜伏,也可以侵染丝在角质层下或表皮细胞中潜伏。待有利于病菌生长的条件出现时,终止休眠状态,继续生长发育,引起寄主发病。

⑤防治方法:选用抗病的优良品种;发病初期剪除病叶及时烧毁,防止扩大;避免放置过密及当头淋浇,并经常保持通风通光;发病初期喷洒50%多菌灵可湿性粉剂700~800倍液、50%炭疽福美可湿性粉剂500倍液、75%百菌清500倍液。

(5)霜霉病

①病原:霜霉病是由真菌中的霜霉菌引起的植物病害,霜霉菌为专性寄生菌。

②症状:霜霉病从幼苗到成熟植株各阶段均可发生,以成株受害较重。主要为害叶片,新梢和花器也易受害。发病初期在叶面形成浅黄色近圆形至多角形病斑,容易并发角斑病,空气潮湿时叶背产生霜状霉层,有时可蔓延到叶面。后期病斑枯死连片,呈黄褐色,严重时全部外叶枯黄死亡,类似黄萎病。

③分布与危害:霜霉病危害范围广,其中受害严重的园林植物有菊花、矢车菊、翠菊、向日葵、花毛茛、紫罗兰等。

④发病规律:霜霉菌以卵孢子在病残体上越冬,或以菌丝体潜伏在芽或种子内越冬,成为次年病害的初侵染源,生长季由孢子囊进行再侵染。在中国南方温湿条件适宜的地区可周年进行侵染。霜霉菌主要靠气流或雨水传播,有的也可以靠介体昆虫或人为传播。

⑤防治方法:农业防治和化学防治。

a.农业防治:重病田要实行轮作,施足腐熟的有机肥,提高植株抗病能力;合理密植,科学浇水,防止大水漫灌,以防病害随水流传播;加强放风,降低湿度;一旦发现被霜霉病菌侵染的病株,要及时拔除,带出田外烧毁或深埋。同时,撒施生石灰处理定植穴,防止病源扩散。

b.化学防治:在发病初期用75%百菌清可湿性粉剂500倍液喷雾;发病较重时用58%甲霜锰锌可湿性粉剂500倍液或69%烯酰锰锌可湿性粉剂800倍液喷雾。隔7 d喷一次,连续防治2~3次。同时,可结合喷洒叶面肥和植物生长调节剂进行防治,效果更佳。

(6)根癌病

①病原:根癌病又称冠瘿病,由根癌土壤杆菌所致。病原细菌短杆状,具1~4根鞭毛,有荚膜,革兰氏染色为阴性。最适发育温度22 ℃,致死为51 ℃,最适pH值为7.3。

②症状:根癌病主要发生在根颈处,也可发生在根部及地上部。病初期出现近圆形的小瘤状物,以后逐渐增大、变硬,表面粗糙、龟裂、颜色由浅变为深褐色或黑褐色,瘤内部木质化。由于根系受到破坏,故造成病株生长缓慢,重者全株死亡。

③分布与危害:根癌病可侵害600余种高等植物,蔷薇科受害最重。如大丽花、天竺葵、石竹、菊花等。

④发病规律:病原细菌在病瘤表皮及土壤中存活越冬,随病组织残体在土壤中可存活1年以上。借助雨水、灌溉水及地下害虫、线虫等媒介通过伤口、气孔侵入寄生植物。偏碱、湿度大的砂壤中发病率高,连作利于发病,根部伤口多则发病重。

⑤防治方法:加强检疫,发现病苗立即拔除烧毁;建立无病苗圃,培育无病苗木;加强管理,细心栽培,避免各种伤口,实行轮作;用放射土壤杆菌K84菌剂浸泡苗木根系进行生物防治,栽植后用该菌剂灌根。刮除根瘤,出现病瘤时,用利刀切除病瘤,再涂抹药剂。常用的药剂有500~2 000×10^{-6}链霉素或500~1 000×10^{-6}土霉素或5%硫酸亚铁。另据报道用甲冰碘液(甲醇50份、冰醋酸25份、碘片12份)涂抹有治疗作用。

(7)细菌性软腐病

①病原:主要由欧氏杆菌属欧文杆菌引起。病原细菌生长温度为4~36 ℃,最适为25~30 ℃。对氧气的要求不严格,在缺氧条件下也能生长。在pH 5.3~9.3范围都能生长,但以pH 7~7.2为最好。致死温度为50 ℃,不耐干燥和日光。病菌脱离寄主单独存在于土壤中,只能存活15 d左右。

②症状:软腐病的症状因病组织和环境条件不同而略有差异。一般柔嫩多汁的组织开始受害时,呈浸润半透明状,后变褐色,随即变为黏滑软腐状。比较坚实少汁的组织受侵染后,先呈水浸状,逐渐腐烂,但最后患部水分蒸发,组织干缩。

③分布与危害:细菌性软腐病是园林植物重要病害,尤其在十字花科植物中危害最重。受害较重的有鸢尾、唐菖蒲、仙客来、百日草、羽衣甘蓝、马蹄莲、风信子等。

④发病规律:软腐病菌主要在病株和病残体组织中越冬。通过昆虫、雨水和灌溉水传播,从伤口(包括自然裂口、虫伤口、病痕和机械伤口)侵入寄主。高温多雨,土壤湿度大、连作有利于该病害的发生。

⑤防治方法:提高栽培管理技术,加强农业防病措施,适期播种定植,及时清除病株烂叶;防治害虫,避免虫伤;选用适应当地条件的抗病品种;于发病前和发病初,及时在靠近地面的叶柄基部和茎基部喷施农用链霉素或新植霉素200 mg/L、敌克松原粉1 000倍液、38%恶霜嘧铜菌酯800倍液、50%代森铵600~800倍液、77%氢氧化铜可湿性粉剂400~600倍液、氯霉素300 mg/L,7~10 d喷药1次,共2~3次,重者进行灌根治疗。

(8)仙客来病毒病

①病原:主要是黄瓜花叶病毒(CMV)和烟草花叶病毒(TMV),此外还有马铃薯X病毒(PVX)。

②症状:苗期、成株均常发病。病株叶片皱缩不平或有斑驳,叶缘向下或向上卷曲,叶片小

且厚,质脆,易折断。叶柄短,丛生状,有时叶脉出现梭形突起物或叶面上产生疣状物。花瓣上产生条纹或斑点,花畸形或退化,病株矮小退化。

③分布与危害:主要危害仙客来。

④发病规律:病毒主要在病株、田间杂草以及种子内越冬,成为重要的初侵染源。CMV 主要由蚜虫作非持久性传播,亦可汁液传播,病株种子不能传播。TMV 主要通过接触和汁液传播,带毒种子、种球也能传播。高温、干燥天气对蚜虫繁殖和活动有利,常加重病毒病的发生。田间病毒的野生寄主多,有利于发病。园艺操作不规范、操作频繁导致健康植株与病株接触均会导致病毒的扩散。

⑤防治方法:病毒病的防治以预防为主,加强苗木的检疫,避免病毒病的传播;结合虫害防治及时消灭传播媒介,切断传播链,适时喷洒 40%乐果乳油1 000~1 500倍液,消灭蚜虫、粉虱等;发现病株及时拔除并烧毁,接触过病株的手和工具要用肥皂水洗净,预防人为接触传播;加强肥水管理,培育健壮植株,增强抵抗力。

(9)根结线虫病

①病原:根结线虫病是由根结线虫引起的一类世界性的重要线虫病害。根结线虫种类繁多,全世界已有报道的种类有 70 余种,其中我国有 16 种。危害较普遍的有南方根结线虫、爪哇根结线虫、北方根结线虫和花生根结线虫 4 种。

②症状:此病主要为害根部,病原线虫寄生在根皮与中柱之间,使根组织过度生长,结果形成大小不等的根瘤。因此,根部成根瘤状肿大,为该病的主要症状。根瘤大多数发生在细根上,感染严重时,可出现次生根瘤,并发生大量小根,使根系盘结成团,形成须根团。由于根系受到破坏,影响正常机能,使水分和养分难于输送,加上老熟根瘤腐烂,最后使病根坏死。在一般发病情况下,病株的地上部无明显病状,但随着根系受害逐步加重,树冠会出现枝短梢弱、叶片变小、长势衰退等病状。受害更重时,叶色发黄,无光泽,叶缘卷曲,呈缺水状。

③分布与危害:该病危害范围广,常发生于凤仙花、鸡冠花、栀子花、观赏南瓜等多种花卉上和朴、榆、柳、山楂、槭树、泡桐等多种树木上,在连作地块以及中性砂质壤土上危害尤为严重。

④发病规律:根结线虫以 2 龄幼虫、卵在土中越冬。当外界条件适合时,卵在卵囊内发育成为 1 龄幼虫。1 龄幼虫孵化后仍藏在卵内,经一次蜕皮后破卵而出,成为 2 龄侵染幼虫。2 龄侵染幼虫侵入维管束附近为害,并刺激根组织过度生长,形成不规则的根瘤。幼虫在根瘤内生长发育,再经 3 次蜕皮,发育成为成虫。雌、雄虫成熟后交尾产卵,卵聚集在雌虫后端的胶质卵囊中,卵囊的一端露在根瘤之外,每个卵囊有卵 300~800 粒。根结线虫一年可发生 2~3 代,有世代重叠现象,能进行重复侵染。

⑤防治方法:为了防止此病的蔓延和发展,对外来苗木必须经过检验,防止病苗传入无病区及新区。对携带病原的植株进行销毁,或把带病的用于繁殖的部位浸泡在热水中(水温 50~55 ℃时,浸泡 5~10 min),可杀死线虫,而同时不伤寄主。对病树,可根据土壤肥力,适当增施有机肥料,并加强肥水管理,以增强树势,减轻本病的为害程度。此外,土壤砂质较重时逐年改土,防止连作、深耕等措施也能有效地减轻危害。采用紫色拟青霉菌、芽孢杆菌等进行生物防治,可以有效控制根结线虫。用 3%呋喃丹颗粒 25 g/m^2,将其均匀施入土中,覆土约 10 cm,浇透水,有效期长达 45 d 左右,且能兼治蚜虫、红蜘蛛、介壳虫、地下害虫等。

2)园林绿地主要虫害及其防治

(1)刺蛾

①识别特征:又名痒辣子,属鳞翅目,刺蛾科。全世界已知约1 000种,国内约90余种,主要种类有黄刺蛾、褐刺蛾、扁刺蛾等。成虫体长13~18 mm,翅展28~39 mm,体暗灰褐色,腹面及足色深,触角雌丝状,基部10多节呈栉齿状,雄羽状。前翅灰褐稍带紫色,中室外侧有一明显的暗褐色斜纹,自前缘近顶角处向后缘中部倾斜;中室上角有一黑点,雄蛾较明显。后翅暗灰褐色。卵扁椭圆形,长1.1 mm,初淡黄绿,后呈灰褐色。幼虫体长21~26 mm,体扁椭圆形,背稍隆似龟背,绿色或黄绿色,背线白色、边缘蓝色;体边缘每侧有10个瘤状突起,上生刺毛。蛹体长10~15 mm,前端较肥大,近椭圆形,初乳白色,近羽化时变为黄褐色。茧长12~16 mm,椭圆形,暗褐色。

②分布与危害:国内各省几乎都有分布,是我国重要害虫之一。受危害的树木种类达120余种,其中主要有蔷薇、海棠、樱花、杨、柳、悬铃木、泡桐、枫杨等。低龄幼虫啃食叶肉呈网状,稍大食成缺刻和孔洞,严重时食成光杆,严重影响树势以及观赏价值。

③发生规律:北方年生1代,长江下游地区2代,少数3代。均以老熟幼虫结茧在枝条上越冬。1代区5月中旬开始化蛹,6月上旬开始羽化、产卵,发生期不整齐,6月中旬至8月上旬均可见初孵幼虫,8月为害最重,8月下旬开始陆续老熟结茧越冬。2~3代区4月中旬开始化蛹,5月中旬至6月上旬羽化。第1代幼虫发生期为5月下旬至7月中旬。第2代幼虫发生期为7月下旬至9月中旬。第3代幼虫发生期为9月上旬至10月份。以末代老熟幼虫结茧越冬。成虫多在黄昏羽化出土,昼伏夜出,羽化后即可交配,2 d后产卵,多散产于叶面上,卵期7 d左右。幼虫共8龄,3龄起可食全叶。

④防治方法:

a.人工防治:冬季寄主落叶后结合整形修剪摘除冬茧,集中投入寄生性天敌保护笼中,既能消灭害虫,又保护了天敌;在成虫羽化期采用黑光灯诱杀;初孵幼虫集中危害时人工摘除虫叶,消灭幼虫。

b.药剂防治:幼虫盛发期喷洒80%敌敌畏乳油1 200倍液、50%辛硫磷乳油1 000倍液、50%马拉硫磷乳油1 000倍液、90%晶体敌百虫1 000倍液、25%亚胺硫磷乳油1 000倍液、25%爱卡士乳油1 500倍液或5%来福灵乳油3 000倍液。

c.生物防治:刺蛾的寄生性天敌较多,如刺蛾紫姬蜂、刺蛾广肩小蜂、上海青蜂、爪哇刺蛾姬蜂、赤眼蜂、白僵菌、青虫菌、枝型多角体病毒等。另外,保护鸟类也可以有效地控制刺蛾的危害。

(2)大蓑蛾

①识别特征:大蓑蛾亦称大袋蛾。属于鳞翅目,蓑蛾科昆虫。雄蛾体翅淡褐色,前翅翅脉暗褐,外缘有5个半透明斑,胸部背面有5条暗褐色纵纹。雌蛾蛆状,长25~27 mm,头端部淡赤褐色,胸、腹部淡黄白色。卵椭圆形,淡黄白色。幼虫大多灰褐色。雌幼虫肥大,体长25~40 mm,头赤褐色,胸部背板灰黄褐色;雄幼虫瘦小,体长17~24 mm,头黄褐色,中央有一白色"人"字纹,蛹赤褐色,背面较暗。

②分布与危害:大蓑蛾分布范围广,几乎遍布全国各地,其中以长江流域及其以南各省受

害较重。幼虫主要危害榆、芙蓉、樱花、冬青、杨、柳、松、柏、泡桐、刺槐等园林植物。

③发生规律:各地均一年发生1代,局部发生不完全两代。以老熟幼虫在护囊内越冬,次春4月底前后化蛹,5月下旬成虫盛发。雄蛾夜晚活动,有趋光性。雌雄交尾后,每头雌蛾产卵量多达1 000余粒。幼虫多在孵化后1~2 d先取食卵壳,后爬上枝叶或飘至附近枝叶上,吐丝粘缀碎叶营造护囊并开始取食。幼虫老熟后在护囊里倒转虫体化蛹。

④防治方法:在冬春季人工摘除护囊集中销毁;利用黑光灯、性诱剂诱杀成虫。招引益鸟,保护天敌,于幼虫期喷洒Bt乳剂500倍液或大蓑蛾核型多角体病毒制剂。在幼虫低龄盛期喷洒90%晶体敌百虫800~1 000倍液、80%敌敌畏乳油1 200倍液、50%杀螟松乳油1 000倍液、50%辛硫磷乳油1 500倍液、90%巴丹可湿性粉剂1 200倍液、2.5%溴氰菊酯乳油4 000倍液,防治效果好。

(3)舞毒蛾

①识别特征:别名柿毛虫、秋千毛虫。属鳞翅目,毒蛾科。成虫雌雄异型,雄体长18~20 mm,翅展45~47 mm,暗褐色。头黄褐色,触角羽状褐色,体背侧灰白色。前翅外缘色深呈带状,余部微带灰白,翅面上有4~5条深褐色波状横线;中室中央有一黑褐圆斑,中室端横脉上有一黑褐"<"形斑纹,外缘脉间有7~8个黑点。后翅色较淡,外缘色较浓成带状,横脉纹色暗。雌体长25~28 mm,翅展70~75 mm,污白微黄色。触角黑色短羽状,前翅上的横线与斑纹同雄体相似,为暗褐色:后翅近外缘有一条褐色波状横线,外缘脉间有7个暗褐色点。腹部肥大,末端密生黄褐色鳞毛。卵圆形或圆形,直径0.9~1.3 mm,初黄褐渐变灰褐色。幼虫体长50~70 mm,头黄褐色,正面有"八"字形黑纹,背线黄褐,腹面带暗红色,胸、腹足暗红色。各体节各有6个毛瘤横列,第1~5节者蓝灰色,第6~11节者紫红色,上生棕黑色短毛。各节两侧的毛瘤上生黄白与黑色长毛一束,以前胸两侧的毛瘤长大,上生黑色长毛束。第6、7腹节背中央各有一红色柱状毒腺亦称翻缩腺。蛹长19~24 mm,初红褐后变黑褐色,原幼虫毛瘤处生有黄色短毛丛。

②分布与危害:舞毒蛾主要分布于黑龙江、吉林、辽宁、内蒙古、陕西、宁夏、甘肃、新疆、青海、四川、贵州、江苏、台湾、湖南、河南、河北、山东、山西等省、区。幼虫危害500多种植物,以杨、柳、榆、栎、云杉、马尾松、油松受害最重。幼虫蚕食叶片,严重时整树叶片被吃光。

③发生规律:年发生1代,以卵块在树体上、石块、梯田壁等处越冬,寄主发芽时开始孵化。初龄幼虫日间多群栖,夜间取食,受惊扰吐丝下垂借风力传播。2龄后分散取食,日间栖息在树杈、皮缝或树下土石缝中,傍晚成群上树取食。幼虫期50~60 d。6月中下旬开始陆续结薄茧化蛹,蛹期10~15 d。7月份成虫大量羽化,成虫有趋光性。常在化蛹处附近产卵,在树上多产于枝干的阴面,卵400~500粒成块,形状不规则,上覆雌蛾腹末的黄褐色鳞毛。

④防治方法:秋、冬或早春刮下卵块,集中烧毁。喷洒5 000倍舞毒蛾核多角体病毒悬液进行生物防治。于幼虫期,喷80%敌敌畏乳剂1 000倍液、灭幼脲Ⅰ号3000倍喷、10%广效敌杀死乳剂2 500倍、20%除虫脲8 000倍液、40%乐果乳剂1 000倍液等喷洒树冠杀死幼虫,或用合成菊酯类50~100倍液涂茎干,以杀灭在树皮缝中越冬的卵。

(4)棉蚜

①识别特征:俗称腻虫,为同翅目,蚜科昆虫。棉蚜有翅或无翅。无翅孤雌蚜体长1.9 mm。活体黄、草绿至深绿色。头黑色,胸部有断续黑斑,腹部第2~6节有缘斑,第7~8节有横带,第

8节有毛2根。体表有网纹。触角为体长的0.63倍。喙超过中足基节,末节与后跗节约等长。腹管黑色,长为触角第3节的1.4倍,尾片有毛4~7根。有翅孤雌蚜腹部第6~8节各有背横带,第2~4节有缘斑。腹管后斑绕过腹管基部前伸。触角第3节有小环状次生感觉圈4~10个,排成一列。

②分布与危害:棉蚜在全国均有分布。危害扶桑、蜀葵、木槿、兰花、玫瑰、石榴、香石竹、百合、菊花、山茶等多种植物。以刺吸口器刺入叶背或嫩尖吸食汁液。受害叶片向背面卷缩,叶表有蚜虫排泄的蜜露(油腻),并往往滋生霉菌。

③发生规律:年发生十几到三十几代,由北往南代数逐渐增加。以受精卵在植物枝条上越冬。春季孵化后,全为孤雌蚜,营孤雌卵胎生。第1~2代无翅,第3代有翅,可迁往其他植株进行扩散。秋季发生有翅性母和有翅雄蚜。有翅性母孤雌胎生出无翅雌性蚜,雌性蚜成熟与雄蚜交配后产卵越冬。

④防治方法:冬春两季铲除田边、地头杂草,早春往越冬寄主上喷洒氧化乐果,消灭越冬寄主上的蚜虫。危害早期用1.8%阿维菌素3 000~5 000倍、40%毒死蜱乳油1 500倍、40%乐果乳油1 000倍喷洒生长点和叶片背面;在孵化高峰期选用50%灭蝇胺可湿性粉剂2 500~3 500倍液或2.5%高效氯氟氰菊酯乳油2 500~3 500倍液喷雾,连续两次可控制危害。利用其具有趋黄的特征,采用黄色黏胶板诱杀有翅成虫。保护蚜茧蜂、瓢虫、食蚜蝇、草蛉等天敌。

(5)朱砂叶螨

①识别特征:别名棉红蜘蛛、红叶螨、玫瑰赤叶螨,属真螨目,叶螨科。成螨体色变化较大,一般呈红色,也有褐绿色等,足4对,雌螨体长0.38~0.48 mm。体背两侧有块状或条形深褐色斑纹。斑纹从头胸部开始,一直延伸到腹末后端。雄虫略呈菱形,稍小,体长0.3~0.4 mm。腹部瘦小,末端较尖。卵为圆形,直径0.13 mm。初产时无色透明,后渐变为橙红色。初孵幼螨体呈近圆形,淡红色,长0.1~0.2 mm,足3对。若螨略呈椭圆形,体色较深,体侧开始出现较深的斑块,足4对。此后雄若螨即老熟,蜕皮变为雄成螨。雌性第一若螨蜕皮后成第二若螨,体比第一若螨大,再次蜕皮才成雌成螨。

②分布与危害:该螨属于世界性害螨。在我国华南、西北、西南、东北等地发生普遍。主要危害的园林植物有孔雀草、一串红、香石竹、樱花、白玉兰、月季、文竹、鸡冠花、鸢尾等花卉。

③发生规律:年发生代数10~20代,从北向南逐渐增加。长江流域,以受精雌成螨在土块缝隙、树皮裂缝及枯枝落叶等处越冬。越冬螨少数散居。翌年春季,气温10 ℃以上时开始活动。喜高温,温室内无越冬现象。雌成螨寿命30 d,越冬期为5~7个月。有世代重叠,在高温干燥季节易暴发成灾。主要靠爬行和风进行传播。当虫口密度较大时螨成群集,吐丝串联下垂,借风吹扩散。主要是以两性生殖,也能孤雌生殖。

④防治方法:及时消除周围枯枝、落叶及杂草,冬季深翻土地,减少虫源;改善栽培环境,使栽培地段通风、凉爽,适时浇水,以减缓繁殖速度;保护和利用天敌,主要有小黑瓢虫、小花蝽、塔六点蓟马、中华草蛉、盲蝽等;于危害期喷施40%菊杀乳油2 000~3 000倍液、40%菊马乳油2 000~3 000倍液、20%螨卵脂800倍液、波美0.1~0.3度石硫合剂、25%灭螨猛可湿性粉剂1 000~1 500倍液。

(6)草履蚧

①识别特征:又称桑虱,为同翅目,绵蚧科昆虫。雌成虫体长达10 mm左右,背面棕褐色,

腹面黄褐色,被一层霜状蜡粉。触角 8 节,节上多粗刚毛;足黑色,粗大。体扁,沿身体边缘分节较明显,呈草鞋底状;雄成虫体紫色,长 5~6 mm,翅展 10 mm 左右。翅淡紫黑色,半透明,翅脉 2 条,后翅小,仅有三角形翅茎;触角 10 节,呈念珠状。腹部末端有 4 根体肢。卵初产时橘红色,有白色絮状蜡丝粘裹。若虫初孵化时棕黑色,腹面较淡,触角棕灰色,唯第三节淡黄色,很明显。雄蛹棕红色,有白色薄层蜡茧包裹,有明显翅芽。

②分布与危害:分布于河北、山西、山东、陕西、河南、青海、内蒙古、浙江、江苏、上海、福建、湖北、贵州、云南、重庆、四川、西藏等地。危害海棠、樱花、无花果、紫薇、月季、红枫、柑橘、玉兰、黄杨等花木。若虫和雌成虫常成堆聚集在芽腋、嫩梢、叶片和枝干上,吮吸汁液危害,造成植株生长不良,早期落叶。

③发生规律:一年发生 1 代。以卵在寄主根部周围松土中越夏和越冬;翌年 1 月下旬至 2 月上旬,在土中开始孵化。能抵御低温,在"大寒"前后的堆雪下也能孵化,但若虫活动迟钝。若虫出土后沿茎秆上爬至梢部、芽腋或初展新叶的叶腋刺吸危害。雄性若虫 4 月下旬化蛹,5 月上旬羽化为雄成虫,羽化期较整齐,前后 1 星期左右,羽化后即觅偶交配,寿命 2~3 d。雌性若虫 3 次蜕皮后即变为雌成虫,自茎秆顶部继续下爬,经交配后潜入土中产卵。卵有白色蜡丝包裹成卵囊,每囊有卵 100 多粒。草履蚧靠自身传播较慢,远距离传播主要靠产在土壤中的卵附着在苗木根部传播。

④防治方法:在夏季草履蚧雌成虫下树前,即四五月份在树周围挖宽 30 cm、深 20 cm 的环状沟,放入杂草、树叶等诱集雌成虫潜伏产卵,等产卵结束,取出杂草集中烧毁;保护和利用黑缘红瓢虫、红缘瓢虫进行生物防治。草履蚧抗药力强,一般药剂难以进入;掌握好防治时期尤为关键。在若虫危害盛期喷药,此时若虫体表尚未分泌蜡质,易于杀死,可用 40%氧化乐果 1 000倍、50%马拉硫磷1 500倍、25%亚胺磷酸1 000倍、50%敌敌畏1 000倍喷雾,7~10 d 一次,连续 2~3 次,效果较好。

(7)华北蝼蛄

①识别特征:又称土狗,属直翅目,蝼蛄科。体长为 36~55 mm,黄褐色,头小,圆锥形。复眼小而突出,单眼 2 个。前胸背板心形凹陷不明显。前足特化为粗短结构,基节特短宽,腿节略弯,片状,胫节很短,三角形,具强端刺,便于开掘;后足胫节背面内侧有 1 刺或没有。卵椭圆形,孵化前为深灰色;若虫与成虫相似。

②分布与危害:华北蝼蛄在我国北方地区危害严重。多种幼苗、种球、林木受危害,造成长势弱、缺苗。

③发生规律:在我国北方地区 3 年发生一代,以成虫和若虫在土内筑洞越冬。次年待 20 cm地温达到 8 ℃时开始活动,在地表营隧道。在土壤温度为 15.2~19.9 ℃、气温 12.5~19.9 ℃、土壤含水量 20%以上时最适宜蝼蛄的活动。温度在 26 ℃以上时,转入土壤深层基本不再活动。因此,蝼蛄以春季和秋季危害严重。产卵于 15~30 cm 深的土壤卵室内,一头雌虫可产卵 80~800 粒。卵期 10~26 d 化为若虫,在 10—11 月份以 8~9 龄若虫期越冬,第二年以 12~13 龄若虫越冬,第三年以成虫越冬,第四年 6 月份产卵。

④防治方法:施用厩肥、堆肥等有机肥料要充分腐熟,减少蝼蛄的产卵;灯光诱杀成虫,可在 19:00—22:00 时点灯诱杀,特别在闷热天气、雨前的夜晚更有效;用 40.7%乐斯本乳油或 50%辛硫磷乳油 0.5 kg 拌入 50 kg 煮至半熟或炒香的饵料(麦麸、米糠等)中作毒饵,傍晚均匀

撒于苗床上。或每亩用碎豆饼 5 kg 炒香后用 90%晶体敌百虫 100 倍制成毒饵,傍晚撒入田内诱杀。在受害植株根际或苗床浇灌。在施有机肥时,每亩选用 90%敌百虫或 50%辛硫磷乳油 1 000倍液,加水 50 kg 与有机肥混合均匀防治。

(8)小地老虎

①识别特征:属鳞翅目,夜蛾科。成虫体长 16~32 mm,体灰褐色;前翅有肾状纹、环状纹和棒状纹各一。老熟幼虫体长 37~50 mm,黄褐至黑褐色;体表密布黑色颗粒状小突起,背面有淡色纵带;腹部末节背板上有 2 条深褐色纵带。蛹体长 18~24 mm,红褐至黑褐色;腹末端具 1 对臀棘。卵半球形,直径 0.6 mm,初产时乳白色,孵化前呈棕褐色。

②分布与危害:在我国遍及各地,但以南方旱作及丘陵旱地发生较重,北方则以沿海、沿湖、沿河、低洼内涝地及水浇地发生较重。由南向北年发生代数递减。3 龄前的幼虫多在土表或植株上活动,昼夜取食叶片、心叶、嫩头、幼芽等部位,食量较小。3 龄后分散入土,白天潜伏土中,夜间为害。常将作物幼苗齐地面处咬断,造成缺苗断垄。

③发生规律:小地老虎年发生 2~4 代,以老熟幼虫在土中越冬。3—4 月份化蛹,4—5 月份羽化,成虫在叶背、土块上产卵。卵呈块状,卵期 5 d 左右。幼虫共 6 龄,夜间为害,有假死性。蛹期 15 d(除越冬蛹)。10 月下旬幼虫老熟,在土中化蛹越冬。

④防治方法:清除杂草减小成虫产卵场所,减少幼虫早期食料来源;及时灌水可以有效减轻虫害;用豆饼配制毒饵,播种后在行间或株间进行撒施。毒饵配制方法:豆饼(麦麸)20~25 kg,压碎、过筛成粉状,炒香后均匀拌入 40%辛硫磷乳油 0.5 kg,农药可用清水稀释后喷入搅拌,以豆饼(麦麸)粉湿润为好,然后按每亩用量 4~5 kg 撒入幼苗周围。在地老虎 1~3 龄幼虫期,采用 48%地蛆灵乳油1 500倍液、48%乐斯本乳油、48%毒死蜱2 000倍液、2.5%高效氯氟氰菊酯乳油2 000倍液、10%高效灭百可乳油1 500倍液、21%增效氰·马乳油3 000倍液、2.5%溴氰菊酯乳油1 500倍液、20%氰戊菊酯乳油1 500倍液、20%菊·马乳油1 500倍液、10%溴·马乳油 2 000倍液等地表喷雾。

(9)星天牛

①识别特征:属鞘翅目,天牛科。成虫漆黑色,略带金属光泽,体长 19~39 mm,体宽 6~13.5 mm。头部和腹面被银灰色和蓝灰色细毛,足上多蓝灰色细毛;触角第 3~11 节各节基部有淡蓝色毛环。前胸背板中瘤明显,两侧具尖锐粗大的侧刺突。鞘翅基部有密集的小颗粒,每翅具白斑约 20 个,排成 5 横行。卵乳白色至黄褐色,长 5~6 mm,多位于"T"或"⊥"形产卵痕的下方。幼虫老熟时体长 45~60 mm,乳白色,圆筒形。前胸背板的"凸"字形锈斑上密布微小刻点;腹板主腹片两侧各有 1 黄褐色卵圆形刺突区。蛹乳白色至黑褐色,触角细长、卷曲,体型与成虫相似。

②分布与危害:星天牛在我国分布于吉林、辽宁、陕西、甘肃、四川、云南、广东、河北等省。危害杨、柳、乌桕、梧桐、悬铃木、楸、相思树、榆等。幼虫蛀害树干基部和主根,影响树体的生长发育,使树木生长衰退乃至死亡。成虫咬食嫩枝皮层,形成枯梢,也啃食叶片造成缺刻。

③发生规律:南方年生 1 代,北方 2 年 1 代,均以幼虫于隧道内越冬。翌春在隧道内做蛹室化蛹,蛹期 18~45 d。4 月下旬至 8 月为羽化期,5—6 月份为盛期。羽化后经数日才咬羽化孔出树,成虫白天活动,交配后 10~15 d 开始产卵。卵产在主干上,以距地面 3~6 cm 内较多,产卵前先咬破树皮呈"T"或"⊥"形伤口达木质部,产 1 粒卵于伤口皮下,表面隆起且湿润有

泡沫,5—8月份为产卵期,6月份最盛。每雌可产卵70余粒,卵期9~15 d。孵化后蛀入皮下,多于干基部、根颈处迂回蛀食,粪屑积于隧道内,数月后方蛀入木质部,并向外蛀1通气排粪孔,排出粪屑堆积干基部,隧道内亦充满粪屑,幼虫为害至11—12月份陆续越冬。2年1代者第3年春化蛹。

④防治方法:树干涂白,拒避天牛成虫产卵。具体做法是于5月上旬用白涂剂(石灰∶硫黄∶水=16∶2∶40)和少量皮胶混合后涂于树木主干距地面1米范围内,可防止星天牛产卵。在幼虫蛀入木质部之前,在主干受害部位用刀划若干条纵伤口,涂以50%敌敌畏柴油溶液(1∶9),药量以略有药液下淌为宜。若在幼虫蛀入木质部之后,要先将排粪孔处的虫粪和蛀屑清理干净,然后插入磷化锌毒签或磷化铝片、丸等,并用泥封死蛀孔及排粪孔。成虫发生期选用5%锐劲特1 500倍、5%氟虫腈2 000倍或80%敌敌畏1 000倍喷雾,每隔10天喷施1次,连续施药2次,可有效减少成虫产卵,又可杀死初孵幼虫。

(10)芳香木蠹蛾

①识别特征:为鳞翅目,木蠹蛾科。成虫体长24~40 mm,体灰乌色,触角扁线状,头、前胸淡黄色,中后胸、翅、腹部灰乌色,前翅翅面布满呈龟裂状黑色横纹。卵近圆形,初产时白色,孵化前暗褐色。初孵幼虫粉红色,大龄幼虫体背紫红色,侧面黄红色,头部黑色,有光泽,前胸背板淡黄色,有两块黑斑,体粗壮,有胸足和腹足,腹足有趾钩,体表刚毛稀而粗短。老龄幼虫体长80~100 mm。蛹长约50 mm,赤褐色。茧长圆筒形,略弯曲,长50~70 mm,宽17~20 mm。

②分布与危害:芳香木蠹蛾主要分布于上海、山东、东北、华北、西北等。寄主于杨、柳、榆、槐树、白蜡、栎、核桃、苹果、香椿、梨等。幼虫蛀入树干取食韧皮部、形成层以及木质部形成虫道,造成树木的机械损伤,破坏树木生理机能,削减树势,形成枯梢,甚至整株死亡。

③发生规律:2~3年1代,以幼龄幼虫在树干内及末龄幼虫在附近土壤内结茧越冬。5—7月发生,产卵于树皮缝或伤口内,每处产卵十几粒。幼虫孵化后,蛀入皮下取食韧皮部和形成层,以后蛀入木质部,向上向下穿凿不规则虫道。被害处可有十几条幼虫,蛀孔堆有虫粪,幼虫受惊后能分泌一种特异香味。

④防治方法:结合秋季修剪,及时发现和清理被害枝干,消灭虫源;树干涂白防止成虫在树干上产卵;利用成虫的趋光性,用灯光诱杀;对尚未蛀入树干内的初孵幼虫,可用50%对硫磷乳油1 000~1 500倍液、40%乐果乳油1 500倍液、50%久效磷乳油1 000~1 500倍液、2.5%溴氰菊酯、20%杀灭菊酯3 000~5 000倍液或40%氧化乐果乳油1 500倍液喷雾毒杀;将磷化铝片剂(每片3.3 g)1/20或1/30片(即每虫孔0.11 g或0.165 g),填入树干或根部木蠹蛾虫孔内,外敷黏泥,熏杀根、干内幼虫,杀虫率均能达到90%以上;或用80%敌敌畏或40%乐果25~50倍液注射虫孔,注射后立即用黏泥将洞口密封毒杀幼虫。

(11)金缘吉丁虫

①识别特征:为鞘翅目,吉丁虫科。成虫体长13~16 mm,翠绿色,有金属光泽,前胸背板上有五条蓝黑色条纹,翅鞘上有10多条黑色小斑组成的条纹,两侧有金红色带纹。卵长约2 mm,乳白色,长圆形。幼虫老熟后长约30 mm,由乳白色变为黄白色,全体扁平,头小,前胸第1节扁平肥大,上有黄褐色人字纹,腹部逐渐细长,节间凹进。蛹长15~19 mm,乳白色、黄白色到淡绿色。

②分布与危害：金缘吉丁虫分布于黑龙江、辽宁、内蒙古、河北、山西、山东、河南、江苏、安徽、江西、湖北、宁夏和青海等地。危害杨、柳、樱花、海棠等。幼虫在形成层和木质部之间蛀食，破坏形成层，造成树势衰弱，枝干逐渐枯死，甚至全树死亡。

③发生规律：年发生1代，以老熟幼虫在木质部越冬。第二年3月份开始活动，4月份开始化蛹，5月中、下旬是成虫出现盛期。成虫羽化后，在树冠上活动取食，有假死性。6月上旬是产卵盛期，多产于树势衰弱的主干及主枝翘皮裂缝内。幼虫孵化后，即咬破卵壳而蛀入皮层，逐渐蛀入形成层后，沿形成层取食，8月份幼虫陆续蛀进木质部越冬。

④防治方法：加强管理，增强树势；及时修剪虫枝和枯枝，集中烧毁，以消灭其中越冬幼虫；冬春季节，可将伤口处的老皮刮去，再用刀将皮层下的幼虫挖除。利用成虫假死性，于清晨震落捕杀成虫。羽化后至产卵前喷洒80%敌敌畏乳油800~1 000倍液、20%氰戊菊酯乳油1 500~2 000倍液，每10~15 d喷洒1次，连续喷洒2~3次即可。

(12)桧柏小蠹

①识别特征：属鞘翅目，小蠹科。成虫体长2~3 mm，赤褐色或黑褐色，体表无光泽。头部小，藏于前胸下，触角末端的纺锤部呈椭圆形，黄褐色。前胸背板宽大于长，有粗点刻，中央有一条隆起线。前翅有颗粒，每个鞘翅上有9条纹。卵圆球形，白色。老熟幼虫长3 mm，乳白色，头褐色，体弯。蛹体长2.5 mm，乳白色。

②分布与危害：分布于河南、河北、山东、江苏、云南、四川等地。危害侧柏、桧柏、杉树和柳等。受害株枝条蛀空枯萎，严重影响树势，甚至导致死亡。

③发生规律：年发生1~2代，北方地区一般都是一年1代。以成虫在柏枝梢内越冬，来年3—4月间陆续飞出。卵期7 d左右，4月中旬出现初孵幼虫，由卵室向母坑道两侧水平方向筑细长而弯曲的子坑道。幼虫历期45~50 d。5月中、下旬老熟幼虫在子坑道末端蛹室内化蛹。蛹期约10 d。6月上旬至7月中旬羽化为新一代成虫，6月中、下旬达到羽化盛期。成虫钻蛀新梢，进行补充营养，至10月中旬后越冬。

④防治方法：强化养护管理，加强对圆柏的适时浇水、施肥、中耕松土，增强树势；对衰弱树进行复壮，提高抗虫力；及时剪除新枯死的带虫枝和伐除新枯死的带虫树，防止扩大蔓延；成虫开始侵蛀枝干前，在林外堆积直径2 cm以上的新鲜柏枝、柏木段诱杀成虫；保护长角扁谷盗、管氏肿腿蜂和土耳其扁谷盗等天敌；于早春发芽前或晚秋，用50%稻丰散乳油500倍、80%敌敌畏乳油1 000倍、90%敌百虫晶体1 000倍喷洒树冠。

9.3.2　园林绿地主要草害及其防治

杂草的防治因杂草的种类、生长特性以及绿地类型等不同而不同。目前统计杂草近450种，分属45科，127属。其中菊科47种，藜科18种；禾本科9种；莎草科16种；石竹科14种；唇形科28种；蔷薇科13种；豆科27种；伞形科12种；蓼科27种；十字花科25种；毛茛科15种；茄科11种；大戟科11种；百合科8种；罂粟科7种；龙胆科7种。主要杂草60种。下面介绍几种常见杂草的种类及其防治方法。

1)常见杂草

(1)苣荬菜

①识别特征:菊科苦苣菜属多年生草本植物。全株有乳汁。茎直立,高30~80 cm。叶互生,披针形或长圆状披针形。长8~20 cm,宽2~5 cm,先端钝,基部耳状抱茎,边缘有疏缺刻或浅裂,缺刻及裂片都具尖齿;基生叶具短柄,茎生叶无柄。头状花序顶生,单一或呈伞房状,直径2~4 cm,总苞钟形;花全为舌状花,黄色;雄蕊5;雌蕊1,子房下位,花柱纤细,柱头2裂。瘦果长椭圆形,具纵肋,冠毛细软。花期7月份至翌年3月份。果期8月份至翌年4月份。

②分布与危害:广布全国,为区域性恶性杂草,危害严重,亦是蚜虫的越冬寄主。

(2)刺儿菜

①识别特征:菊科蓟属多年生草本,高20~50 cm。根状茎长,茎直立,有纵沟棱,无毛或被蛛丝状毛。叶椭圆或椭圆状披针形,长7~10 cm,宽1.5~2.5 cm,先端锐尖,基部楔形或圆形,全缘或有齿裂,有刺,两面被蛛丝状毛。头状花序单生于茎顶,雌雄异株或同株,总苞片多层,顶端长尖,具刺;管状花,紫红色。瘦果椭圆或长卵形,冠毛羽状。花期6—8月份,果期8—9月份。

②分布与危害:分布于全国各地,国外在朝鲜、日本也有分布。危害严重,亦是多种虫害的寄主。

(3)小飞蓬

①识别特征:菊科飞蓬属一、二年生草本。茎直立,株高50~100 cm,具粗糙毛和细条纹。叶互生,叶柄短或不明显。叶片窄披针形,全缘或微锯齿,有长睫毛。头状花序有短梗,多形成圆锥状。总苞半球形,总苞片2~3层,披针形,边缘膜质,舌状花直立,白色至微带紫色,筒状花短于舌状花。瘦果扁长圆形,具毛,冠毛污白色。

②分布与危害:我国大部分地区有分布,是田间以及草坪常见的杂草。

(4)荠菜

①识别特征:十字花科荠菜属一年或二年生草本。高20~50 cm,茎直立,有分枝,稍有分枝毛或单毛。基生叶丛生,呈莲座状,具长叶柄,达5~40 mm;叶片大头羽状分裂,长可达12 cm,宽可达2.5 cm,顶生裂片较大,卵形至长卵形,长5~30 mm,侧生者宽2~20 mm,裂片3~8对,较小,狭长,开展,卵形,基部平截,具白色边缘。总状花序,十字花冠,花瓣倒卵形,呈圆形至卵形,先端渐尖,浅裂或具有不规则粗锯齿。短角果扁平。花、果期4—6月份。

②分布与危害:原产我国,南北方大部分地区均有分布,主要在新播种的草坪危害。

(5)车前

①识别特征:车前科车前属多年生草本,连花茎高达50 cm,具须根。叶基生,具长柄,几乎与叶片等长或长于叶片,基部扩大;叶片卵形或椭圆形,长4~12 cm,宽2~7 cm,先端尖或钝,基部狭窄成长柄,全缘或呈不规则波状浅齿,通常有5~7条弧形脉。花茎数个,高12~50 cm,具棱角,有疏毛;穗状花序为花茎的2/5~1/2;花淡绿色,每花有宿存苞片1枚,三角形;花萼4,基部稍合生,椭圆形或卵圆形,宿存;花冠管卵形,先端4裂,裂片三角形,向外反卷;雄蕊4,着生在花冠筒近基部处,与花冠裂片互生;花药长圆形,2室,先端有三角形突出物,花丝线形;雌蕊1,子房上位,卵圆形,2室(假4室);花柱1,线形,有毛。蒴果卵状圆锥形,成熟后约在下方

2/5 处周裂,下方 2/5 宿存。种子 4 ~ 9 枚,近椭圆形,黑褐色。花期 6—9 月份,果期 7—10 月份。

②分布与危害:为世界性杂草,我国各地均有分布。

(6)铜锤草

①识别特征:酢浆草科酢浆草属多年生草本植物。高达 35 cm,无地上茎,地下有多数小鳞茎,外层鳞片膜质,褐色,被长缘毛,背面有 3 条纵脉;内层鳞片三角形,无毛。叶具 3 小叶,基生;叶柄长,被毛;小叶阔倒卵形,长 1 ~ 4 cm,顶端凹缺,两侧角钝圆形,基部宽楔形。二歧聚伞花序,有 5 ~ 10 朵花,花序梗基生,长 10 ~ 40 cm。花淡紫红色,花梗长 5 ~ 25 mm;萼片 5,披针形,长约 4 ~ 7 mm,先端有 2 枚暗红色长圆形腺体;花瓣 5,倒心形,长为萼片的 2 ~ 4 倍,无毛;花柱 5,被锈色柔毛。蒴果圆柱形,长 1.7 ~ 2 cm,被毛。

②分布与危害:分布中国各地,对新播种的草坪危害较大。

(7)阿拉伯婆婆纳

①识别特征:玄参科婆婆纳属一年至二年生草本植物。茎密生两列多细胞柔毛。叶 2 ~ 4 对,具短柄,卵形或圆形,长 6 ~ 20 mm,宽 5 ~ 18 mm,基部浅心形,平截或浑圆,边缘具钝齿,两面疏生柔毛。总状花序很长;苞片互生,与叶同形且几乎等大;花梗比苞片长,有的超过 1 倍;花萼花期长仅 3 ~ 5 mm,果期增大达 8 mm,裂片卵状披针形,有睫毛,三出脉;花冠蓝色、紫色或蓝紫色,长 4 ~ 6 mm,裂片卵形至圆形,喉部疏被毛;雄蕊短于花冠。蒴果肾形,长约 5 mm,宽约 7 mm,被腺毛,成熟后几乎无毛。宿存的花柱长约 2.5 mm,超出凹口。种子背面具深的横纹,长约 1.6 mm。花期 3—5 月份。

②分布与危害:分布范围广,尤以华东、华中及贵州、云南、西藏东部及新疆等地分布为多。

(8)田旋花

①识别特征:旋花科旋花属多年生草本。根状茎横走。茎平卧或缠绕,有棱。叶柄长 1 ~ 2 cm。叶片戟形或箭形,长 2.5 ~ 6 cm,宽 1 ~ 3.5 cm,全缘或 3 裂,先端近圆或微尖,有小突尖头。中裂片卵状椭圆形、狭三角形、披针状椭圆形或线性;侧裂片开展或呈耳形。花 1 ~ 3 朵腋生;花梗细弱;苞片线性,与萼远离;萼片倒卵状圆形,无毛或被疏毛;缘膜质;花冠漏斗形,粉红色、白色,长约 2 cm,外面有柔毛,褶上无毛,有不明显的 5 浅裂;雄蕊的花丝基部肿大,有小鳞毛;子房 2 室,有毛,柱头 2,狭长。蒴果球形或圆锥状,无毛;种子椭圆形,无毛。花期 5—8 月份,果期 7—9 月份。

②分布与危害:主要分布于东北、华北、西北及山东、江苏、河南、四川、西藏等地。因其根状茎分布深、生命力强,已成为难防除的杂草之一。

(9)空心莲子草

①识别特征:苋科莲子草属多年生草本。一般簇生或大面积形成垫状物漂于水面。节间长,须根发达。茎光滑中空,多分枝,匍匐蔓生,长 55 ~ 120 cm,节腋处疏生细柔毛。叶对生,有短柄,叶片长椭圆形至倒卵状披针形,长 2.5 ~ 5 cm,宽 0.7 ~ 2 cm。

②分布与危害:空心莲子草原产巴西,在我国主要分布在湖南、河南、北京、江西、浙江、四川、贵州、福建、江苏、安徽等地。是水田、旱田常见杂草。

(10)香附子

①识别特征:莎草科莎草属多年生草本。匍匐根状茎细长,部分肥厚成纺锤形。茎直立,

三棱形。叶丛生于茎基部,叶鞘闭合包于上,叶片窄线形,长 20~60 cm,宽 2~5 mm,先端尖,全缘,具平行脉,主脉于背面隆起,质硬。花序复穗状,3~6 个在茎顶排成伞状,基部有叶片状的总苞 2~4 片,与花序几等长或长于花序;小穗宽线形,略扁平,长 1~3 cm,宽约 1.5 mm;颖 2 列,排列紧密,卵形至长圆卵形,长约 3 mm,膜质。小坚果长圆倒卵形,三棱状。花期 6—8 月份,果期 7—11 月份。

②分布与危害:分布于辽宁、河北、山东、山西、江苏、安徽、浙江、江西、福建、台湾、湖北、湖南、广东、广西、陕西、甘肃、四川、贵州、云南等地区。主要在灌溉良好的草坪上危害,为世界性毁灭性杂草。

(11)水蜈蚣

①识别特征:莎草科水蜈蚣属多年生草本,丛生。根茎带紫色,生须根。茎三棱形,高 10~50 cm,瘦长,芳香。叶质软,狭线形,长 3~10 cm,宽 1.5~3 mm,末端渐尖,下部带紫色,鞘状。头状花序单生,卵形,长 4~8 mm;总苞 3 片,叶状,长 2~16 cm;小穗极多数,长椭圆形,长约 3 mm,成熟后全穗脱落;花颖 4 枚,呈舟状的卵形,脊无翼,具小刺。花无被,瘦果呈稍压扁的倒卵形,褐色。花期夏季,果期秋季。

②分布与危害:分布范围广,主要分布于江苏、安徽、浙江、福建、江西、湖南、湖北、广西、广东、四川、云南、东北等地区。在水分条件好的草坪发生严重。

(12)碎米莎草

①识别特征:莎草科莎草属一年生草本。秆丛生,高 8~85 cm,扁三棱形。叶片长线形,短于秆,宽 3~5 mm,叶鞘红棕色。叶状苞片 3~5 枚;长侧枝聚伞花序复出,辐射枝 4~9 枚,长达 12 cm,每辐射枝具 5~10 个穗状花序。穗状花序长 1~4 cm,具小穗 5~22 个;小穗排列疏松,长圆形至线状披针形,长 4~10 mm,具花 6~22 朵,鳞片排列疏松,膜质,宽倒卵形,先端微缺,具短尖,有脉 3~6 条;雄蕊 3;花柱短,柱头 3 裂。小坚果倒卵形或椭圆形、三棱形,褐色。花果期 6—10 月份。

②分布与危害:中国大部分地区有分布。在水分条件好的草坪发生严重。

(13)狗尾草

①识别特征:禾本科狗尾草属一年生草本。秆直立或基部膝曲,高 10~100 cm,基部径达 3~7 mm。叶鞘松弛,边缘具纤毛;叶舌极短,边缘有纤毛;叶片扁平,长三角状狭披针形或线状披针形,先端长渐尖,基部钝圆形,几成截状或渐窄,长 4~30 cm,宽 2~18 mm,通常无毛或疏具疣毛,边缘粗糙。圆锥花序紧密呈圆柱状或基部稍疏离,直立或稍弯垂,主轴被较长柔毛,长 2~15 cm,宽 4~13 mm,刚毛长 4~12 mm,粗糙,直或稍扭曲,通常绿色或褐黄到紫红或紫色。小穗 2~5 个簇生于主轴上或更多的小穗着生在短小枝上,椭圆形,先端钝,长 2~2.5 mm,浅绿色;第 1 颖卵形,长约为小穗的 1/3,具 3 脉,第 2 颖几与小穗等长,椭圆形,具 5~7 脉;第 1 外稃与小穗等长,具 5~7 脉,先端钝,其内稃短小狭窄,第 2 外稃椭圆形,具细点状皱纹,边缘内卷,狭窄;颖果灰白色。花、果期 5—10 月份。

②分布与危害:中国大部分地区均有分布。在管理粗放的草坪危害尤为严重。

(14)牛筋草

①识别特征:禾本科䅟属一年生草本,高 15~90 cm。须根细而密。秆丛生,直立或基部膝曲。叶片扁平或卷折,长达 15 cm,宽 3~5 mm,无毛或表面具疣状柔毛;叶鞘压扁,具脊,无毛或

疏生疣毛,口部有时具柔毛;叶舌长约 1 mm。穗状花序长 3~10 cm,宽 3~5 mm,常为数个呈指状排列于茎顶端;小穗有花 3~6 朵,长 4~7 mm,宽 2~3 mm;颖披针形,第 1 颖长 1.5~2 mm,第 2 颖长 2~3 mm;第 1 外稃长 3~3.5 mm,脊上具狭翼;种子矩圆形或近三角形,长约 1.5 mm,有明显的波状皱纹。靠种子繁殖。花果期 6—10 月份。

②分布与危害:中国南北各省区,但以黄河流域和长江流域及其以南地区较为普遍。为恶性杂草。

(15)马唐

①识别特征:禾本科马唐属一年生草本。秆基部常倾斜,着土后易生根,高 40~100 cm,径 2~3 mm。叶鞘常疏生有疣基的软毛,稀无毛,叶舌长 1~3 mm;叶片线状披针形,长 8~17 cm,宽 5~15 mm,两面疏被软毛或无毛,边缘变厚而粗糙。总状花序 3~10 枚,细弱,长 5~15 cm,通常成指状排列于秆顶。穗轴宽约 1 mm,中肋白色,约占宽度的 1/3;小穗长 3~3.5 mm,披针形。第 1 颖钝三角形,长约 0.2 mm,无脉,第 2 颖长为小穗的 1/2~3/4,狭窄,有很不明显的 3 脉,脉间及边缘大多具短纤毛;第 1 外稃与小穗等长,有 5~7 脉,中央 3 脉明显,脉间距离较宽而无毛;第 2 外稃近革质,灰绿色,等长于第 1 外稃。花、果期 6—9 月份。

②分布与危害:原产欧洲,现分布几遍全国。在草坪上为竞争性极强的杂草,受害草坪恢复困难。

2)杂草的防治

(1)一年生杂草的防治

大多数一年生禾本科杂草可以通过苗前或苗后除草剂来控制。苗前除草剂只要施用时间得当会非常有效,但在杂草严重的地方,需隔 6~8 周第二次施用才能达到满意的控制效果。常通过 1 次性苗后施用涕丙酸,用以防除冷季型草坪中夏季一年生杂草。在狗牙根草坪中,最常用于控制蟋蟀草的除草剂为甲砷一钠和赛克津的化合物。

在精细管理的草坪上,冬季一年生恶性杂草是一年生早熟禾,它可以在狗牙根草坪中用拿草特来控制,但除草剂几周后才能发挥作用。在夏末狗牙根草坪上 1 次施用地散磷可以苗前控制一年生早熟禾。狗牙根草坪用冷季型草覆播 90 d 之前应用除草剂,可以除掉大多数一年生早熟禾,而除草剂不致残留土壤伤害临时性冷季草坪草。等狗牙根完全休眠后,可用草甘膦除掉一年生早熟禾杂草,但要覆播冷季型草时则不能用草甘膦。在冷季型草坪草群落中,一年生早熟禾则很难控制。苗前除草剂(除环草隆外)可以用来控制由种子重新长出的杂草,但对已发芽的一年生早熟禾无效果。灭草灵对控制苗后一年生早熟禾特别有效,但是,只有多年生黑麦草真正对其有抗性,而其他冷季型和暖季型草则会被其损伤或杀死。

由于一年生早熟禾常在大块的、草坪草出苗不全的地方大量侵入,使得问题更加复杂化。在除掉杂草后造成大块秃斑,此时需要补栽,除草剂残留会影响种植新草坪。另外,即使除草剂充分消失,一年生早熟禾也会重新进入,并且竞争性非常强,影响其他草坪草的进入。因此在冷季型草坪上,一年生早熟禾的控制很大程度上取决于草坪草对除草剂的抗性及竞争能力。

(2)多年生杂草的防治

在冷季型草坪群落内,多数多年生杂草很难控制。用非选择性除草剂人工去除或局部处理(多数情况下用草甘膦),可能是唯一的方法。为防止一年生早熟禾进入,在去除多年生杂草后，留下的空缺需立即栽植草坪。

然而大多数情况下，用草甘膦处理土壤没有残留问题，多年生杂草也不会通过种子而重新侵入草坪。只要使除草剂有足够的时间在目标植物体内传输（通常 3 d），就可以种植与原草坪草相配的草坪草。

在暖季型草坪群落中，某些多年生杂草可以有选择地控制。狗牙根草坪中雀稗和斑点雀稗用几次有机砷除草剂后则可控制。草甘膦用来局部处理某些杂草，并常被用来控制高尔夫球场沙坑或其他由草坪内蔓延出来的草。

香附子在冷季型和暖季型草坪都是问题。尽管不是禾本科杂草，但它是单子叶杂草，传统的控制方法是用有机砷。苯达松（噻草坪）效果也可以，因为它对草坪草危害性小、效力高。紫色的香附尽管外貌同香附子相似，但更难以控制。

（3）阔叶杂草的防治

大多数阔叶杂草可用 2,4-D、麦草畏、二甲四氯来控制。这三种均是选择性内吸型、叶面施用、苗后的除草剂。常见杂草及对除草剂相对敏感性见表 9.1。通常这些除草剂是混用的，如 2,4-D 与二甲四氯混用、2,4-D 和麦草畏混用或三者混合施用等。苯氧羧酸类除草剂（2,4-D 和二甲四氯）在土壤中移动性较差，因此，对通过根系吸收的邻近乔、灌木不会产生严重的影响。而麦草畏是苯甲酸类除草剂，在土壤中移动性很强，木本植物根部吸收量达到一定程度也会受到严重的影响，麦草畏应当在远离如杉、桧类等观赏树木的地方施用。已氯草定是相对较新的除草剂，可以控制以上除草剂不能除掉的阔叶杂草。2,4-D+2,4-D 丙酸混合控制阔叶杂草的效果也很好。通常除草剂在杂草和草坪生长都很旺盛的时候施用效果最好。这时，除草剂在杂草中的吸收、传导和作用最好，草坪草也很快占据杂草死掉留下来的空缺。

表 9.1　阔叶杂草对 2,4-D、二甲四氯、麦草畏选择控制的敏感性

杂草名	2,4-D	二甲四氯	麦草畏	杂草名	2,4-D	二甲四氯	麦草畏
田旋花	敏感-中等	中等	敏感	圆叶锦葵	中抗	中等	敏感-中等
碎米荠	敏感-中等	敏感-中等	敏感	天蓝苜蓿	抗	中等	敏感
加州苜蓿	中抗	敏感-中等	敏感	野艾	中等	中抗	敏感-中等
毛茛	敏感-中等	中等	敏感	野芥末	敏感	中等	敏感
粟米草	敏感	敏感	敏感	野葱	中等	抗	敏感-中等
野胡萝卜	中等	中等	敏感	漆姑草	中抗	敏感	敏感
菊苣	敏感	敏感	敏感	菥蓂	敏感	中等	敏感
繁缕	抗	敏感-中等	敏感	天胡荽	敏感-中等	敏感-中等	—
卷耳	中抗	敏感-中等	敏感	独荇菜	敏感	敏感-中等	敏感
委陵菜	敏感-中等	敏感-中等	敏感-中等	羽衣草	抗	敏感	敏感
绛车轴草	敏感	敏感	敏感	北美苋	敏感	敏感	敏感
红三叶草	中等	敏感	敏感	母菊	中抗	中等	中等
白三叶草	中等	敏感	敏感	阔叶车前	敏感	中等	抗
老鹳草	敏感-中等	敏感-中等	敏感	长叶车前	敏感	中等	抗
英国雏菊	抗	中等	敏感	马齿苋	中等	抗	敏感
茼蒿	中等	中等	中等	荠菜	敏感	敏感-中等	敏感

续表

杂草名	2,4-D	二甲四氯	麦草畏	杂草名	2,4-D	二甲四氯	麦草畏
蒲公英	敏感	中等	敏感	红酸模	中抗	抗	敏感
野蒜	中等	抗	敏感-中等	婆婆纳	中抗	中抗	中抗
山柳菊	敏感-中等	抗	敏感-中等	斑地锦	中等	中等	敏感-中等
夏枯草	敏感-中等	敏感-中等	敏感	裸柱菊	中抗	敏感-中等	中抗
宝盖草	中抗	中等	敏感	野草莓	抗	抗	敏感-中等
欧亚活血丹	中抗	中等	敏感-中等	大蓟	敏感-中等	中等	敏感
矢车菊	中等	中等	敏感	堇菜	中抗	中抗	中抗
萹蓄	中抗	中等	敏感	酢浆草	抗	中抗	中等
藜	敏感	敏感	敏感	千叶蓍	中等	中抗	敏感
胡枝子	中抗	敏感	敏感	山芥	敏感-中等	中等	敏感-中等

在暖季型草坪群落中,其他的除草剂包括莠去津、赛克津和拿草特,也可用来控制阔叶杂草。在钝叶草和假俭草草坪中,可用莠去津来控制阔叶杂草,因为这些草对苯氧羧酸类除草剂非常敏感。

某些一年生阔叶杂草可以用苗前除草剂来控制,大部分人尚未了解这一益处。然而,用苗前除草剂完全控制所有的杂草是不可能的,不管苗前除草剂用不用,都要施用苗后除草剂。

思考题

1.简述园林绿地病害的种类。
2.简述园林绿地虫害的种类。
3.简述园林绿地病虫害的综合防治措施。
4.简述园林绿地草害的综合防治措施。
5.简述园林绿地鼠害的综合防治措施。
6.简述杂草的防治措施。

10 园林绿地种植养护机械

本章导读 本章介绍了灌溉系统的类型、灌溉系统的使用与维护;植保机具的使用与维护;草坪机具的使用与维护。要求掌握草坪机具和灌溉系统的使用与维护;熟悉植保机具的使用与维护;了解绿化喷洒车和整地机械的使用与维护。

10.1 灌溉机具

10.1.1 水 泵

灌溉是保证园林植物正常生长发育的重要管理措施之一。我国传统的灌溉方式是地面灌溉(畦灌、沟灌、漫灌),这种方式的最大缺点是水损特别大。近年来,喷灌、滴灌等先进的节水灌溉技术得到迅速发展。

每一种灌溉所需机械设备都离不开水泵。水泵分为离心泵、轴流泵、混流泵、活塞泵、水轮泵等。离心泵结构简单、体积小、效率高、供水均匀,流量和扬程可在一定的范围内调节。它的主要构件有叶轮、泵壳、泵轴、轴承、填料函。离心泵启动之前,首先应在泵壳和吸水管之间充满水,排净泵内积存的空气。由于 100 kPa(1 个大气压)可压水只有 10.33 m 高,因此,离心泵必须安装在距水面相对位置较低的地方。

10.1.2 灌溉系统的类型

1)*渠道灌溉系统*

由灌溉渠首工程,输水、配水工程和田间灌溉工程等部分组成。灌溉渠首工程有水库、提水泵站、有坝引水工程、无坝引水工程、水井等多种形式,用以适时、适量地引取灌溉水量。输水、配水工程包括渠道和渠系建筑物,其任务是把渠首引入的水量安全地输送、合理地分配到

灌区的各个部分。田间灌溉工程指农渠以下的临时性毛渠、输水垄沟和田间灌水沟、畦田以及临时分水、量水建筑物等，用以向农田灌水，满足作物正常生长或改良土壤的需要。

2）管道灌溉系统

管道灌溉系统分为喷灌系统、滴灌系统和低压管道输水灌溉系统等，主要由首部取水加压设施、输水管网及灌溉出水装置三部分组成，通常按其可动程度将管道灌溉系统分为固定式、半固定式和移动式三种类型。管道灌溉系统具有节省灌溉水量、减少渠道占地、提高灌溉效率和灌水质量等优点，在提水灌区和井灌区，已成为技术改造的方向。

10.1.3 喷灌系统

喷灌即喷洒灌溉，是将具有一定压力的水通过专用机具设备由喷头喷射到空中，散成细小水滴，像下雨一样均匀地洒落在田间，供给植物水分的一种先进的节水灌溉方法。

1）喷灌系统的组成

喷灌系绕由水源、水泵及动力、管路系统、喷洒器（喷头）等组成。现代先进的喷灌系统还可以设置自动控制系统，以实现作业的自动化。其中喷头是喷灌系统中的重要设备。

（1）水源

城市绿地一般采用自来水为喷灌水源，近郊或农村选用未被污染的河水或塘水为水源，有条件的也可用井水或自建水塔。

（2）水泵与动力机

水泵是对水加压的设备，水泵的压力和流量取决于喷灌系统对喷洒压力和水量的要求。园林绿地一般有城市电网供电，可选用电动机为动力。无电源处可选用汽油机、柴油机作动力。

（3）管路系统

管路系统输送压力水至喷洒装置。管道系统应能够承受系统的压力和通过需要的流量。管路系统除管道外，还包括一定数量的弯头、三通、旁通、闸阀、逆止阀、接头、堵头等附件。

（4）喷头

喷头是把具有压力的集中水流分散成细小水滴并均匀地喷洒到地面或植物上的一种喷灌专用设备。喷头的种类很多，按其工作压力及控制范围可分为低压喷头（或称近射程喷头）、中压喷头（或中射程喷头）和高压喷头（或远射程喷头），目前用得最多的是中射程喷头，其工作压力在300~500 kPa，射程在20~40 m。按结构形式分为固定式、孔管式和旋转式。喷头性能的好坏直接影响喷灌的质量。

（5）控制系统

控制系统指在自动化喷灌系统中，按预先编制的控制程序和植物需水量要求的参数，设置的自动控制水泵启、闭和自动按一定的轮灌顺序进行喷灌的一套控制装置。

2)喷灌系统的类型

喷灌系统按管道可移动的程度,分为固定式、半固定式和移动式三类。

(1)固定式喷灌系统

水泵和动力机安装在固定位置,干管和支管埋在地下,竖管伸出地面。喷头固定或轮流安装在竖管上。这种喷灌系统操作方便,生产效率高,故障少。但投资大,适用于经常喷灌的苗圃、草坪和需要经常灌溉的草花区。

(2)半固定式喷灌系统

动力机、水泵和干管是固定的,喷头和支管可以移动。这种喷灌系统减少了管道投资,但劳动强度增大,且容易损坏苗木。

(3)移动式喷灌系统

除水源外,其余部分均可移动。往往把可移动部分安装在一起,构成一整体,称为喷灌机组。这种机组结构简单,设备利用率高,单位面积投资少,机动性好。

3)喷灌系统的使用

(1)喷头的选择

根据灌溉面积大小、土质、地形、植物种类、不同生长期的需水量等因素合理选择。播种和幼嫩植物选用细小水滴的低压喷头;一般植物,可选用水滴较粗的中、高压喷头。黏性土和山坡地,选用喷灌强度低的喷头;沙质地和平坦地,选用喷灌强度高的喷头。此外,根据喷洒方式的要求不同,可选用扇形或圆形喷洒的喷头。

(2)喷头的配置

喷灌系统多采用定点喷灌,可以是全圆喷洒,也可以扇形喷洒。喷头配置的原则是:保证喷洒不留空白,并有较好的均匀度。常用的配置方式有4种,如图10.1所示,支管间距 b 和沿支管的喷头间距 a 见表10.1。从表10.1中可以看出,全圆喷洒的正方形和正三角形有效控制面积最大,但在风力影响下,往往不能保证喷灌的均匀性。因此,有风时,可采用矩形和等腰三角形的组合方式。

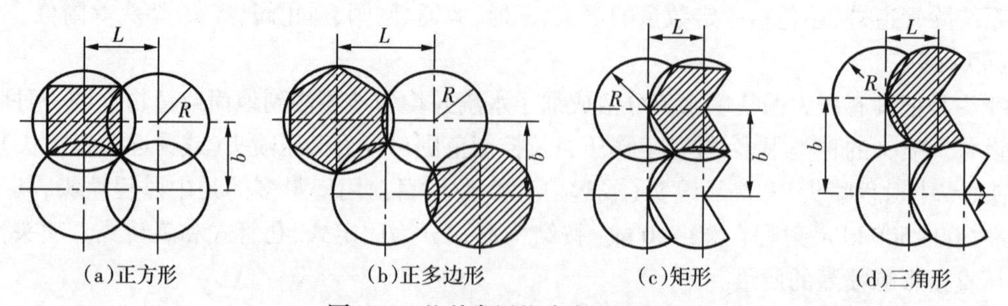

图10.1 几种常用的喷头配置形式

(3)管网布置

管道是喷灌系统的主要组成部分,常采用的管材有塑料管、钢筋混凝土管和铸铁管等。应根据实际的地形、地貌和灌溉面积及主风方向,决定管道安装位置和管道直径。布置的管网应

表 10.1 常用喷头配置方式

喷洒方式	组合方式	支管间距 b	喷头间距 a	有效控制面积	备 注
全圆	正方形	$1.42R$	$1.42R$	$2R^2$	R 为喷头的射程
	正三角形	$1.5R$	$1.73RP$	$2.6R^2$	
扇形	矩形	$1.73R$	R	$1.73R^2$	
	三角形	$1.865R$	R	$1.865R^2$	

使管道总用量最少。一般干管直径 75~100 mm,支管直径 38~75 mm,支管应与干管垂直或按等高线方向安装。在支管上各喷头的工作压力应接近一致。竖管垂直安装在支管上,一般高出地面 1 m 左右。管道在纵横方向布置时应力求平顺,尽量减少转弯、折点或逆坡布置。在平坦地区的支管应尽量与植物种植和作业方向一致,以减少竖管对机耕的影响。为便于半固定管道式和移动管道式喷灌系统的喷洒支管在田间移动,一般应设置两套支管轮流使用,避免刚喷完后就在泥泞的土地上拆移支管。移动管道式喷灌系统的干管应尽量安放在地块的边界上避免移动时损伤植物。另外,应根据轮灌要求设置适当的控制设备,一般一条支管装置一套闸阀;在管道起伏的高处应设置排气装置,低处设置泄水装置。

10.1.4 微灌系统

微灌是微量灌溉的简称。它是一种主要通过塑料材质的管道系统,以及安装在系统末端的灌水器,将低压水按植物实际耗水量适时、适量、准确地补充到植物根部附近土壤进行灌溉的一种新的灌溉技术。它把灌溉水在输送过程中的损失和田间的深层渗漏、蒸发损失减少到最低程度,使传统的“浇地”变成“浇植物”。由于它只向植物根部土壤供水,故亦称局部灌溉。

微灌仅湿润栽培植物根部附近土壤,而栽培植物之间地面较干燥,所以不易生长杂草。微灌是利用管网输水,操作方便,便于实现自动控制,并能结合施肥,对土壤和地形的适应能力也较强。缺点是灌水器出水口较小,易堵塞,对水质要求较高,必须经过严格过滤,因此,投资较大。微灌适用于温室、花圃和园林灌溉。

1)微灌的种类

微灌可分为滴灌、微喷灌、渗灌(地下灌)、涌泉灌、雾灌等。

①滴灌:滴灌是利用安装在毛管(末级管道)上的滴头、滴灌带等滴水器,将压力水以滴状,频繁、均匀而缓慢地滴入植物根区附近土壤的微灌技术。

②微喷灌:微喷灌是利用安装在毛管上的微喷头,将压力水均匀而缓慢地喷洒在根系周围的土壤上。也可将微喷头安装在温室等栽培设施内的屋面下,组成微喷降温系统,增加空气湿度,改善田间小气候。微喷时,空气有助于其水量分布。

③涌泉灌:又称小管出流灌,是利用涌水器或小管灌水器将末级管道中的压力水以涌泉或小股水流的形式灌溉土地的一种灌水方法。

④渗灌:又称地下灌,是目前节水灌溉中较理想的一种。它是将水分和养分转化为土壤的

湿度和肥力，直接供植物吸收的一种灌溉技术。低压水通过埋在地下的透水管，经管壁微孔往外渗，湿透土壤，再借助于土壤的毛细管作用扩散到周围，供植物根系吸收利用。

2）微灌系统的配套设备

微灌系统由水源工程、首部枢纽、输配水管网、灌水器等组成，如图 10.2 所示。

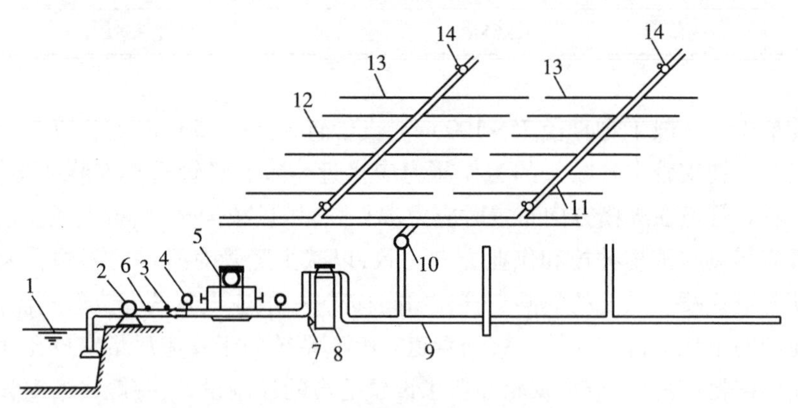

图 10.2　微灌系统组成示意图

1—水源；2—水泵；3—流量计；4—压力表；5—化肥罐；6—阀门；7—冲洗阀；8—过滤器；9—干管；10—流量调节器；11—支管；12—毛管；13—灌水器；14—冲洗阀门

（1）水源工程

河流、湖泊、塘堰、沟渠、井泉等，只要水质符合微灌要求，均可作为微灌的水源。为了充分利用各种水源进行灌溉，往往需要修建引水、蓄水和提水工程，以及相应的输配电工程。这些通称为水源工程。

（2）首部枢纽

首部枢纽包括水泵、动力机、肥料及化学药品注入设备、水质净化装置和各种控制、调节、测量设备及安全装置等。

①施肥施药装置：将施肥施药与灌溉结合进行，是微灌技术的一大优点。将化肥与农药注入管道中进行施肥施药所用的设备，称为施肥施药装置。施肥施药装置应设置在水源与过滤器之间，以防堵塞管道和滴水器。在水源与施肥施药装置之间必须设置逆止阀，以防化肥和农药进入水源。施肥施药后必须用清水将残留在系统内的化肥和农药冲洗干净。

②水质净化装置：微灌系统的灌水器出水孔口直径微小，易被污物堵塞。因此，对灌溉水经过严格的净化处理，是保证其正常工作、提高灌水质量、延长灌水器寿命的关键措施。常用的水质净化手段有两类：一类是在灌溉水中注入某些化学药剂，以中和某些化学物质，或用消毒药品杀死藻类和微生物，称为化学法；另一类是采用拦污栅、沉淀池、过滤器等物理设施可对一些物理性杂质进行处理，称为物理法。

③控制、调节、量测设备及安全装置：为了确保系统正常运行，微灌系统中需安装必要的调节控制和量测设备及安全装置。除了安装在首部以外，在系统管道中任一需要的位置都要安装。

（3）输配水管网

输配水管网由干、支、毛管等 3~4 级管道组成，其中干、支管道担负着输水和配水的任务，毛管为末节灌水管道。一般干、支管埋入地下。微灌所采用的各级输水管几乎全用塑料管材，

常用的有高压聚乙烯、聚氯乙烯、聚丙烯等。塑料管的优点是质量轻、阻力小、柔性好、光滑、耐压、容易生产、成本低等；缺点是阳光下易老化，使用性能降低、寿命变短。但埋入地下，使用寿命可达 20 年以上。

(4)灌水器

灌水器是微灌系统的执行部件，它的作用是将压力水用滴灌、微喷、渗灌等不同方式均匀而稳定地灌溉到植物根系附近的土壤中。目前国内外园艺生产应用的灌水器种类很多，主要有滴头、滴灌带、微喷头、渗灌管等。

①滴头：均由塑料制成，其功能是减少经毛管流入滴头的压力水流的能量，并以稳定、均匀的流量(每小时只有几升)滴入土壤。滴头的类型很多，按其消耗能量和减压方式的不同，分为长流道式、孔口式和压力补偿式；按滴头与毛管连接方式的不同，分为管接式和插接式(旁插式)。

②滴灌带(管)：滴灌带(管)是在制造的过程中将滴头与毛管组装成一体，兼具配水和滴水的功能。其中管壁较薄，可压扁成带状的称为滴灌带；管壁较厚，管内装有专用滴头的称为滴灌管。

③微喷头：微喷头是将末级管道(毛管)中的压力水流以细小水滴喷洒在土壤表面的灌水器。微喷头喷水量小，射程近，雾化性能好。一般单个微喷头的喷水量不超过 250 L/h，射程不大于 7 m。微喷头按结构和水流形状可分为旋转射流式和固定散水式(图 10.3)。

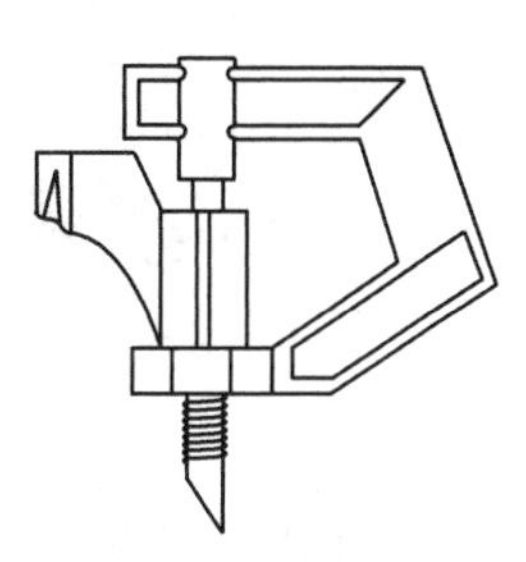

图 10.3　微喷头

④涌水器和小管灌水器：涌水器的结构形式如图 10.4 所示，毛管中的压力水流通过涌水器以涌泉的方式灌入土壤表面。图 10.5 是小管灌水器的装配图。它是由 $\phi4$ 的塑料小管和接头连接插入毛管壁而成，具有工作水头低、孔口大、抗堵塞性能强等优点。

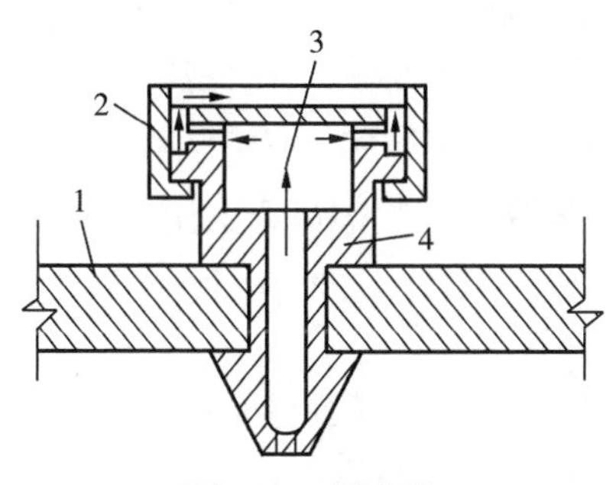

图 10.4　涌水器

1—毛管壁；2—涌水器罩；3—消能室；4—涌水器体

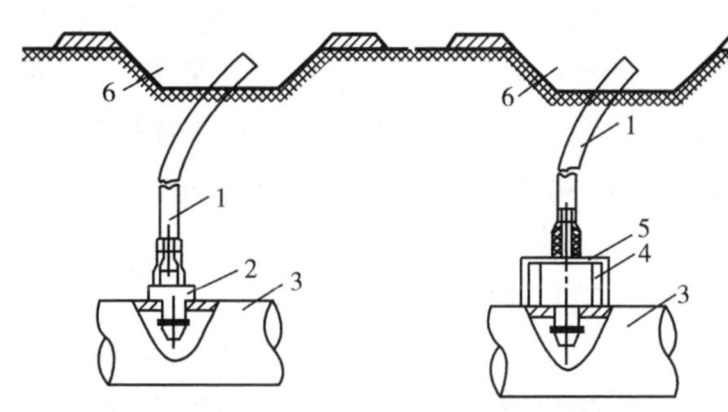

图 10.5　小管灌水器

1—$\phi4$ 小管；2—接头；3—毛管；4—稳流器；5—胶片；6—渗水沟

⑤渗灌管：我国采用的地下渗水管主要有 5 种形式：陶土渗水管、塑料渗水管、合瓦渗水管、灰土渗水管及鼠道式土洞。管壁上分布有许多细小弯曲的透水微孔。

10.1.5　自动化灌溉系统

灌溉系统实现自动控制可以精确地控制灌水周期，适时适量供水；提高水的利用率，减轻劳动强度和运行费用；可以方便灵活地调整灌水计划和灌水制度。因此，随着经济的发展和水资源的日趋匮乏,灌溉系统的自动控制已成必然趋势。

自动化控制系统有全自动化和半自动化两种。全自动化灌溉系统运行时,不需要人直接参与控制,而是通过预先编制好的程序和根据植物需水参数自动启、闭水泵和阀门,按要求进行轮灌。自动控制部分设备包括中央控制器、自动阀门、传感器等。半自动化灌溉系统不是按照植物和土壤水分状况及气象状况来控制水,而是根据设计的灌水周期、灌水定额、灌水量和灌水时间等要求,预先编制好程序输入控制器,在田间不设传感器。

各种灌溉技术都有其各自的特点、适应性和局限性,生产中应因地制宜地选择使用。

10.2 植保机具

园林绿地中园林树木、草坪、花卉的病虫防治方法很多,但目前仍以化学防治最为迅速有效。专门用于病虫害防治的机械称为植物保护机具,简称植保机具。常见的有手动喷雾器、机动喷雾机、弥雾喷粉机等。

10.2.1 手动喷雾器

1)构造

(1)工农-16 型喷雾器

工农-16 型手动喷雾器由药液筒、手动活塞泵、空气室及喷洒部件组成。工作时,扳动摇杆,通过连杆机构的作用,使活塞杆带动活塞在泵筒内作上下运动。活塞上行时,活塞下腔形成局部真空,药液筒的药液冲开进水阀进入泵筒,完成吸液过程。当活塞下行时,活塞下腔的药液被挤压,压力升高,进水阀被关闭,出水阀被打开,药液进入空气室,空气室空气被压缩,药液压力不断增大。此时打开喷洒开关,具有压力的药液经喷头雾化后喷洒出去。空气室的作用是稳定药液压力,使喷洒均匀连续。

(2)NS-15 型喷雾器

NS-15 型喷雾器采用大流量活塞泵,且活塞泵与空气室合二为一,置于药液箱内,作业时可减少与植物相碰,还可避免空气室因过载破裂而对人体造成伤害。在泵体上设置了可调式安全限压阀,在药液箱盖上设置了防溢阀,配有多种喷洒部件。根据使用的喷头和作业要求,在加注药液前,更换弹力不同的安全阀,可将工作压力分别设定在 0.2、0.3、0.4 或 0.6 MPa,药液压力超过预定值时,安全阀就开启,液体回流到药液箱。NS-15 型喷雾器的喷洒部件由喷雾软管、揿压式开关以及多种喷杆和喷头组成。揿压式开关可根据作业需要,长时间或短时间开启阀门,实现连续喷雾或点喷。喷杆的前端可直接安装喷头。

2)使用

活塞泵新皮碗使用前应在润滑油或动物油中浸泡 24 h 以上,不要用植物油浸泡;安装活塞

杆组件，可先向气筒内壁滴入少许润滑油，将皮碗的一边斜入筒内，旋转塞杆，同时另一只手将皮碗周边压入筒内，扶正塞杆，垂直装入，切忌硬行塞入；加注药液时，应先过滤，防止杂质堵塞喷孔。液面的高度不应超过桶身外部标明的水位线。否则，工作中泵盖处可能溢漏；背负作业时，揿动摇杆泵液以18~25次/min为宜。工农-16型操作中不可弯腰，以免药液流出。泵入空气室中的药液不许超过安全水位线，一旦超过，应立即停止泵液，以免空气室破裂；正式喷洒前，应先用清水试喷，检查是否漏水，喷雾是否正常。发现异常，及时排除。根据不同植物，不同生长期和病虫害种类，选用不同孔径的喷孔片。喷头配有两种喷孔片，大孔片（直径1.6 mm）适于大植物，小孔片（直径1.3 mm）适于苗期使用；根据需要选用合适的喷杆，NS-15型喷雾器的T形双喷头和四喷头直喷喷杆适用于宽幅全面喷洒，U形双喷头喷杆可用于植物行上喷洒，侧向双喷头喷杆适用于在行间两侧植物的基部喷洒。

3）维护保养

作业结束后要倒净残存药液，并用清水喷洒几分钟，以冲洗喷射部件。如果喷洒的是油剂或乳剂药液，要先用热碱水洗涤器具，再用清水冲洗；拆下喷射部件，打开开关，流尽废水。卸下泵筒，倒出积水，擦干。将皮碗取下放入润滑油或动物油内浸透，重新装好。将喷雾器放在阴凉干燥处；如长时间不用，应把药液桶内外都擦洗干净，并在各接头部分涂润滑脂，以防生锈。皮碗应取出用纸包好，到使用时再装。

10.2.2 担架式机动喷雾器

担架式机动喷雾机是由发动机带动液泵产生高压，用喷枪进行宽幅远射程喷雾的植保机械。常见机型有：工农-36型（3 WH-36型）、3 WZ-40型和JF-40型等。下面以工农-36型机动喷雾机为例介绍机动喷雾机的构造、工作原理及使用维护。

1）构造

工农-36主要由三缸活塞式液泵、混药器、吸水滤网、喷射部件、机架、柴油机（或汽油机）等组成。三缸活塞泵包括液泵主体、进液管、出水阀、空气室、调压阀、压力表和截止阀。液泵主体由泵筒、活塞、连杆、曲轴和曲轴箱组成，当动力通过三角皮带使曲轴做旋转运动时，连杆即带动活塞在泵筒内做往复运动，进行吸液和压液。出水阀靠弹力与阀座紧贴，当活塞压液时，出水阀即被顶开。空气室对液泵起稳定压力作用，以保证均匀、持续的喷雾。调压阀用来控制喷雾机的喷射压力。当空气室内的液体压力超过弹簧对阀门的压力时，液体使阀门开大，回流量增加，空气室内的压力即下降到调压阀所调节的压力，此时回流量相应减少。使用过程中，如发生压力不稳或持续上升，可按顺时针方向扳足卸压柄进行卸压，以避免损坏机件或发生其他事故。压力指示器显示液体压力大小，通常安装在调压阀的接头上，和调压阀连在一起。弹簧伸缩推动标杆上下，由指示帽的刻线指示液泵的压力。截止阀连接在气室座上。当需要排液时，打开截止阀，可协助调压阀调整液泵的工作压力。

工作时，柴油机或汽油机通过皮带带动液泵工作，水流经吸水滤网、吸水管被吸入泵筒内，

药液增压后进入空气室,当截止阀开启时,压力水经截止阀流进射流式混药器,在混药器内,借助于射流作用,将母液(高浓度药液)吸入混药器,母液与水均匀混合而稀释后,经喷枪喷出。采用普通喷枪近射程喷雾时,需卸下混药器和远射程喷枪,换上Y形接头和普通喷枪或可调喷枪,然后将吸水滤网放入配制好的药液箱内,即可进行工作。

2)使用

(1)使用前的准备工作

对机组进行全面检查,使之处于良好的技术状态。检查皮带的张紧度和各部件连接螺钉的紧固情况,必要时进行调整或紧固;放平稳机组。检查曲轴箱内润滑油面,如低于油位线应进行添加;根据不同植物喷药要求,选用合适的喷头或喷枪。对施药量较少的植物,在截止阀前装上三通(不装混药器)及两根内径8 mm的喷雾胶管,用小孔径的双喷头普通喷枪;对于施药量较大的植物,用大孔径的四喷头普通喷枪;对于临近水源的较高的树木,用可调喷枪;对高大树木或较远的植物,可在截止阀前装上混药器,再依次安装内径13 mm的喷雾胶管和远射程喷枪。使用喷枪和混药器时,先将吸水滤网放入水田或水沟里(水深必须在5 m以上),然后装上喷枪,开动水泵,用清水进行试喷,并检查各接头有无漏水现象。在水田吸水时,吸水滤网上要有插杆;混药器只与喷枪配套使用,要根据机具吸药性能和喷药浓度,确定母液稀释倍数配制母液;机具如无漏水即可拔下T形接头上的透明塑料吸引管。拔下后,如果T形接头孔口处无水倒流,并有吸力,说明混药器完好正常,就可在T形接头的一端套上透明塑料吸引管,另一端用管封套好,将吸药滤网放进事先稀释好的母液桶内,开始喷洒作业。

(2)使用操作

先将调压手轮朝"低"方向慢慢旋松几转,再将卸压手柄按顺时针方向扳足,位于"卸压"位置上;启动动力机(油机或柴油机启动);如果动力机和液泵的排液量正常,就可关闭截止阀,将卸压手柄按逆时针方向扳足,位于"加压"位置上;逐渐旋转调压手轮,直至压力达到正常喷雾要求为止(顺时针旋转调压手轮,压力增加;逆时针旋转调压手轮,压力降低)。调压时应由低压向高压调节;短距离田间转移,可暂不停机,但应降低动力机转速,将卸压手柄扳到"卸压"位置,关闭截止阀,提起吸水滤网使药液在泵内循环。转移结束后,立即将吸水滤网放入水源内,提高动力机转速,并将卸压手柄扳到"加压"位置,打开截止阀,恢复正常喷雾。

(3)使用注意事项

工作中要不断搅拌药液,以免沉淀,保证药液浓度均匀,但切忌用手搅药;喷枪停止喷雾时,将卸压手柄按顺时针方向扳足,待完全减压后,再关闭截止阀;压力表指示的压力如果不稳定,应立即"卸压",停机检查;水泵不可脱水空运转,以免损坏胶碗。如田间不停机转移时,应严格按照上述步骤操作。最好工作前先将泵内注满水,这样可延长胶碗的使用寿命。

3)维护保养

工作结束后,要继续用清水喷洒数分钟,以清洗内部残存药液。停机后,卸下喷雾胶管,缓慢转动几下动力机(不要发动),以排净泵内存水。液泵工作200 h左右,应对曲轴箱内润滑油更换一次。更换前,先放净污油,再从加油口加入煤油或柴油,清洗内部,放净后换上新的润滑

油。如果对机组长期存放,要彻底排净泵内积水,拆下皮带、胶管、喷头、混药器等部件,洗净擦干,随同机器存放于干燥、阴凉之处。

10.2.3　背负式机动弥雾喷粉机

我国生产的背负式机动弥雾喷粉机,是一种带有小型动力机械的轻便、灵活、高效率、较先进的植保机具。该机除可以进行弥雾、喷粉作业外,更换某些部件后还可进行超低量喷雾、喷撒颗粒肥料、喷洒植物生长调节剂、除草剂、烟剂等项作业。目前我国常见机型有 WFB-18AC 型、WFB-18BC 型、3 WF-3 型、3MF-26 型、3MF-2A 型、3MF-4 等十多个品种。下面以 WFB-8 型为例介绍其构造、使用、维护、保养。

1)构造

背负式弥雾喷粉机主要由机架、汽油机、风机、药液箱和喷管组成件,如图 10.6 所示。机架分为上下两部分。上机架用于安装药液箱和油箱,下机架用于安装风机和汽油机。风机是在汽油机的带动下产生高压、高速气流,进行弥雾和喷粉,风机上方有小的出口,通过进风阀将部分气流引入药液箱,弥雾时对药液加压,喷粉时对药粉吹送。药液箱可以盛液剂,也可盛粉剂,只是箱内的部件不同。弥雾作业时,药液箱内设有滤网、进气软管和进气塞;喷粉作业时,药液箱内设有吹粉管。喷管组件依作业内容不同需进行适当更换:弥雾作业时,由风机弯头、输液管、蛇形管、直管、弯管和弥雾喷头组成;喷粉作业时,将输液管换成输粉管,再卸下弥雾喷头即可;超低量弥雾作业时,与弥雾作业相似,只需将弥雾喷头换成专用的超低量喷头;大面积喷粉作业时,将喷粉作业中蛇形管以后的部分换成长塑料薄膜喷粉管,并将弯头顺时针旋转 90°即可。

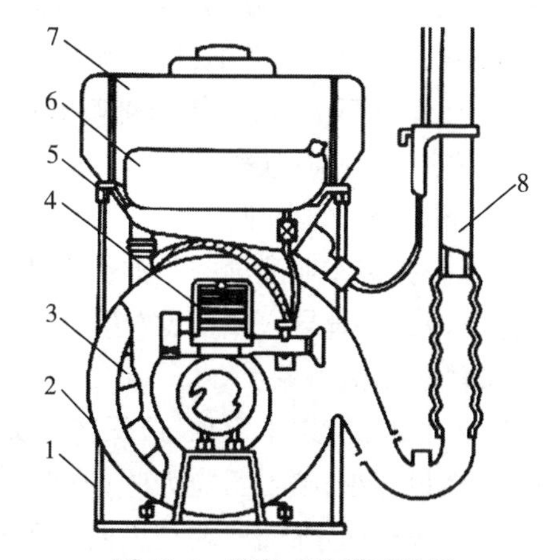

图 10.6　背负式弥雾喷粉机

1—下机架;2—离心风机;3—风机叶轮;4—汽油机;5—上机架;6—油箱;7—药液箱;8—喷施部件

2)使用

(1)弥雾作业

首先组装有关部件,使整机处于弥雾作业状态。工作时汽油机带动风机叶轮高速旋转,大部分气流从喷管喷出,小部分气流经进气塞、进气管到达药液顶部对药液加压。当打开开关,药液便经输液管从喷头喷出,被气流吹散成雾并送向远方。

弥雾作业时,要注意以下事项:加药液前先用清水试喷一次,检查各处有无渗漏现象,然后配制加添药液。本机采用高浓度、小喷量,其用药量约是手动喷雾器所用药量的 5~10 倍。加液时必须用滤网过滤,不要过急、过满,不要超过药液箱容积的 3/4,以免药液从过滤网出气口

处溢进风机壳内，腐蚀风机。药液必须干净，以防喷嘴堵塞。加液后务必拧紧药箱盖；机手背起机器后，调整手油门，使汽油机稳定在额定转速5 000 r/min 左右，开启药液开关，然后以一定的步行速度和行走路线进行作业。在喷洒过程中，要随时左右摆动喷管，以控制喷幅和均匀性；做好防止中毒措施，喷药应顺风，不可逆风；因早晨风小，并有上升气流，射程会更高些，所以对高大植物在早晨进行喷洒较好。

(2)喷粉作业

首先使药箱和喷管处于喷粉作业状态。工作时，汽油机带动风机叶轮高速旋转，大部分气流从喷管喷出，小部分气流经出风口进入药箱由吹粉管吹出，在吹粉管导流作用下，药粉被吹向粉门体，当打开粉门，药粉经输粉管进入喷管，被气流吹散并送向远方。

喷粉作业要注意以下事项：添加的药粉应干燥、过筛，不得有杂物和结块；不停机加药时，汽油机应处于低速运转，并关闭粉门；喷粉作业要注意利用外界风力和地形，从上风向往下风向喷撒效果较好。

(3)长薄膜喷粉作业

用长薄膜喷管喷粉需要两人协作，一人背机操纵，另一人拉住喷管的另一端。工作中两人平行同步前进。作业时应注意以下事项：喷粉时先将长薄膜塑料管从小绞车放开，再调节油门加速(注意加速不要过猛，转速不要过高，能将长喷管吹起即可)，然后调整粉门进行喷，为防止喷管末端积存药粉，作业中，拉住喷管一端的人员应随时抖动喷管；长薄膜喷管上的小出粉孔应成 15°角斜向后下方，以便药粉喷出到地面上后反弹回来，形成一片雾海，提高防治效果；使用长薄膜喷管，应逆风喷撒药粉。

(4)超低量弥雾作业

超低量弥雾作业喷洒的是油剂农药，药液浓度高，为飘移积累性施药。风机高速旋转产生的高速气流经喷管导入喷口，在超低量弥雾喷头和高速气流的二重作用下，药液被撕裂成细小雾滴，喷洒在防治对象上。

作业时要注意以下事项：应保持喷头呈水平状态或有 5°~10°喷射，自然风速大，喷射角应小些；自然风速小，喷射角应大些；喷头距离植物顶部高度一般为 0.5 m；弥雾时的行走路线和喷向，应视风向而定，喷向要与风向一致或稍有夹角；喷射顺序应从下风向依次往上风向进行；要控制好行走速度、有效喷幅及药液流量；地头空行转移时，要关闭直通开关，汽油机要怠速运转。

3)维护保养

(1)日常保养

将药箱内残存的粉剂或药液倒出；用清水洗刷药液箱、喷管，清除机器表面的油污尘土，但汽油机无须洗刷；检查各零件螺钉有无松动、脱落，必要时紧固；用汽油清洗空气滤清器，滤网如果是泡塑件，应用肥皂水清洗，喷粉作业后，需清洗化油器。

(2)长期存放

要放净燃油，全面清洗油污、尘土，并肥皂水或碱水清洗药液箱、喷管、喷头，然后用清水冲净并擦干。金属件涂防锈油；脱漆部位涂防锈漆。取下汽油机的火花塞，注入 5~10 g 润滑油，转动曲轴 3~4 转，然后将活塞置于上止点，最后拧紧火花塞用塑料袋罩上，存放于阴凉干燥处。

10.3　草坪机具

10.3.1　播种、施肥机械

1)播种机械

草坪播种是将草坪的种子直接播种在坪床上的一种建坪方法。主要采用两种播种机作业:一种是撒播,一种是喷播。前者使用的是撒播机,后者使用的是喷播机。

(1)草坪撒播机

草坪撒播机是一种靠转盘的离心力将种子抛撒播种的机械,有的撒播机还可用于草坪施肥作业。撒播机的排种器为离心式排种器,其结构如图10.7所示,为一个高速旋转的圆盘,圆盘上部有四条齿板,种子箱内的种子,通过排种口落到圆盘上的齿板之间,此时圆盘在驱动机构作用下高速旋转,种子在离心力的作用下不断沿径向由内向外滑动,当种子脱离圆盘后,继续沿径向运动,在空中散开,均匀撒落到地面上。

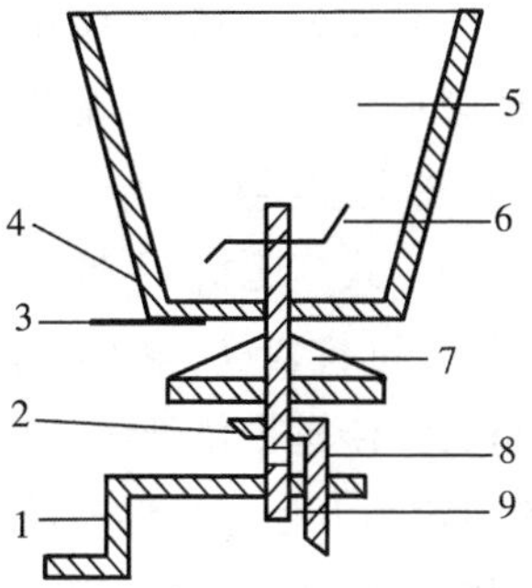

图10.7　手摇撒播机结构图

1—摇把;2—水平锥齿轮;3—种量调节板;4—下种孔;5—种子箱;6—搅拌轮;7—撒播盘;8—垂直锥齿轮;9—机架

草坪撒播机有拖拉机牵引式、悬挂式、便携式、步行操纵自走式(手扶自走式)等多种结构形式。

(2)草坪喷播机

草坪喷播机是利用气流或液力进行草籽播种的机械。目前使用比较广泛的是液力喷播机。它是以水为载体,将草籽、纤维覆盖物、黏合剂、保水剂及营养素经过喷播机混合、搅拌后按一定比例均匀地喷播到所需种植草坪的地方,经过一段时间的人工养护,形成初级生态植被。

草坪喷播具有以下优点:特别适合在山地、坡地进行施工;喷播形成的自然膜和覆盖在地表的无纺布可有效地起到抗风保湿、抗雨水冲刷的作用;草种品种可以根据气候、土壤、用途及草坪的特性任意选择,也可以将多个品种进行混合播种,利用它们的不同特性起到互补的作用,从而达到最佳效果;播种均匀,省时高效;喷播所用的植物材料本身就呈绿色,再加上地表覆盖的无纺布也是绿色,所以喷播后没有裸露的土地,视觉效果好,10 d左右可揭去无纺布,20 d后经过修剪即可初步成坪。

液力喷播机有车载式和拖挂式两种机型,车载式是将喷播设备装在载重汽车的车厢板上;拖挂式是装在拖车上,由汽车或拖拉机牵引行驶。液力喷播机的基本构造都相似,主要由发动机、浆泵、装载箱、软管和喷枪组成。

(3)草坪补播机

已建成的草坪,由于一些人为或自然的原因,经常在某些部位会发生无草皮或草株过稀等现象,这就要求进行补种或补播。补播可以使用普通的草坪播种机,但由于播前要进行相应的整地,需动用多台机械,且由于面积通常都比较小,因此经济上不一定合算。在这种情况下,一些集整地、播种于一身的专用草坪补播机问世了。草坪补播机有拖拉机悬挂式、步行操纵自走式等形式。步行操纵自走式补播机,它由一台汽油机驱动,前部设有旋转圆盘耙,能开出窄缝式的播种沟;中部有导种管,将由种子箱经排种器排出的种子导入播种沟,后部还装有覆土圆盘,对播下的种子进行覆土。

2)施肥机械

草坪施肥一般采用喷洒颗粒状或粉状肥料,用于草坪施肥作业的施肥机械一个重要的指标就是施肥均匀,使每一棵草都能得到生长所需要的养分。施肥机械要适用于颗粒状、粉状甚至液体肥料,施肥量可以调节;可以用于已建成草坪的施肥作业和播撒草种作业。

(1)施肥机类型

①手推式施肥机:手推式施肥机主要用于小面积或小片草坪地的施肥作业,由安装在轮子上的料斗、排料装置、轮子和手推把组成。常用的为传送带式施肥机,由料斗、橡胶传送带、刷子等组成。传送带位于料斗的底部,在传送带运动方向一侧,传送带与料斗之间有一较大间隙,该间隙的大小通过料斗调节螺栓调节,以控制施肥量,作业时,颗粒状或粉状固体肥料通过这一间隙由传送带传出料斗,再由刷子将传送带端头的肥料刷向草坪,传送带和刷子都由运行的地轮驱动,机器前进的方向与传送带运动方向相反。

②拖拉机驱动施肥机:这类机器主要为拖拉机悬挂式或牵引式,主要适用于大中型草坪的施肥作业。

(2)使用与保养

施肥机施肥量的正确调节是使用的关键环节,在使用时首先应通过调节施肥机本身的施肥量调节装置调节所需的施肥量。其次注意调节撒肥装置距离地面的高度,同时还应注意施肥机的前进速度应与撒肥装置撒肥的速度相适应,撒到草坪地面上的肥料既不宜太密也不宜过稀。

由于草坪所施的肥料大多数为酸性或碱性,很容易造成部件受潮而被腐蚀。虽然有些机械的零部件采用了耐酸碱的材料,但如果不注意保养仍会产生排料不顺利、机件运转不良甚至卡死现象。

在使用时应注意以下事项:每次施肥作业后,应将残留在机器内的肥料清理干净,如果第二天仍要施肥作业,也不要将肥料留在料斗中,更不能将施肥机留在露天过夜;在一个施肥周期结束后,应将撒肥作业的工作部件拆下来进行清理,并注意清洗不能拆卸件上残留的肥料,所有清洗好的零部件待晾干后涂上机油;将涂好机油的零部件安装回施肥机(如果发现被腐蚀损害的零部件及时更换),并用苫布或罩子将施肥机盖上,以防灰尘落到涂机油的机件上。

10.3.2 修剪机

1）草坪修剪机的类型

草坪修剪机的类型很多，按作业方式可分为手推式、自行式、乘坐式、拖拉机牵引式等类型，按照工作部件剪草方式分为滚刀式、旋刀式、往复式、甩刀式和甩绳式。

（1）滚刀式草坪修剪机

其主要工作部件为螺旋滚刀和底刀，呈螺旋线排列的刀片上有刃口，滚刀转动时，螺旋刀片将草茎剪断。该机型适合于切削量较小的草坪修剪。主要用于地面平坦、质量较高的草坪，如各种运动场、高尔夫球场的精修区等。

（2）旋刀式草坪修剪机

其主要工作部件是水平旋转的切割刀，工作时利用刀片的高速旋转而将草茎割断。旋刀式草坪修剪机以修剪较长的草为主，适用于普通草坪的使用。

（3）往复式草坪修剪机

其主要工作部件是一组作往复运动的割刀，长度 600~1 200 mm。这种修剪机主要用来修剪较长的草，如用于公路两侧、河堤绿化地带及杂草灌木丛的作业。

（4）甩刀式草坪修剪机

其主要工作部件为在垂直平面内旋转的切割刀片，称为甩刀，工作时由于离心力的作用使刀片绷直飞速旋转，将草茎切断并抛向后方。适合于切割茎秆较粗的杂草。

（5）甩绳式割草机

这种割草机是将割灌机的工作头上的圆锯片或刀片以尼龙绳或钢丝绳代替，割草时草坪植株与高速旋转的绳子接触的瞬间被其粉碎而达到割草的目的。有关割灌机将在下面介绍。

2）使用

草坪修剪机在使用过程中必须严格执行操作规范，以确保人身安全及机器的使用寿命。草坪修剪机的种类很多，但操作使用基本相似，下面以 WB530A 型草坪修剪机为例具体介绍其使用方法（图 10.8）。

（1）使用前的检查

①检查各零部件：有无松脱、损坏，必要时，需对其进行更换。

②检查机油及汽油：每次使用前必须检查机油油位，机油油位应在机油标尺范围内。不能太多，多了会弄潮空气滤清器，发动机难以启动，或冒蓝烟，甚至引起飞车现象；少了润滑冷却不充分，会造成拉缸，打坏曲轴连杆，严重的会打破缸体。WB530 型修剪机机油为汽油机机油，汽油为 90#以上汽油。机油、汽油不能混用。

③检查空气滤清器：检查空滤芯有无脏堵。每使用 8 h，应清理空滤芯一次；每使用 50 h，应更换滤芯。

④调整好剪草高度：应该准确测量现有草坪草高度，并按照草坪养护的三分之一法则，选

择合适的剪草高度。将调茬手柄调到合适的高度。根据需要装上集草袋或出草口。

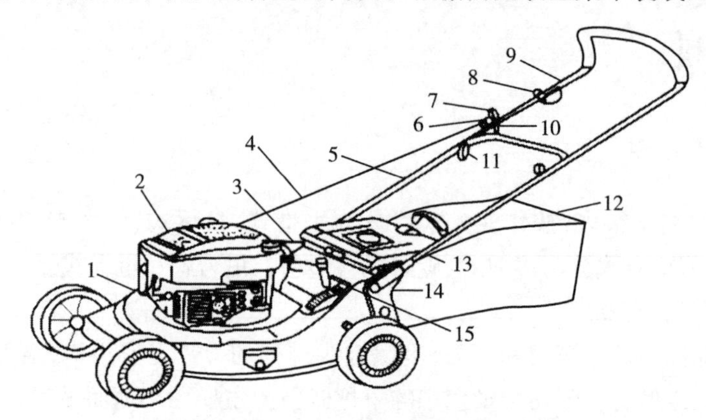

图 10.8　WB530A 型草坪修剪机结构示意图

1—火花塞;2—发动机;3—油门拉线;4—启动绳;5—下推把;6—固定螺栓;
7—启动手柄;8—油门开关;9—上推把;10—螺母;11—锁紧螺母;
12—集草袋;13—后盖;14—支耳;15—调茬手柄

(2)启动

启动时,将油门开关打开,使控制杆与熄火螺钉断开。带加浓装置的汽油机,冷启动时,先按加浓装置 3 次,增加油气比混合度,以便启动。握住拉绳手柄,缓慢拉启动绳至无阻力作用时,再连续快速拉动启动绳,待汽油机启动后再将启动手柄放回原处。启动器有回弹装置,手松开手柄,拉绳自动复原。

(3)工作

割草前必须清理草坪上的石头、树枝、铁桩等障碍物。不可移障碍物要加上醒目标记。潮湿的场地不允许操作,因为路滑危险并伤害机器。根据草坪草的高度及茂盛程度,掌握草坪机的推行速度。手推式以人推动不十分费力为宜,自行式只需合上离合器,即以恒定速度向前推进。转弯操作时,手推式草坪机应两手将手推把向下按,使前轮离地再转弯。自行式草坪机转弯时先松开离合器手把,然后两手将手推把向下按,使前轮离地再转弯。

(4)停机

将油门控制手柄推至慢速位置,运转 2 min 后再推至停止位置,让发动机熄火。有刹车的发动机停机前先降至慢速,然后松开刹车手把,刹车即可使发动机停机。

3)维护保养

(1)刀片

要经常检查刀片桥联轴套的连接情况。使用中当刀片撞到其他物体时应及时检查,刀片磨损严重的应及时更换。

(2)机壳

机壳内部要经常清理,碎草、污泥等物紧附壳内会影响出草顺畅并产生锈蚀。清理机壳时可将草坪机倾斜,但需注意倾斜方向,必须使空气滤芯的一侧朝上,以防空气滤芯被油污弄脏,造成通气不畅。

(3)汽油机

严格按照汽油机使用要求进行保养。

(4)润滑

前后滚轮每季至少用轻质机油润滑 1 次。自行部分的传动机构,使用 2 年后应清洗、更换润滑脂 1 次。

(5)储存

长期不用时应放尽机内汽油,然后拉响机器,至机器自行熄火,使化油器内的汽油完全燃烧干净。因为汽油存放时间过长,会造成胶状,堵塞化油器。储存前应彻底清洗机器内外表面,并在转动部件和刀片表面涂油防锈。

10.3.3 割灌机

割灌机主要适用于林间道旁的不规整、不平坦的地面及野生草丛、灌木和人工草坪的修剪作业。割灌机修剪的草坪不太平整,作业后场地显得有些凌乱,但它轻巧、易携带以及适应特殊环境的能力起到了其他草坪修剪机无法替代的作用(图 10.9)。

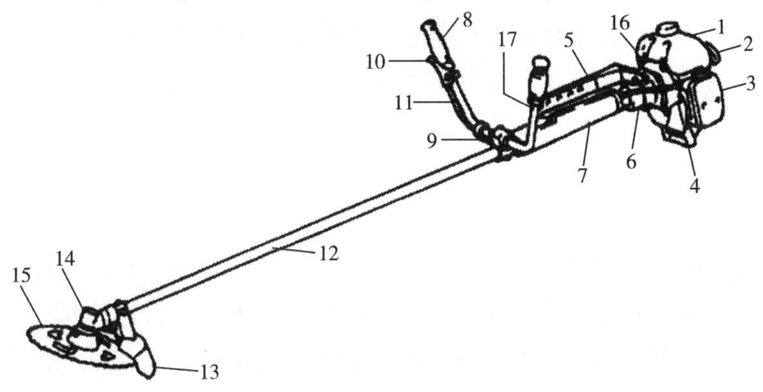

图 10.9 割灌机

1—燃料箱;2—启动器;3—空气滤清器;4—脚架;5—吊钩;6—罩;7—护套;8—手柄;9—手柄托架;10—加油柄;11—加油钢丝;12—外管;13—安全挡板;14—齿轮箱;15—刀片;16—引擎开关键;17—蝶形螺母

1)构造

割灌机的主要工作部件是切割头。切割头的常用安装方法如下:

(1)金属刀片的安装

将刀片托夹具套在齿轮轴上,使用 L 形工具旋转固定;把割草刀片有文字的一面放在齿轮箱侧的刀片托上,把刀片孔穴正确地装在刀片托夹具的凸部上;刀片固定夹具凹面向割草刃侧,装在齿轮轴上;把附属螺栓罩放在刀片固定夹具上,在割刀片安装螺栓上放上弹簧垫和平垫圈,用力拧紧。

(2)尼龙绳切割头的安装

将刀片托夹具和刀片压夹具正确地安装在齿轮轴上;将安装螺栓拧入齿轮轴内,确保拧

紧;将刀片托夹具用L形圆棒固定,并且将尼龙割刀主体拧在螺栓上用力拧紧。

2)使用

使用前必须对各零部件认真检查,在确认没有螺丝松动、漏油、损伤或变形等异常情况后方可开始作业。特别是刀片及刀片连接部位更应仔细检查。割灌机发动机为单缸二行程风冷式汽油机,燃料为混合油。机油与汽油的体积混合比一般为1∶20或1∶25,不可错误添加燃料。

操作者应穿工作靴、紧身衣,戴防护眼镜,以确保作业时人身安全。调整割灌机背带使把手握在手中适合操作为准,操作者握紧把手,锯片向前,使用金属刀片割草时,从右向左摇晃机体让刀片"吃"草。每次刀片吃进深度:一般杂草为刀片直径的1/2,草茎较硬的草以刀片直径的1/3为妥。使用尼龙割刀割草时,发动机的转速应比使用金属刀片时加大50%。作业中发生夹锯时,应立即关小油门使离合器分离,工作部件停止运转,平稳地把锯片抽出。一般地,割杂草和小灌木时可采用连续切割法,并左右摆动切割,割幅为1.5~2 m。切割8 cm以下的灌木、乔木时,采用单向进锯直接伐倒的方式。切割8 cm以上的残、次园林树木时采用双向进锯,即先锯下口,后锯上口,在用锯时严禁冲击砍切。否则由于惯性作用会伤人或者损坏机件。转移作业点时,必须关小油门使工作部件完全停止转动。到了新的作业点再加大油门,提高转速后再进行切割。停机时要把油门关小,怠速运转3~5 min再停机,严禁高速运转中突然停机。

3)维护保养

(1)保养

割灌机平时的保养维护好坏直接关系到机器使用寿命的长短,必须定时按机器说明书的规定进行机器磨合、日常保养和定期保养才能保证机器的正常运行。长期存放前必须彻底检修。燃料箱的燃料全部倒出后,启动机器让其空转至自然熄火为止,确保化油器内燃油燃烧干净,以便存放。

(2)锯片的修整

锯片锯齿及锯路的修整是根据切割对象的不同进行的调整与修磨工作。当锯齿磨钝时,一般要用羽毛锉或三棱锉进行锉磨,锉锯齿时只能向前推锉,不要回锉。锯齿角太小锯切速度快,但消耗动力大易夹锯,一般地锯干枯灌木、乔木时修磨的锯齿角可小些,锯湿灌木、乔木或春天树木发芽季节修磨的锯齿角可大些。

锯路也是防止夹锯的关键,锯干枯乔灌木时可采用快锯路,即左、中、右、中,左、中、右、中锯路,左右齿起切削木纤维作用,中齿起清理锯口中木屑和进锯速度的作用。锯切潮湿乔灌木采用左、右、中,左、右、中的慢锯路。如果是春季,乔灌木发芽季节的纤维最难割断,最容易造成夹锯,此时不仅锯路拨得要宽,同时要把锯齿锉成割麻齿。

(3)刀片的修整

购买刀片时最好是买自磨刃刀片,锋利的刀片刃口是消耗动力小、切割质量好的保证,但刃口太锋利,即刀口夹角太小,易碰成缺口很快变钝;夹角太大,刃口不锋利,切割杂草时会出现拖拽撕拉现象,消耗动力太大。修磨好的刀口夹角最好在15°之间。

(4)常见故障排除

割灌机常见故障分析与排除见表10.2。

表10.2 割灌机工作部件及传动部件常见故障分析与排除

故障现象	故障分析	故障排除
离合器外部过热	1.发动机过热 2.离合器打滑次数过多	1.排除发动机过热现象 2.注意操作方法,防止打滑;离合器弹簧太紧,调整
离合器分离不彻底	1.离合器主被动两部分不同心 2.离合块磨损不均匀 3.传动轴弯曲 4.离合器弹簧拉力不足,两弹簧拉力不等	1.重新定位 2.修复或更换 3.校直传动轴 4.调整或更换新弹簧
传动轴管振动大	1.传动轴弯曲 2.锯片或刀盘歪斜 3.发动机运转不平稳	1.校直传动轴 2.调整锯片或刀盘到正确位置 3.排除发动机故障
减速器噪声大、温度高、振动大	1.润滑油过多或过少 2.齿轮侧间隙调整不当,调整齿侧间隙到0~0.85 mm 3.润滑油太脏	1.增减润滑油 2.改变调整垫 3.更换润滑油
切割费力、切割质量变差、经常夹锯	1.锯片、刀片磨钝 2.锯路磨损 3.切割对象与锯路不相匹配	1.修磨锯齿、刀片 2.拨宽锯路 3.根据切割对象重新调整锯路
锯片断齿或有裂纹	1.切割时碰撞硬物 2.冲击切割、用力过猛	1.锉尖断齿或更换新锯片 2.在裂纹处钻小孔或用平头冲子在裂纹处打印

10.3.4 打孔机

在草坪上按一定的密度打出一些一定深度和直径的孔洞称为打孔或打洞。草坪打洞是草坪养护、复壮的一项有效措施,尤其是对人们经常活动、娱乐的草坪要定期进行打洞通气养护,以延长其绿色观赏期和使用寿命。草坪打洞养护的主要机械设备是草坪打孔机。

1)草坪打孔刀具

根据草坪打孔透气要求的不同,通常有几种类型的刀具用于草坪打孔作业。扁平深穿刺刀主要用于土壤通气和深层土壤耕作。空心管刀为一空心圆管,打洞作业时可以将洞中土壤带出,留于草坪的洞可以填入新土,实现在不破坏草坪的情况下更新草坪土壤。用这种刀具进行打孔作业有助于肥料进入草坪根部,加快水分的渗透和空气的扩散。圆锥空心刀在作业时刺入草坪而留下孔洞,洞的四周土壤被压实,以利草坪表面积水下渗。扁平切根刀主要用于切断草坪草的根系,促使草坪更好地生长。

2)手工打孔机

这种打孔机结构简单(图 10.10),由 1 人操作,作业时双手握住手柄,在打孔点将中空管刀压入草坪土壤一定深度,然后拔出管刀即可。由于管刀是空心的,在管刀压入地面穿刺土壤时芯土将留在管刀内,再打下一个孔时,管芯内的土向上挤入一圆筒形容器内。该圆筒既是打孔工具的支架,也是打孔时芯土的容器。当容器内芯土积存到一定量时,从其上部开口端倒出。打孔管刀安装在圆筒的下部,由两个螺栓压紧定位。松开螺栓,管刀可上下移动用以调节打孔深度。这种打孔机主要用于机动打孔机不适宜的场地及局部小块草地,如绿地中树根附近、花坛四周及运动场球门杆四周的打孔作业。

3)机动打孔机

机动打孔机主要依靠动力机带动打孔刀具对草坪进行打洞透气作业。其具体操作使用和维护保养与草坪修剪机基本相同,如图 10.11 所示。

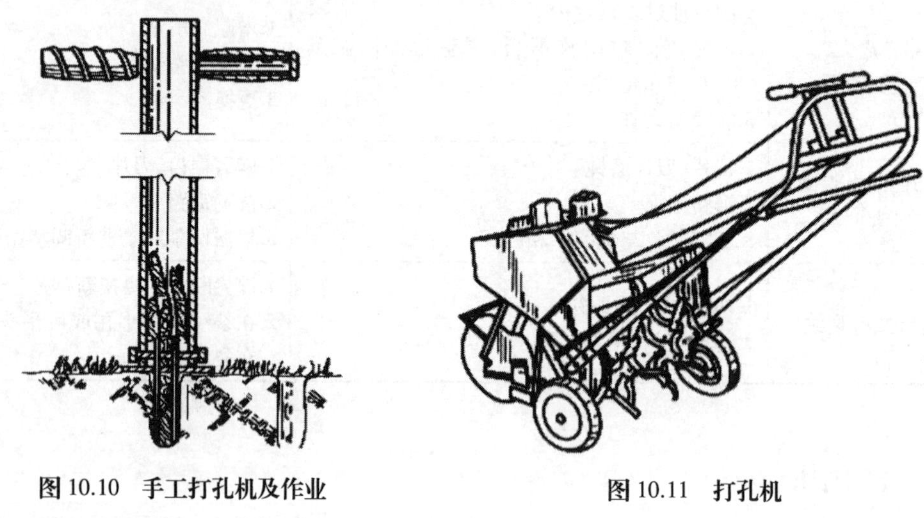

图 10.10　手工打孔机及作业　　　　图 10.11　打孔机

10.4　其他机械

10.4.1　绿化喷洒车

1)构造

绿化洒水车前装有鸭嘴形喷嘴或圆头冲嘴,后面装有圆柱形洒水喷嘴或莲蓬头喷嘴,后部有一工作平台,装配有水炮。后部还可装 8 个喷嘴。

前冲(喷)后洒、带侧喷(花洒)、带后工作平台、平台上安装绿化洒水高炮(炮有大雨、中

雨、毛毛雨、雾状可调节)，带吸水管，带消防接头，带自流阀，自吸自排，可选配 20 m 绿化喷药卷盘、高空作业、随车吊货运等功能。

操作系统主要由发动机带动变速箱，变速箱上安装的取力器带动洒水泵，洒水泵产生动力，将罐体内部的液体通过管网喷洒出去。工作范围：自吸高度≤7 m，洒水宽度≥14 m，最大射程≥28 m；可调节成柱状，射程≥28 m；也可调节成雾状，射程≥15 m。

2)使用

(1)吸水作业

洒水车尽量接近作业点，驻车；打开走台箱边门，取出吸水胶管，使之向后摆动，无弯折现象；将吸水胶管尽可能深地抽入水中，保证管端在作业过程中始终距液面 300 mm 以下；将四通阀手柄推至与地面垂直；将变速器挂入空挡，然后启动发动机，分离离合器，将取力器开关向后拉即挂挡取力，泵开始运转；操作员可通过观察后封头上部的观察镜，当液面达到观察镜中部时，应通知驾驶员，同时应迅速将吸水胶管拉离水面或关闭四通阀；收起胶管后，将其放回走台箱，关好边门；将洒水车驶离抽水地点。

(2)喷洒作业

将四通阀门后柄拉至与地面平行，打开想要喷洒的球阀(前冲、后洒、侧喷、花洒)，然后启动发动机，将变速器挂入挡位，将取力器开关向后拉即挂挡取力，然后分离离合器，泵开始运转，开始洒水。罐体内的水洒完后，驾驶员应及时将取力器操纵柄向前推即脱挡，洒水泵停止运转。

10.4.2 整地机械

整地是园林绿化种植的重要环节，通过整地可以改善土壤的透光通气性，使土层温度保持稳定，有利于植物发芽或生根，并且可使土壤颗粒变细，增大土壤的孔隙度，使腐殖质及生物残体分解加快，增加土壤养分的转化和积蓄，同时也为恢复和创造土壤的团粒结构形成必要条件，提高蓄水保墒和抗旱的性能。

整地机械按整地方式不同可分为全面整地机械(如铧式犁、耙、旋耕机等)和局部整地机械(如挖坑机、起垄犁、筑埂器等)。重点介绍旋耕机，旋耕机是一种由动力驱动的土壤耕作机具。它有较好的碎土平地能力，能使土肥混合均匀。耕后地表平整、松软。

1)构造

旋耕机一般由机架、传动部分、旋耕刀轴、刀片、耕深调节装置、罩壳和拖板等组成(图 10.12)。

(1)机架

机架是旋耕机的骨架，由主梁、齿轮箱、侧边传动箱等组成。

(2)传动部分

传动部分是由万向节传动轴、齿轮箱和侧传动箱组成。拖拉机动力输出轴的动力由万向

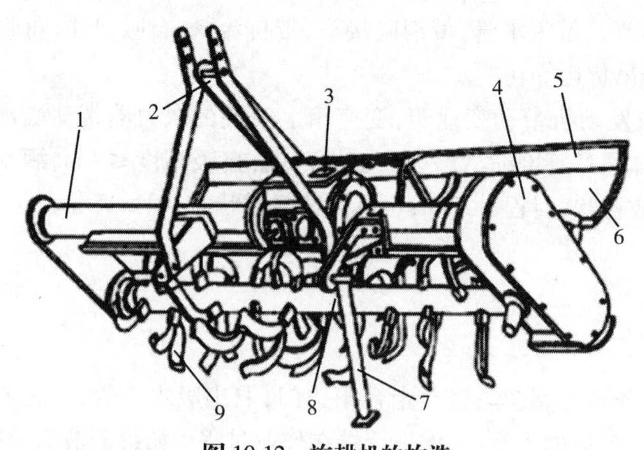

图 10.12 旋耕机的构造

1—主梁；2—悬挂架；3—齿轮箱；4—侧边传动箱；5—平土拖板；
6—挡土罩；7—撑杆；8—刀轴；9—旋耕刀

节传动轴传给齿轮箱,然后经侧传动箱传往刀轴,驱动刀轴旋转。万向节轴是将拖拉机动力传给旋耕机的传动件,它能适应旋耕机的升降及左右摆动的变化。万向节轴主要由十字节、夹叉、方轴、轴套和插销等零件组成。

(3)工作部分

旋耕机的工作部分由刀轴、旋耕刀等组成。

(4)辅助部件

旋耕机辅助部件有悬挂架、平土拖板、挡土罩和撑杆等组成。

2)**使用**

旋耕机是园林绿化中普遍使用的一种优良的耕作机械,使用旋耕机旋耕的土壤,耕作土层松碎、表土平整疏松、土肥掺和性好,能使植物良好生长。

(1)刀片的选择与安装

①刀片的选择:刀片有松土型和切割型两类。根据作业时的土壤情况,应正确选择。通常情况下,选择切割型弯刀类刀片。刀片安装在刀轴前,必须检查是否合格。合格的刀片应无过烧、裂纹或夹渣,刀刃应无残缺,刀片弯部应过渡平滑,侧面应平整,有合格证。

②刀片的安装:弯刀类刀片有左弯刀、右弯刀之分,按不同的耕作要求选择相应的安装方法。若常规作业时,一般采用交错安装法,即在同一切面上安装左、右弯刀各一把,刀轴两端两把刀片弯头向里,这种安装方法,耕后地表平整,适用于平作。若要旋耕带有开沟性作业时,往往采用向外安装法,即以刀轴中间分,左弯刀片安装在刀轴的左方,右弯刀片安装在刀轴的右方,刀轴两端两把刀片弯头方向向内。若要旋耕带翻畦作业时,可采用向内安装法,即从刀轴中间分,左方刀轴全部安装右弯刀片,右方刀轴全部安装左弯刀片。注意:不管用哪种刀片安装法,安装好刀片后,都要检查刀片刃口是否与刀轴的转向一致,不一致应重新安装。

(2)耕深调整

①左右水平调整:将带有旋耕机的拖拉机停在平坦地面上,降低旋耕机,使刀片距离地面5 cm,观察左右刀尖离地高度是否一致,以保证作业中刀轴水平一致,耕深均匀。

②前后水平调整:将旋耕机降到需要的耕深时,观察万向节夹角与旋耕机轴是否接近水平位置。若万向节夹角过大,可调整上拉杆,使旋耕机处于水平位置。

③提升高度调整:旋耕作业中,万向节夹角不允许大于10°,地头转弯时也不允许大于30°。因此,旋耕机的提升,对于使用位调节的可用螺钉在手柄适当位置限位;使用高度调节的,提升时要特别注意,如需要再升高旋耕机,应切除万向节的动力。

④碎土性能的调整:一般情况下,用改变前进速度来调整碎土性能。

⑤耕深的调整:机组与有力调节和位调节液压系统的拖拉机配套旋耕作业时,应使用位调节,禁止使用力调节,以免损坏旋耕机。当旋耕机达到要求耕深后,应用限位螺钉将位调节手柄挡住,使每次耕深一致。

3)使用注意事项

使用前应检查各部件,尤其要检查旋耕刀是否装反和固定螺栓及万向节锁销是否牢靠,发现问题要及时处理,确认稳妥后方可使用;拖拉机起步时,应让旋耕机处于升起状态,踩下离合器踏板或拉起离合器手柄,接合动力输出轴,挂上旋耕机工作挡,柔和放松离合器踏板或手柄,同时操作升降手柄或按下扶手架,使旋耕刀片入上,随之加大油门,直到正常耕深,严禁在旋耕刀入土情况下直接起步,以防旋耕刀及相关部件损坏,严禁急速下降旋耕机,旋耕刀入土后严禁倒退和转弯;地头转弯未切断动力时,旋耕机不得提升过高,万向节两端传动角度不得超过30°,同时应适当降低发动机转速,转移地块或远距离行走时,应将旋耕机动力切断,并升到最高位置后锁定;旋耕机运转时人严禁接近旋转部件,旋耕机后面也不得有人,以防万一刀片甩出伤人;检查旋耕机时,必须先切断动力;更换刀片等旋转零件时,必须将拖拉机熄火;耕作时前进的速度,以2~3 km/h为宜,在已耕翻或耙过的地里以5~7 km/h为宜,切记,速度不可过高,以防止拖拉机超负荷而损坏动力输出轴;旋耕机工作时,拖拉机轮子应走在未耕地上,以免压实已耕地,故需调整拖拉机轮距使其轮子位于旋耕机工作幅内;作业时要注意行走方法,防止拖拉机另一轮子压实已耕地;作业中,如刀轴过多地缠草应及时停车清理,以免增加机具负荷;旋耕时,拖拉机和悬挂部分不准乘人,以防不慎被旋耕机伤害;使用手扶拖拉机旋耕机组时,只有副变速杆放在“慢”的位置时,才能挂旋耕挡;工作中若需倒车,必须将副变速杆放在空挡才能挂倒挡;旋耕中尽量不使用转向离合器,应用推拉扶手架来纠正方向。地头转弯时,应先减小油门,托起扶手架,再捏转向离合器,不要拐死弯,以防损坏零部件。

4)维护保养

每天工作后应及时清除轴承座、刀轴及挡土罩等处的泥土、杂草和油污;拧紧各连接部分螺钉和螺母;检查齿轮箱及侧边传动箱油面,必要时添加;按说明书规定向有关部位加注润滑脂,并向万向节处加注润滑脂,以防加重磨损;作业时要定期检查刀片的磨损情况;检查刀轴两端油封是否失效。作业结束除彻底清除外部积泥和油污外,还应清洗齿轮箱和侧边传动箱并加入新的润滑油;对刀轴轴承及油封进行检查清洗并加注新的润滑油;用万向节传动的旋耕机还应在每天工作结束后向十字轴处加注润滑脂,定期检查万向节十字轴是否因滚针磨损而松动,或因泥土转动不灵活,必要时拆开清洗并重新加满润滑脂。

5）旋耕机的故障排除

旋耕机的故障排除，参见表 10.3。

表 10.3 旋耕机的故障排除

故障现象	故障原因	排除方法
旋耕机负荷过大	1.旋耕过深 2.土壤黏重干硬	1.减少耕深 2.降低机组前进速度
旋耕机工作时跳动	1.土壤干硬 2.刀片安装不正确 3.万向节安装不正确	1.降低机组前进速度 2.重新检查，按规定安装 3.重新安装
旋耕机后部间断抛出大土块	1.刀片弯曲变形 2.刀片断裂 3.刀片丢失	1.重新更换刀片 2.重新更换刀片 3.安装刀片
旋耕后地面起伏不平	1.旋耕机未调平 2.平土拖板安装不正确 3.机组前进速度与刀轴转速配合不当	1.重新调平 2.重新调整 3.改变机组前进速度和刀轴转速
旋耕机工作时有金属敲击声	1.刀片固定螺钉松脱 2.刀轴两端刀片变形碰击侧板 3.刀轴传动链过松 4.万向节倾角过大	1.重新拧紧 2.校正或更换刀片 3.调节链条紧度 4.注意调节旋耕机，提升高度
刀轴转不动	1.齿轮损坏咬死 2.轴承齿轮无齿侧间隙 3.轴承损坏咬死 4.刀轴侧板变形 5.刀轴弯曲变形 6.刀轴缠草堵泥严重	1.更换齿轮 2.重新调整 3.更换轴承 4.校正侧板 5.校正刀轴 6.清除缠草积泥
齿轮箱有杂音	1.安装不慎落入异物 2.圆锥齿轮侧隙过大 3.轴承损坏 4.齿轮牙齿折断	1.清除异物 2.重新调整 3.更换轴承 4.修复或更换

思考题

1.简述灌溉系统的类型及其组成。

2.简述草坪修剪机的类型。

3.简述草坪修剪机的维护保养。

附　录

园林绿化施工方案范本

××公园绿化工程方案

目　录

一、编制依据
二、工程概况
三、施工准备及部署
四、施工管理组织机构
五、劳动力投入计划及安排
六、园林机械设备配备计划
七、工程工期保证措施
八、主要分项工程施工方案
九、质量保证体系和措施
十、安全文明施工措施

一、编制依据

(1)该公园绿化工程招标文件。

(2)设计部门提供的施工图纸。

(3)国家现行施工规范及地方有关标准、规范等。

(4)现场及周围实地勘察。

(5)现行建筑、安装等劳动定额。

(6)我公司颁发的有关施工规程、安全、质量等相关文件。

二、工程概况

(1)工程名称:××公园绿化工程。

(2)建设地点:××市××区。

(3)建设规模:绿化面积约50 000 m^2。

(4)工程特点:

①区位及气候条件:××公园绿化工程位于××市××区,西邻××,北邻××,距市中心15 km。本项目地处亚热带,海洋性和陆地性过渡型气候,年均温20 ℃,绝对最高气温40.6 ℃,年均降雨量1 300 mm。

②交通现状:该公园交通便利,位于××西路与××路交会处,距××商圈5 min路程。

③工程内容:本工程主要进行公园内的园建、绿化及附属工程的施工,包括:场地整理、园区绿化苗木、花卉和地被栽植、保养期和保管期管养,相关园路、给排水、电气等设施及设备安装配套工程施工以及园林建筑、广场硬质铺装的建设。

④目前施工现场状况:施工期正值高温多雨季节。目前正在进行场地整理工作。

(5)承包方式:包工、包料、包工期、包质量、包安全。

(6)招标范围:绿化工程施工。

(7)质量目标:优良工程质量。

(8)安全目标:无死亡事故,工伤频率控制在××市建筑施工安全管理法规规定的指标要求范围内。

(9)工期要求:总工期为90日历天。

三、施工准备及部署

1.施工准备工作计划

工程项目施工准备分为技术准备、物资准备、劳动力组织准备和施工现场准备。施工准备内容、时间、负责部门见表1。

表1 施工准备工作计划表

序号	准备项目	内 容	时间/d	负责部门
1	建立施工组织机构	成立项目经理部,明确岗位职责	1	公司

续表

序号	准备项目	内 容	时间/d	负责部门
2	熟悉、审查施工图	熟悉、审查施工样图,了解设计目的,设计意图	2	项目管理部、设计部
3	编写施工图预算	计算施工量及预算	1	计财部
4	编写施工组织设计	确定施工方案和技术措施	3	施工技术部
5	图样会审	审查全部施工图	1	施工技术部
6	现场平面布置	按总平面图布置水、电及临时性设施,材料进场	3	项目经理部
7	现场定位放线	点线复核,建立平面定位控制网	3	项目经理部
8	主要机具进场	机械设备进场到位	1	项目经理部
9	主要材料进场	急用材料进场	2	项目经理部
10	劳动力进场	组织劳动力陆续进场,进行三级安全技术教育	2	项目经理部
11	进度计划交底	总进度安排及明确各部门的任务和期限	2	项目经理部
12	质量安全交底	明确质量等级特殊要求,加强安全劳动保护	3	项目经理部

2.各项准备工作

(1)技术准备

技术准备是施工准备的核心,因此必须认真仔细地做好技术准备工作。具体内容如下:

①施工图样会审:组织技术人员认真学习设计施工图,掌握施工图样的全部内容,熟悉设计目的、设计意图,领会设计效果,提出合理化建议。

②会同有关单位做好现场接收工作:重点完成施工测量和有关资料的移交,熟悉场地情况。

③编制施工图预算:依据设计施工图、招投标文件、合同条款编写详细施工图预算。

④编制施工组织设计:针对本工程的特点和难点,以及建设单位的要求,根据以前施工的经验编写施工方案。对施工工艺、主要项目的施工方法、劳动力组织、工程进度、质量、安全、文明施工的保证措施进行说明。

⑤技术交底:工程开工前,技术负责人组织参加施工的人员进行技术交底,结合具体工程内容、施工现场、关键工序、施工难点的质量要求、操作要点以及注意事项、验收标准等进行交底。

(2)物资准备

物资准备工作包括材料准备、施工机具准备和安全防护用品准备。

①建筑材料准备:根据实际情况做好材料采购计划,分批进场,对各种材料的入库、检验、保管、出库应严格遵守公司相关规定。做好防火、防盗工作。

②植物材料准备:根据设计要求编制苗木采购计划,对苗木的种类、规格、数量、质量标准、

运送进场时间、栽植方案进行详细说明。

③种植材料的准备：根据工程内容，现场实际情况确定种植土、基肥、农药、生长剂等材料的用量，确定好货源，根据进度要求制订进场计划。

④施工机具准备：根据施工程序和施工工艺需要，编制施工机具使用计划，提前做好机械设备的检修保养。对于需要租赁的设备，应提前签订租赁合同。

⑤安全防护用品准备：根据施工需要，编制安全防护品用量计划，见表2。

表2 安全防护用品计划表

序号	名　称	规　格	单　位	数　量	备　注
1	安全帽	塑料	顶	90	
2	安全带	尼龙	副	15	
3	手套		双	20	
4	干粉灭火器		个	5	
5	水鞋		双	25	
6	防护衣		套	25	
7	安全标志牌		个	20	
8	消防栓	$\phi50$	个	2	
9	泡沫灭火器		个	15	
10	漏电保护器		个	10	

(3)劳动力组织

本项目施工队均由本公司具有丰富经验的职工带班，依据工程要求，成立绿化施工班、绿化管养班、园建施工和电气安装4个施工班组，合计投入施工人员87人。

(4)施工现场准备

会同有关单位做好现场交接工作。根据施工现场总平面图，安排好施工道路、出入口、生活区、办公所、材料堆场、半成品仓库等用地。

四、施工管理组织机构

1.施工管理机构总体构想

本工程按项目法组织施工，项目经理选派承担过大型工程项目管理，并积累了丰富施工管理经验的一级项目经理担任；项目总工选派有较高技术管理水平，并有创优管理经验，参加过多项项目管理的工程技术人员担任。根据工程特点，组建项目经理部，对本项目的人、财、物按照项目法施工管理的要求实行统一组织，统一布置，统一计划，统一协调，统一管理，并认真执行ISO 9002质量标准，充分发挥各职能部门，各岗位人员的职能作用，认真履行管理职责，确保本项目质量体系持续、有效地运行。通过我们科学、严谨的工作质量和项目管理经验，确保在合同规定的工期内保质保量地完成预定目标。

2.项目部组成及各主要组室的职责

(1)领导班子

由项目经理、项目执行经理、项目总工程师组成,负责对工程的领导、指挥、协调、决策等重大事宜,对工程进度、成本、质量、安全和现场文明施工等负全部责任。并指定由项目总工程师全面负责与甲方、设计、监理的联系、协调工作。

(2)技术部

负责编制工程施工组织设计,并在施工过程中进行动态管理,完善施工方案,对施工工序进行技术交底,组织技术培训,办理工程变更,及时收集整理工程技术档案,组织材料检验、施工试验和施工测量,检查监督工序质量,调整工序设计,并及时解决施工中出现的一切技术问题。

(3)施工部

负责组织施工、设计实施,制订生产计划,组织实施现场各阶段的平面布置,安全文明施工及劳动组织安排,施工机械维修、保养,工程质量等施工过程中各种施工因素管理。

(4)安全质量监察部

负责施工现场安全防护、文明施工、工序质量日常监督检查工作。

(5)物资部

负责工程材料及施工材料和机械、工具的购置、运输,认真执行限额领料制度、监督控制现场各种材料和工具的使用情况等。

(6)经营部

负责编制工程预算、决算,验收及统计等工作。

(7)财务部

负责工程款的回收、工程成本核算、工程资金管理等。

(8)综合办公室

设专人负责接待工程周边群众来访,协调、解决施工扰民问题等事项;负责文件管理,劳资管理,后勤供应及与地方政府管理部门的对外工作联系及接待工作。

以上各室在经理部领导班子的领导下,统一协调,各尽其责,及时解决施工过程中出现的各种问题,确保优质、高效地完成施工任务。

五、劳动力投入计划及安排

人员进场计划按照工程进度所需按时、按批进入。本工程所需人员除杂工向社会招用外,其他所有人员均使用我公司人员。进场人员计划由工程技术部做出,总工程师、项目副经理、项目经理逐级审批后由综合办实施。劳动力需用量计划见表3。

表3　劳动力需用量计划表

序号	工　种	人　数	各阶段劳动力投入计划		
			7月	8月	9月
1	管理人员	6	6	6	6
2	种植工	15	15	10	10

续表

序号	工　种	人　数	各阶段劳动力投入计划		
			7月	8月	9月
3	绿化养护工	15	10	10	15
4	混凝土工	8	8	8	6
5	木　工	6	6	6	4
6	泥　工	8	8	8	8
7	机械吊装工	6	6	6	4
8	钢筋工	5	5	5	5
9	管道工	6	6	5	5
10	电　工	8	6	4	8
11	机修工	4	3	4	4
12	合　计	87	79	72	75

六、园林机械设备配备计划

根据施工方案以及现场施工条件，为保证施工的顺利进行，施工机械设备必须准备齐全，具体配置见表4。

表4　主要机械设备配置表

序号	设备名称	型号	数量	主要用途	进场时间
1	小货车	2 t	2	进出货物	开工当日
2	大货车	6 t	2	进出货物	开工当日
3	挖掘机	神钢	1	挖掘	开工当日
4	铲车	350型	2	推铲土方	开工当日
5	旋耕机	25型	2	翻地	开工5日内
6	水车	10 t	2	工地供水	土建开工当日
7	吊车	10 t	1	吊装	土建开工当日
8	叉车	2 t	2	短距离运输	土建开工当日
9	机动翻斗车		3	短距离运输	土建开工当日
10	混凝土搅拌机		3	搅拌混凝土	土建开工当日
11	切割机		3	石材切割	土建开工当日
12	水准仪		3	定点放线	开工当日
13	经纬仪		2	定点放线	开工当日
14	钢材切割机		1	钢材切割	土建开工当日

续表

序号	设备名称	型号	数量	主要用途	进场时间
15	油锯		3	树木修剪	绿化开工当日
16	高压喷雾器		2	喷水、喷药	绿化开工当日
17	电夯		5	夯实地基	土建开工当日
18	草坪播种机		2	草坪建植	草坪建植当日
19	剪草机	本田	3	草坪养护	绿地养护期
20	绿篱机	小松	4	绿篱修剪	绿化开工当日
21	打孔机		2	草坪养护	绿地养护期
22	手推车		10	材料近距离运输	开工当日
23	潜水泵		3	排水	开工当日
24	洒水车		2	浇水	绿化开工当日

七、工程工期保证措施

1.工期保证机构

为了按期完成本标段工程，我公司将配备专业施工队伍和足够数量的施工设备，按“均衡生产，文明施工，提高质量，确保安全，降低成本”的方针进行组织施工。我公司将坚持科学组织、分工与密切合作相结合的原则建立以项目经理为首的领导班子，发挥总工程师、各部负责人、各段施工负责人、项目生产班组组长直至班组施工人员的作用。根据工程的进展情况和施工的难易程度确定各阶段合理的施工人员数量和分工。同心同德确保工期的实现。

2.工期保证措施

①编制以总进度计划为控制节点的进度计划、日和周的作业计划，明确每天的工作内容，检查、解决执行计划中存在的问题，确保当天计划当天完成，维护计划的严肃性。

②在施工过程中不断完善施工工艺，合理组织施工，提高效率，令施工有节奏、均衡地进行，以加快施工进度。同时在实际操作中不断积累经验。

③努力协调好各方面的关系。主动与业主、监理单位、当地各部门以及村民等加强联系，争取各方支持，创造一个良好的施工环境，排除可能对施工进度造成影响的不利因素。

④广泛开展劳动竞赛活动。对提前完成工作任务的集体或个人给予奖励，对未能按期完成工作任务的给予处罚，做到“奖勤罚懒”，激发广大员工的生产热情，提高劳动生产率，促进工程的施工进度。

⑤采取合理施工程序，缩短工期。工程的关键工序关系到总工期的实现。因此，应将关键工序作为重点保证工期的实现。

⑥落实组织机构，建立以项目经理为首的管理层，推行项目施工。在施工进度控制上，项目经理部着重将责任落实到人，同时做好与各有关单位及施工各方的协调配合工作，保证各工期控制点目标的实现。

⑦实行奖罚措施，按经济规律办事，公司与项目经理部签订协议，根据工程合同条款实行奖罚；项目经理部为调动项目内全体员工的积极性，对各工期控制点制定奖罚措施，将工程的施工进度的奖罚与工程质量、安全、文明施工及各方协调配合的施工情况挂钩，以带动整个工程健康发展，按期完成。

⑧选择性能优良的施工机具，先进的机具，合理的布置，同时加强其管理，保证各设备运转良好。结构施工中，采用轻便、灵巧、使用功能多样的多功能门式架作模板支顶；垂直模板使用拼装轻巧、装拆方便、工效显著、减轻工人劳动强度的钢木组合模板，加快结构施工进度。

⑨做好各种资源的供应，按照施工组织设计要求，根据工程控制计划要求，进行工料分析，编制相应劳动力进场计划，材料进场计划，机械设备使用计划，资金使用计划，以保证各种资源能满足工程计划周期内的需要。物资材料计划应明确材料的数量、规格和进场时间，现场材料储备应有一定的库存量，以保证工程提前或节假日运输困难时，工程对物质材料的需要，确保现场施工正常进行。施工人员除保证数量外，其技术素质是一个重要的因素。工人进场前必须进行严格的培训和考核。按计划进场的机具，进场前必须进行维护、保养和试运转工作，保证所有机具进场后能够投入正常的使用。

⑩做好劳动力与机械设备、材料的优化组合及其优化组织设计、调度方案，保持均衡施工。抓好关键项目的施工管理，对关键线路的工程项目给予优先考虑，以确保其按期完成。加强施工人员的质量与安全防护意识，确保各工序施工质量一次验评合格，避免返工；切实做到安全施工，坚持预防为主，杜绝安全事故。

八、主要分项工程施工方案

本项目中的主要施工工程有：铺装园路、建筑小品工程、水电安装工程、绿化工程等。

1.铺装园路工程

园路施工分为7步，即放线、土路基、铺筑基层、铺筑结合层、放样、铺筑面层、道牙边条、槽块。

(1)放线

按园路的中线，在地面上每隔10~20 m放一中线柱，在弯道的曲线上应在曲头、曲中、曲尾各放一中线桩，并在中线桩上写明桩号，再以中心桩为准，根据园路的宽度和场地的范围定边桩，最后放出路面和场地的平面线。

(2)土路基

按设计铺地的宽度和范围，沿边线每侧放出25 cm挖槽，槽的深度应等于铺地面的厚度，槽底应有2%~3%的横坡度，铺地槽做好后，在槽底上洒水，使它潮湿，然后用蛙式打夯机夯土2~3遍，铺地槽平度允许误差不大于2 cm。

(3)铺筑基层

根据设计要求准备铺筑材料，在铺筑时应注意铺筑厚度。厚度大于20 cm时采用分层摊铺，并用大于2.8 kW的大平板振动器捣密实。

(4)铺筑结合层

一般用1∶3的水泥砂浆，已拌好的砂浆应当日用完，特殊的石材铺地，如整齐石块和条石块，垫层采用水泥砂浆。

(5)放样

每 10 m 为一施工段落,根据设计标高,路面宽度、场地范围放边、中桩,打好边线、中线,在垫层上用经纬仪定线,打格的大小根据铺地面料和铺地形来定,起始应依据边缘测量向中心开展。

(6)面层铺筑

先铺边缘及导向材料,铺砖应轻轻放平,用橡胶锤敲打稳定,不得损伤砖的边角。铺好砖后应沿线检查平整度,发现方砖有移动现象时,应立即整修,最后用灰砂掺入 1∶10 的水泥,拌和均匀将砖缝灌注饱满,并在砖面泼水,使灰砂混合料填实。

(7)道牙边条、槽块

道牙基础宜与地床同时填挖碾压,以保证有整体的均匀密实度,结合层用 1∶3 的白砂浆 2 cm。道牙要安稳,牢固后用 M10 水泥砂浆勾缝,道牙背后应用灰土夯实。边条铺砌的深度相对于地面应尽可能低些,槽块一般紧靠道牙设置,以利于地面排水,路面应稍稍高于槽块。

2.建筑小品工程

(1)测量放线

①定位放线:按甲方提供的总平面图、规划图及定位标志,用经纬仪及钢卷尺对各建筑物进行定位。在适当位置钉好龙门桩和龙门板,作为放线的依据,在主轴线的延长线加设定位控制桩(用混凝土围护牢)以备日后复核用。

②标高控制:以规划部门提供的水准点为基准,用水平仪和塔尺引测到现场适当位置设立基准点,经复测闭合调整后作为本工程高程控制点,然后根据基准点,用水准仪确定各建筑物及地坪的标高。

(2)土方工程

本工程基础埋置深度不大,而且都是条形基础和独立基础,因此工程量不大,以人工开挖为宜,用水准仪在基槽侧壁上打出水平标志竹片桩,以控制挖土深度,避免超挖或不到位,另外也校核中心线,防止基槽偏移。

(3)基础工程

①基础类型为条形基础和柱下独立基础。

②基坑或基槽土方完工,经验槽合格后即可做块石和碎石垫层,各垫层施工时在槽边用竹签做标记,以此控制标高,混凝土垫层施工时要求表面平整。

③垫层混凝土到达一定强度后,即可绑扎钢筋。基础钢筋绑扎前,应在混凝土垫层面弹出轴线及尺寸线,然后按钢筋的翻样图及配料单,按顺序绑扎,钢筋的锚固长度必须符合设计要求及规范规定。钢筋绑扎完毕后,必须进行检查,并做好隐检记录,清理一遍,垫好保护垫块。

④基础模板的支设均采用木模板、木挡、木支撑。

⑤基础混凝土采用自拌混凝土,材料重量计量,要求车车过磅,确保计量误差在规范允许范围内,并按自然块分段浇捣完毕。终凝后,用草包覆盖。

⑥回填土应均匀回填、分层夯实,土料应符合要求,含水率适当。

(4)主体工程

本工程各建筑小品主体为钢筋混凝土结构,局部砖砌体。

①钢筋混凝土工程:为方便施工,所有钢筋均在现场制作加工。配置钢筋及绑扎钢筋前,必须按施工图样与翻样单校核无误后进行加工、制作,并与木工班长协调支模与绑扎的先后顺序。柱的主筋采用电焊焊接接头,接头按设计要求相互错开。绑扎及焊接间距要符合设计要求,均匀、整齐、到位。钢筋绑扎或焊接完毕,项目部要在自检的基础上及时通知监理部门进行验收,做好隐检记录。混凝土必须事先做好配合比试验。捣混凝土时派专人检查。混凝土浇捣时,对于钢筋密集、结构复杂的应以机械振捣为主,并辅以人工浇捣,同时要调整混凝土级配,采用细石混凝土处理,以确保混凝土的密实度。模板拆模时间必须经技术负责人同意,不得擅自拆模,以免影响混凝土质量。

②砌体工程:在砌筑前一天或半天(视天气情况而定)应将砖堆浇水湿润,以免在砌筑时因干砖吸收砂浆中的大量水分,使砂浆流动性降低,影响砂浆的黏结强度。一般要求砖的合适含水率为10%~15%。砖砌体总体质量要求是:横平竖直,灰浆饱满,内外搭接,上下错缝,表面平整。

3.水电安装工程

水电安装工程包括:给水管线、水表、阀门等安装,草坪灯、庭院灯包括喷泉中水下灯的线路埋高、灯座浇捣、灯杆灯具的安装,配电箱安装。

(1)给水管道安装

管道安装顺序:先地下、后地上,先大后小、先主管后支管的原则。

①给水管道采用热镀锌钢管、丝扣连接。管子采用丝扣连接时,螺纹要规格,如有断丝或缺丝,不得大于螺钉全松散的10%。

②管道配件安装时应顺时针方向一次旋紧,不得倒回,安装层应露出2~3 mm条螺纹,及时清除挖出周边的麻丝。

③管道配件应做好防腐处理,防腐处理采用涂热沥青二度,沥青玻璃布一度。

④给水管道敷设方式采用直埋,如遇尖锐物应清除,用素土夯实。

⑤给水管道完成后,应对该段管道做水压试验,试验压力为$P=0.6$ MPa,试验合格后作冲洗消毒处理。

⑥给水管道施工验收按照《给水排水管道施工及验收规范》(GB 50268—1997)执行。

(2)电缆的安装

①电缆均为穿路埋设,草坪灯、庭院灯采用重型PVC管道预埋管。

②管子预埋时应检查管子是否堵塞,管子接口是否严密。

③管内穿线时,管口加套护圈,管内导线不得直接接头,导线绝缘良好,不伤芯线,导线在接线盒及转弯处必须留有适当长度。穿线完毕,应做绝缘测试,并作书面记录。

(3)配电箱灯具安装

①器具及其支架牢固端正、位置正确。

②配电箱位置正确,部位齐全,箱体开孔合适,切口整齐,箱内外整洁,箱门开闭灵活,箱内接线整齐,回路编号齐全、正确。

③草坪灯及壁灯均设有专用PE线接地,间隔距离为20~30 cm,接地采用在灯具附近适当位置设置一根镀锌角钢接地板将PE线重复接地,要求接地板埋深不小于0.7 cm,角钢接地板、灯具地螺栓、灯具金属外壳基座以及其他正常情况下不带电的金属部件之间可靠连接,保证接

地电气通路,接地电阻不大于10 Ω。

④成排灯具中线偏差控制在5 mm内。

4.绿化工程

(1)总体控制

①目标控制:施工所需苗木无论是甲供还是乙供,均需做到品种正确无误、生长旺盛、姿态丰满、品种优良,规格符合设计要求,保证数量充裕并留有余量。为保证工程质量和苗木成活率,如采取甲供苗木,应由我方参与验收;如由我方供应苗木,则由甲方认可。

②总体要求:保证各种苗木符合工程设计要求,长势健旺、无病虫害,外形姿态丰满、美观且已采取一定培育手段,适宜施工种植。具体措施有:a.各规格树种施工用苗尽可能为同一产地,以保证本工程用苗的规格、树种、尺寸、形状的统一,在数量上应有充裕的备货。b.严格甄别与本工程所用树种在外观、形态上易引起混淆的同科属内相似的其他树种。设计与招标文件未明确的,在品种选择上,需结合本工程场地环境条件和设计意图,选择综合性状优越的品种。c.实际选用苗木冠径、高度等规格应稍大于设计苗单指定规格,这样栽植后可达到一次成形的绿化效果。另外,所选大规格乔木必须主干挺直、树冠匀称。

(2)根系保护措施

①总体要求:在移植前的过渡阶段,对工程用苗在种植施工前采用切根、疏枝、修叶,保护主干、根部补充水分。剪枝创口消毒封蜡,植保防治病虫等精细养护管理工作,从而增强株体对移动的适应性和抗逆力、增强新发须根吸收功能。使得所选用苗材栽植后不但成活,且能一次成形、长势良好。

②具体措施:a.本工程使用的乔木应尽量选切根苗。b.在苗木切根或就近转坨移植前的3~5 d,须进行适量疏枝修叶,以暂时削弱生长势力。保证根—冠(吸收—蒸腾)水分平衡。修剪量应有所控制,特别是大规格乔木,需保留主枝骨架。修剪时还需注意修剪的规范操作,对剪位、切口、留芽等应恰到好处。对枝条剪切伤口用接蜡涂封闭,以防树液流失或病菌侵入。c.在施行切根或转坨移植后至施工定植前的这一时期,尤须加强养护管理。在新的须根吸收功能还较差时,应特别注意土壤干湿度,及时补充根部水分,还可对树冠、树干喷雾,对枝叶可喷施蒸腾抑制剂或用草绳包裹树干,保持株体湿润减小蒸发。

(3)乔木栽植施工方案

考虑到工期因素及苗木生物学特征,必须通过疏枝修叶、包杆、束冠、泥球包扎以及避阳措施,使苗木避免机械外伤及水分失衡。根据苗木种类规格、生活习性及场地气候土质情况,确定最佳栽植遮阴、支撑绑扎方法。使移植苗木一次成形、生长旺盛、整片成景,必须紧紧抓住“挖”“运”“种”3个环节。具体措施如下。

①保质起苗:a.综合考虑本工程工期、工程量特点,树苗挖掘出圃时间为太阳落山后,栽植时间在每天早晨。要求控制分段工期,又要在具体过程中视天气、气候灵活掌握,做到既保证工期又保证质量及成活率。b.移植开挖前,要对工具、设备、人力、运力作充分准备。首先对苗木出圃路线通道、环境仔细踏勘,跟踪气象变化情况,要求做到工序紧凑合理,苗木随挖、随运、随种。所有苗木起挖与栽植应保持同步协调,避免已起挖苗木种植滞后。c.在挖掘前3~5 d应施行移植修剪,以保证植株体内水分平衡,但应注意避免影响姿态美观,并且要根据乔木种类、观赏面来确定修剪方式方法。d.在起苗前的1~2 d施行根部灌水,灌水时间与水量根据天气及

土壤干湿状况而定,这样可使株体在挖、运输、种的整个移植过程前吸足水分,并可加强根系与土壤的黏结力,泥球不易碎裂。e.苗木挖掘前,乔木高杆、大主枝以草绳密绕以避免挖运时树皮损伤、主枝折断,高温季节减少蒸发、避免日灼,冬季可防寒保温。用草绳将树木蓬散的树冠捆扎紧,以防止挖掘时损伤枝条。苗木挖掘应尽量保证尺寸规格,一般乔木以胸径的 8 倍为泥球直径。泥球大小确定后在稍外处垂直向下挖掘,挖掘的围沟宽度为 30~40 cm,深度应略大于泥球直径。f.苗木挖掘时应特别注意对泥球和切过根苗及暴露的须根的保护,即切根处外面扩展 10~15 cm 范围。另外大乔木挖掘时工具要锋利,泥球四周外表根系可涂波乐多液消毒除菌,主根未断时及时打好腰箍,以免铲切主根时泥球掉土松裂。

②苗木包装:包扎泥球先要在泥球上打扎腰箍,以加强泥球的牢固度。打腰箍时,先将一根长约 15 cm 的树枝在泥球的肩下 3 cm 处打入,留出的部分不宜太长,只要能拴住草绳便可。草绳子拴住树枝的端部固定后可一圈一圈往下绕扎,绕扎时一边拉住绳子,一边用专制的木质敲板或砖块顺绕方向拍打,以使草绳与泥球结合紧密。腰箍的绕扎应整齐有序,不重叠、不留空隙。腰箍的圈数应视泥球大小而定,一般绕到泥球高度的 1/3 左右即可。当扎到最后一道腰箍时,在绳子上方打入一根枝,然后将草绳拴在树干上。扎好腰箍后,用草绳将树木的树干固定在四周的树木或者其他物体上,以防在修整泥球或继续包扎时树木侧倒。将球面的浮土铲掉,使泥球成塌肩状,并用铁锹在最后一道腰下 2 cm 处向下修整泥球球底。泥球修整时要注意底部四周的弧度,以保证泥球的圆整,泥球的底部在不侧倒塌座的情况下要尽可能小些。

③苗木装运:苗木出圃后要马上装车,遵循“随挖、随运、随种”的原则,减少树木内部水分的损失,保证植株体内生命活动的正常进行,从而利于伤口的愈合和根系的再生。在装卸过程中做到轻装、轻卸,尽量使枝干和根系不受损失。带泥球的树木装车时要一株紧挨一株,泥球尽可能不堆叠。苗木与挡车板的接触处,其间应用草包软物做衬垫,防止车辆运行时摇晃而磨伤树皮。裸根挖掘的树木应尽量带些须根和泥土,切忌为了装运方便而用铁锹等物把根际泥土去除而损坏根系。苗木装完后,要用绳索绑扎固定。卸车时要由上及下、由外及里逐一进行,切忌乱堆乱扔。运输树木时用湿草包裹盖二层,然后用雨布将车厢盖严,尽可能避免树木运输途中风干,造成树木死亡。

④苗木种植:苗木运至现场后,及时组织种植,树穴开挖尺寸应比泥球略大,泥球边放宽 20~50 cm,深度比泥球高度尺寸增加 15~30 cm。苗木栽种时,将挖出之表土与有机复合肥按 2∶1 比例拌和作为种植土,向已开挖树穴回填一部分种植土并混入适量有机肥,将底土刮平。树木栽植之前,先进行适当的修剪。种树时,可由一人扶树干,另一人用铁锹将细土填入。裸根树木在填土约一半时,应将树木向上稍提一下,以使根颈处与地面持平,同时使根系分布舒展。然后边加细土,边用力夯实,使树根与泥土紧密结合。填土充实与周围的土面平齐后做堰。包扎的草绳子较多时,应在种植时将稻草或草绳去掉,以免日后腐烂发热影响树木生长成活。初时浇水不宜太急,要在树穴外缘用细土培成“酒酿潭”,浇水水量要足,并培土封堰。

⑤支撑与养护:采用三角支撑和十字桩支撑的方法,缆风绳用 8 号铅丝固定在杉木地桩上,杉木地桩打入地下 1 m 处。三角支撑可有效防止树身过渡晃动、避免根须拉断,“十”字桩能防止土球移动。若有需要可在树桩上涂漆,统一绑扎高度,达到美观的效果。用草绳包裹树干并进行叶面喷雾,减少叶面水分蒸发,维持苗木体内水分平衡。

⑥施工后清场:工程结束后,应清理施工场地,避免影响交通和环境。a.组织专门路面清扫

小组,对进土过程中撒落路面的泥土进行清扫。b.采用平板铁铲对凝固的泥块进行铲除。c.用高压水龙头洗地面。d.修剪的枝条、草绳集中后用树枝粉碎机打碎,碎末作为绿力返施绿化。e.其他工程垃圾统一收集后运至甲方指定地点,避免污染环境。

(4)花灌木栽植施工方案

①选树:种植花灌木在选择品种时需掌握以下原则:选用树形优美、生长健壮、无病虫害、花色浓艳、花朵大、花期长、芳香浓、符合设计要求的品种。对同一品种、花色不同的栽培变种,选用时须考虑到设计配置中相邻花灌木之间的色彩对比。

②挖掘:树木地径 3~4 cm,根系或土球直径 45 cm;树木地径大于 4 cm,地径每天增加 1 cm,根系或土球直径增加 5 cm;根系或土球的纵向深度为直径的 70%。

③花灌木运输前的修剪:修剪应根据树木的生物习性,以不损坏特有的姿态为准则,包括去除病枝树、树椿、抽稀树冠、改善树形等工作。修剪时,所有大枝条应紧齐树干截掉,为避免损坏遗留下的枝条,应把截断枝条小心放在地面。为保证成活,花灌木必须疏枝摘叶,保持树木养分平衡。为集中养分,花灌木要摘除全部花蕾和部分叶片。

④放样定位:本工程施工时在充分理解设计意图的基础上,以现场乔木的种植位置为坐标,按比例定出花灌木的种植位置,种植点撒石灰作为标志。

⑤树木的装运:装运树木时,必须轻吊、轻放,不可拖拉。运输带土球树木时,绳束应扎在土球下端,不可结在主干基部,更不得结在主干上。裸根植物运输须保持根部湿润。运输树木应合理搭配,不超高、不超重,必须符合交通规定,不得损伤树木,不得破土球。

⑥假植:树木运到栽植点后,应及时定植。否则对裸根植物要进行假植或培土,对带土球应保护土球栽植。

⑦栽植:树木定向应选丰满完整面朝向主要视线,孤植树木应冠幅完整。树木栽植深度应保证在土壤下沉后,根颈和地表等高。

(5)草坪栽植施工方案

为确保草坪施工质量,充分发挥草坪应有的观赏效果,便于今后的养护管理,针对本工程特点,特制定有关草坪移植的质量保证措施。

①清理场地:栽植草坪前必须清理场地,清除妨碍施工的石块、碎砖、瓦砾等杂物。整理地形:按照设计图样堆造地形,最后的标高应考虑回填土沉降因素。为防止日后杂草滋生,在播种或铺草皮前期 20 天左右喷洒化学除草剂五氯酚钠,每亩 1~2 kg。滚压、修整、浇水、土壤翻松、平整、清理后,再进行一次滚压、修整,并充分浇水,使土沉降至少一星期后才可栽植草坪。

②栽植草坪:如草块上带有少量杂草,应立即挑净。如果草块中杂草过多,则不予选用。栽植时,将切割成边长约 30 cm,厚约 3~4 cm 的方形草块,逐块铺满整草坪栽植地,每个草皮块之间留 2 cm 左右的间隙。铺好草块后,使用木质工具均匀轻拍,以固定草坪,用晒干碾细的土或沙填满草块间隙。

对不平整的地块随即去高填低,任何由于草坪厚度不均造成的不平整,应在草坪下方铺垫细质土壤改善情况,保持整个栽植地草面平整,然后浇透土,2~3 d 后再进行滚压。

③切边施肥:使用切边机、月牙铲或钎草皮的平板铲将草坪边缘切齐。切边时必须斜切,深度 4~5 cm,可使草坪和花坛、树坛界线分明,也便于排水。新铺草坪返青后,应增施一次尿素氮肥,每亩用量 8~10 kg。

④草坪修整：第一次修剪草坪应在草长到 75 cm 时，剪至 25 cm 高。以后修剪草坪应在草长到 50 cm 时，剪至 25 cm 高。

5.土方及整理工程

(1)测量放样

测量小组先踏勘现场对原始标高进行测量，确定每块地形的制高点，打好方格网桩，并按图样计算出各地形所需回填土工作量，同时清理、整理地形、喷除草剂、滚压、修整、浇水、栽植草坪、切边施肥、养护管理，合理布置施工区的施工便道，保证正常车辆通行。

(2)地形堆筑及粗平整

在机械施工基本完成后，地形分层作业，翻斗车人工短驳铺面，随后对有因机械施工造成土质板压地形变形的区域普遍深翻一次，使其达到一定的疏松程度，并清理有碍植物生长的杂物、建筑垃圾等。在施工过程中始终把握地形骨架。粗平整时从地形边缘处逐步向中间收拢，边缘略低，中间较高，使整个地形坡面曲线自然和顺，排水顺畅，达到设计等高线的要求。

九、质量保证体系和措施

1.目标管理制度

投标人将以国家施工验收规范一次性合格标准作为实施目标，在施工过程中实施目标管理制度，把质量目标分解到各施工班组中去，层层签订责任书，加强职工质量意识教育，使质量标准深入人心。做到从领导、骨干、工人都注重质量，真正做到“人人创优良”，确保工程质量目标的实现。

2.质量保证体系

建立以项目经理为首的质量保证体系。在实施过程中，贯彻 ISO 9002 系列标准。根据有关质量管理的文件，从质量策划，合同评审，材料供应和采购把关，施工过程控制，检验和试验设备的控制，文件和资料管理，质量记录控制到各种培训等着手，在整个施工过程中形成一个符合国际 ISO 9002 系列标准的质量保证体系。为保证施工质量，在施工现场实行以项目经理为核心的质量管理网络。以优质工程为目标，实行工程质量目标管理，明确各部门的工作岗位职责，落实质量责任制。由质检员具体负责，实行全过程监督，并强化质量监控和检测手段。

(1)各级施工质量管理人员做到认真学习合同文件，技术规范和监理规程，按设计图样，质量标准及工程师指令进行施工，落实各项管理制度，严格按程序施工。各施工班组以自检为主，落实自检、互检、交接检的三检制。开展三工序(查上工序、保证本工序、服务下工序)活动，强化质量意识，教育全体施工人员，人人关心质量，人人搞好质量。

(2)坚持谁施工谁负责的原则，制订各部门、岗位质量责任制，使责任到人。项目经理是工程质量的第一责任者，生产、技术、管理人员，从各自的范围和要求承担质量责任，把质量作为评比业绩时的一项重要考核指标。

①项目经理：对工程质量负全面责任，负责建立健全项目质量保证体系，明确管理人员职能分配，根据公司贯标程序办法，合理安全生产，定期检查、协调，召开质量分析会，严格执行质量奖惩制度，处理质量事故。

②技术负责人：全面负责项目部的技术质量管理，监督质量管理体系的正常运行，参与分部分项工程的验收，做好各项技术洽商。

③资料员:管理好项目图样、图案、规范、标准,做好文件的收发,条理、规范、及时地整理收集各项技术资料,不合格的资料认真纠正或退回,保证资料真实地记录工程施工情况,并指导施工顺利进行。

④材料员:全面负责工程原材料供应质量,及时索取并向工长转交材料合格证,通知试验员送样,做好现场物资标志,作好材料的现场管理、运输、储存,对不合格的材料,坚持退货。

⑤质检员:严格监督进场材料的质量、型号和规格。监督班组操作是否符合规程。按照规范规定的分部分项工程的检验方法和验收评定标准,正确进行自检和实测实量,填报各项检查表格。对不符合工程质量评定标准质量要求的分部分项工程,提出返工意见。

⑥施工员:按规范及工艺标准组织施工,保证进度、施工质量和施工安全。组织隐蔽工程验收和分项工程质量评定。组织做好进场材料的质量、型号、规格的检验工作。对因设计或其他因素变更引起工程量、工期的增减进行签证,并及时调整施工部署。组织记录、收集和整理各项技术资料和质量保证资料。

⑦安全员:检查施工现场安全防护措施、地下管道、脚手架安全、机械设备、电气线路、仓储防火等是否符合安全规定和标准。如发现施工现场存在安全隐患,应及时提出改进措施,督促实施并对改进后的设施进行检查验收。对不改进的,提出处置意见,报项目负责人处理。正确填报施工现场安全措施检查情况和安全生产报表,定期提出安全生产的情况分析报告和意见。处理一般性的安全事故。按照规定进行工伤事故的登记,统计和分析工作。

(3)加强对各级施工管理人员的培训学习工作,并认真学习贯彻招标文件、技术规范、质量标准和监理规程,除平时自学外,项目经理都要针对施工实际,定期进行分层次的集中培训学习,进一步提高业务素质,使之在施工过程中能更好地履行职责,提高管理水平,把好质量关,以一流质量创一流牌子。

(4)技术制度

①建立以总工程师为主的技术系统质量保证体系。从总工程师、施工技术员、施工管理部直到施工班组的各级技术负责人,从施工方案、施工工艺,技术措施上确保达到质量标准,从技术上对质量负责。积极采用和推广先进的施工工艺和科技技术,以提高工程质量并缩短工期。

②开工前由施工技术员负责,进行分层次的书面施工技术、施工方案、施工工艺设施意图、质量标准、安全措施交底,做到施工程序化、技术标准化、质量规范化,使每个施工人员做到目标明确,心中有数。

3.绿化工程质量保证措施

(1)地形标高

为了使绿化更具立体感、层次感,以及利用地形排水,必须严格按设计图样规定的标高进行回填、营造,保证地形饱满,轮廓线自然,不积水。所以一定要派测量人员用经纬仪进行标高的放样,检测和复测,同时应考虑到下雨和浇水后地形沉降的因素,所有地形均应超出设计标高 5 cm,待沉降后达到设计标高。

(2)土壤改良

土质较差,对于种植乔木或酸性植物的土壤应进行人工换土,采用酸性营养土进行改良。

(3)乔木栽植的定位放样

施工前测量人员应参照设计图样对施工绿地进行现场实测。在实际操作过程中应按照图样先把每个标准段的外围线放样定位,然后按照设计图样的比例和桩号,由测量负责人计算出各株乔木的坐标,根据坐标放出树穴位置。每个标准段内按苗木种植先后次序进行放样定位,放样定位做到准确无误。

(4)苗木质量保证措施

由材料负责人和监理一同到现场考察选苗,监督苗木起挖质量;苗木运输一律用雨篷遮阴;运距远或外地苗木,一律夜间运输;苗木运输车在途中不做长时间滞留;当天起挖苗木连夜运输至工地,次日当天全部种植完毕。

(5)充分做好乔木移植前的准备工作

选树、切根、修剪方法的选择均应严格按照标书中叙述的技术要求执行。充分考虑到各工序的技术关键。

(6)大树移植

严格按大树移植规程进行大树移植。挖掘包装、装运、栽植、支撑绑扎,必须严格按标书中叙述的技术要求操作。选派大树移植方面的技术师进行现场指挥。

(7)合格工程保证措施

①以项目部为中心成立领导小组。由总部派质检员和现场技术员、施工员共同负责本工程试验、计量、施工的全面质量管理,下属各专业队设有专职质检人员具体分工负责各项质量工作,对质量问题全权处理,所有工程的施工经质检员检查合格后,方可向监理工程师报监。

②推行全面质量管理。成立各级质检小组,针对质量要求高的工序,由各级质检小组及时反馈给上级管理人员,进行改进和调整,提高全体施工人员的质量意识和整体素质。

③实行项目经理质量责任制和技术质量双向承包责任制,并签订技术质量责任状,以经济手段激发全体参与项目施工人员的积极性,促进工程质量的提高。

④各种原材料的计量工作,必须落到实处,务必使职工树立牢固质量意识,形成车车过磅的习惯。

⑤严格材料进场手续,对质保资料不符合设计要求不得使用,做好隐蔽工程等技术资料,各试块按规定留取,及时养护送样。

⑥确保整个工程的放样精确,做到"有放必复",严格控制在允许偏差范围内。

⑦对一些关键工序,在其施工前,应组织各班组对施工方案、质量目标、操作程序等进行详细交底、消化,必要时,组织开现场会。

⑧在施工全过程中,实施质量预控法。积极开展 TQC 活动,实施"PDCA"循环。

⑨采取挂牌作业制度,以加强职责,明确范围,促进联系,方便监督。

⑩努力提高管理人员和操作人员的素质及质量意识。定期对有关施工人员进行技术训练,质量教育,树立典型以促进职工"质量第一"的思想意识,并通过制定质量管理制度、质量奖惩措施等加以保障。

⑪严格执行各个施工项目的工艺要求,如改变施工工艺和施工方法时,要提前向监理工程师申请,得到监理工程师的同意后,方可施工。

⑫对各个工序的衔接一定要按照规范要求进行,不能只考虑条件允许就颠倒顺序,特别注意交叉作业,严格按照计划进度表控制施工。

4.质量检验仪器配备

为保证本工程的质量,对施工全过程进行质量控制,配备一些必要的试验器具。

①项目部配备兼职计量员负责计量器具的管理和保养并做好登记、建卡和建立台账工作。

②计量器具应存放适当的环境,同时做好防锈、润滑等保养工作,在搬运、防护和储存期间应确保计量器具的准确度和适用性。

③计量器具,应指定专人使用,使用者要具备相应的资格,具备在适宜的环境下保证检验、测量和试验的能力。

④计量器具一般每一年检定一次,检验不合格或应检而未检的计量器具不准投入使用。

⑤计量器具校准必须经国家认可机构检定合格。

十、安全文明施工措施

1.文明施工目标计划

文明施工是企业形象的直接反映,是项目部组织管理能力的综合体现,是施工进度、质量、安全的基础保证。

2.文明施工技术措施

(1)总平面管理

总平面管理是针对整个施工现场而进行的施工管理,其要求是严格按照各施工平面布置图进行规划和管理。科学、合理地做好平面规划,大门处设工程概况、进度计划、总平面图、现场管理制度、防火、安全保卫制度标牌。供电、供水、排水系统严格按平面图布置。现场小型机械均按平面图布置,如有调整应有修改通知。

(2)重点部位要求

①排水系统:确保畅通,设置有坡度的明沟,用钢筋制作盖板盖在明沟上,排入市政管网。

②工完场清:各施工班组每天完工后要做好班前班后检查,做到活完料净脚下清。

③厕所:要规划设计好,符合卫生标准,通过化粪池排入市政排污管道,设专人管理、清扫。

(3)其他具体措施

①施工道路硬化,平整无积水,晴天无土,雨天无泥。

②大门整洁醒目,形象设计有特色,“五牌一图”齐全完整。

③施工区办公划分明确,划分合理。

④对现场的机具、设备、构件、材料要认真维护,按规定有序码放。材料分类分区堆放,做好材料标志。

⑤建筑、生活垃圾分类围挡堆放,及时清运。

⑥管理好出入车辆,清理场区大门50 m或100 m以内车辆污染物,对可能产生遗漏的车辆坚决不予放行。

⑦场内作业各工种要求着装整齐,不许赤膊、赤脚、穿短裤、穿拖鞋操作。

⑧遵守当地噪声标准,根据业主、环保部门要求安排作业时间,规定噪声较大的锯、刨、电焊、砂浆机振捣棒等机具的使用时间,避免造成施工扰民。

⑨施工现场无蚊蝇、鼠迹和蟑螂,防蝇、鼠、蟑螂措施到位。

⑩施工现场内设医疗卫生点,切实做好职工的医疗保健工作。

⑪加强与当地精神文明建设部门合作,积极参与当地组织的社会公益活动,树立我公司的良好形象。

3.扰民及民扰协调方案

(1)防止扰民措施

首先,收集工程所在地周边环境信息,综合管理部门、居委会、警署、街道、环保部门的协调工作,听取群众意见,经过多方全面调查考证提出方案,取得一致通过后实施方案。对调整后的方案进行跟踪实施,并及时进行信息反馈。合理进行现场的布置,并增加必要的环保措施及环境防护,以减少对周边环境产生危害。成立公共协调部门,加强与社区居委及警署的合作。在进场施工前,和当地社区政府、居委会取得联系,邀请周边单位及居民代表参加座谈会、新闻发布会等,通报工程的概况、性质及建设意义,并积极听取周边单位及居民的意见及建议,尽量采用合理的施工方案减少对周边环境的影响。并对工程施工影响求得周边单位及居民的支持与谅解。在项目体制上建立有关处理、协调领导小组,设专人处理扰民及民扰问题,做到及时发现问题、解决问题。

(2)民扰应急措施

对可能发生的民扰情况,在进行良好的沟通情况下取得当地政府的支持。认真地对待接待工作,及时了解当地居民的困难,与他们取得沟通和一致,对其中无理取闹者,配合当地政府进行疏导与教育,并按以上流程进行处理,发生民扰问题时采取如下应急处理措施:一旦发生民扰问题立即关闭大门,报告居委、街道及警署或拨打110报警,进行组织沟通,并立即研究、修正施工方案,实施修正后的施工方案。

4.文明建设

①坚持两个文明一起抓,建立宣传教育制度。现场设宣传栏、板报,宣传安全生产、文明施工、国家大事、社会形势、企业精神、好人好事等,做到每十天更新一期。

②坚持以人为本,加强管理人员和班组文明建设。教育职工遵纪守法,提高企业整体管理水平和文明素质。

③做到主动与有关单位配合,积极开展共建文明活动,树立建筑行业和企业形象。

④施工项目部配备摄像机、照相机,拍摄各施工部位、各施工阶段、机械设备的安全管理状况和工作情况。

5.治安管理

①现场建立治安保卫领导小组,有专人管理。

②进入现场的人员做到及时登记,并且有暂住证、身份证、劳务证、计划生育证明。对证件不全的人员严禁现场工作。严禁使用童工。

③施工现场严禁打架、赌博、斗殴的事件发生。

④按照治安管理条例和施工现场的治安管理规定搞好各项管理工作。

⑤加强值班管理,严禁无证人员和其他闲杂人员进入施工现场。大门边设标准值班室,由保安人员值班。建立门卫管理制度,进出大门有记录。

6.环境保护措施

依据《环境管理体系要求及使用指南》(GB/T 24001—2016)和ISO 14001:2015环境管理标准,建立环境管理体制体系,制定环境方针、环境目标和环境指标,配备相应的资源,遵守法规,预防污染,节能减废,力争达到施工与环境和谐,创建环境保护工作先进现场。我们将重点控制对河港水系的污染,自然环境的破坏,大气污染、噪声污染、废弃物管理等。在制定控制措施时,考虑法规符合性,对环境影响范围、影响程度、发生频次、社区关注程度、资源消耗、可节约程度等。

(1)环境保护组织管理

①每半月召开一次"施工现场环境保护"工作例会,总结前一阶段的施工现场环境保护管理情况,布置下一阶段的施工现场环境保护管理工作。

②建立并执行施工现场环境保护管理检查制度。每半月组织一次由各分保单位施工现场环境保护管理负责人参加的联合检查,根据检查情况按《施工现场环境保护管理检查记录表》评比打分,对检查中所发现的问题,开出"隐患问题通知单",分包单位在收到"隐患问题通知单"后,应根据具体情况,定时间、定人、定措施予以解决,项目经理部有关人员监理落实解决情况。

(2)环境保护管理规定

①防止对大气污染:

a.土方施工阶段,主要采取淋水降尘措施,现场内不存放土方,回填时另外运土进场。

b.水泥和其他易飞扬物,细颗粒散体材料,安排在库内存放或严密遮盖,运输时要防止遗洒、飞扬,卸运时采取码放措施,减少污染。

c.对混凝土运输车要加强防止遗洒的管理,要求所有运输车卸料溜槽处必须装设防止遗洒的活动挡板,并必须清理干净后方可出现场。

d.在出场大门处设置车辆清洗冲刷台,车辆经清洗和苫盖后出场,严防车辆携带泥沙出场造成遗洒。

②防止对河港水系造成污染:

a.确保雨水管网与污水网分开使用,严禁将非雨水类的其他水体排入市政雨水管网。

b.现场内基础降水的清洁水,在合理利用后,经导向管排入市政污水管线。

c.现场交通道路和材料堆放场地统一规划排水沟,控制污水流向,设置沉淀池,将污水经沉淀后再排入市政污水管线,避免污染河港水系。严防施工污水直接排入市政污水管线或流出施工区域污染环境。

d.加强对现场存放油品和化学品的管理,对存放油品和化学品的库房进行渗漏处理,采取有效措施,在储存和使用中,防止油料跑、冒、滴、漏污染水体。

③防止施工噪声污染:

a.现场混凝土振捣采用低噪声混凝土振捣棒,振捣混凝土时,不得振钢筋和钢模板,并做到快插慢拔。

b.除特殊情况外,在每天晚上22:00至次日早上6:00,严格控制机器噪声作业,对混凝土振动棒、电锯等强噪声设备,以隔声棚或隔声罩封闭,遮挡,实现降噪。

c.模板、脚手架在支设、拆除和搬运时,必须轻拿轻放,上下、左右有人传递。

d.模板、钢管修理时,严禁使用大锤。

e.使用电锯切割时,应及时在锯片上刷油,且锯片送速不能过快。

f.使用电锤开洞、凿眼时,应使用合格的电锤,及时在钻头上注水或油。

g.加强环保意识的宣传。采用有力措施控制人为的施工噪声，严格管理，最大限度地减少噪声扰民。

④废弃物管理：

a.施工现场设立专门的废弃物临时储存场地，废弃物应分类存放，对有可能造成二次污染的废弃物必须单独储存，设置安全防范措施且有醒目标志。

b.废弃物的运输确保不散撒、不混放，送到政府批准的单位或场所进行处理、消纳。

c.对可回收的废弃物做到再回收利用。

⑤其他管理：

a.对易燃、易爆、油品和化学品的采购、运输、储存、发放和使用后对废弃物的处理制定专项措施，并设置专人管理。

b.对施工机械进行全面的检查和维修保养，保证设备始终处于良好状态，避免噪声、泄漏和废油、废弃物造成的污染，杜绝重大安全隐患的存在。

c.生活垃圾与施工垃圾分开，并及时组织清运。

d.对水资源应合理再利用，如将降水时抽出的浅层水用于冲洗车辆、降尘和冲洗路面。

参考文献

[1] 陈俊愉.中国农业百科全书·观赏园艺卷[M].北京:中国农业出版社,1996.
[2] 孟兆祯,毛培琳,黄庆喜,等.园林工程[M].北京:中国林业出版社,1996.
[3] 陈有民.园林树木学[M].2版.北京:中国林业出版社,2011.
[4] 上海市绿化管理局,上海市风景园林学会.风景园林手册系列——城市绿化管理工作手册[M].北京:中国建筑工业出版社,2008.
[5] 上海市绿化管理局,上海市风景园林学会.风景园林手册系列——城市绿化施工与养护手册[M].北京:中国建筑工业出版社,2008.
[6] 宗景文.园林工程景观设计与施工营建技术方法及质量验收评定标准规范大全[M].北京:环境管理科学出版社,2007.
[7] 本书编委会.最新林业园林植物病虫害综合防治技术与养护管理标准规范实务全书[M].北京:中国林业出版社,2010.
[8] 劳动和社会保障部.园林绿地施工与养护[M].北京:中国劳动社会保障出版社,2004.
[9] 本书编委会.园林绿化工程资料填写与组卷范例[M].北京:中国建筑工业出版社,2008.
[10] 吴泽民,何小弟.园林树木栽培学[M].2版.北京:中国农业出版社,2009.
[11] 郭学望,包满珠.园林树木栽植养护学[M].2版.北京:中国林业出版社,2004.
[12] 祝遵凌,王瑞辉.园林植物栽培养护[M].北京:中国林业出版社,2005.
[13] 李敏,周琳洁.园林绿化建设工程的营造技术[M].北京:中国建筑工业出版社,2008.
[14] 丁绍刚.风景园林·景观设计师手册[M].上海:上海科学技术出版社,2009.
[15] 黎玉才,肖彬,陈明皋,等.园林绿地建植与养护管理[M].北京:中国林业出版社,2007.
[16] 陈其兵.风景园林植物造景[M].重庆:重庆大学出版社,2012.
[17] 董丽.园林花卉应用设计[M].北京:中国林业出版社,2003.
[18] 王仙民.立体绿化[M].北京:中国建筑工业出版社,2010.
[19] 孙吉雄,草坪学[M].3版.北京:中国农业出版社,2008.
[20] 蒲亚锋.园林工程建设施工组织与管理[M].北京:化学工业出版社,2005.
[21] 谢云.园林绿化设计、栽植与养护[M].北京:机械工业出版社,2012.
[22] 虞德平.园林绿化工程监理简明手册[M].北京:中国建筑工业出版社,2006.

[23] 李建龙.城市生态绿化工程技术[M].北京:化学工业出版社,2004.
[24] 许志刚.普通植物病理学[M].3 版.北京:中国农业出版社,2004.
[25] 武三安.园林植物病虫害防治[M].2 版.北京:中国林业出版社,2007.
[26] 徐秉良.草坪保护学[M].北京:中国林业出版社,2011.
[27] 张志国,李伟德.现代草坪管理学[M].北京:中国林业出版社,2003.
[28] 李敏,周琳洁.园林绿化建设施工组织与质量安全管理[M].北京:中国建筑工业出版社,2008.
[29] 薛光,马建霞.草坪、园林杂草化学防除[M].北京:化学工业出版社,2004.
[30] 徐峰.城市园林绿地设计与施工[M].北京:化学工业出版社,2002.